附加黏滞阻尼器消能减震结构的减震效率研究

Study on Damping Efficiency of Energy Dissipation
Structure with Viscous Damper

兰　香　韦光兰　张　然　潘文　著

重庆大学出版社

内容提要

本书不仅建立了减震结构的力学模型,分析了随机振动响应,探讨了最优参数的确定方法,还提出了层间位移利用率这一新概念,并基于此提出了新的消能减震结构设计方法。书中以附设黏滞阻尼器的减震结构为研究对象,详细阐述了阻尼器的工作原理、性能评估及其在减震结构中的实际应用,主要研究了阻尼器支撑构件刚度和层间位移利用率对减震结构减震效率的影响规律,并通过一系列严谨试验,使该理论实用价值得以验证,展现了减震结构在实际应用中的显著优势。这些成果不仅为相关领域的研究提供了有力的支持,也为未来的应用和推广奠定了坚实的基础。

本书适用于从事结构抗震设计、消能减震设计的研究人员、工程设计人员,以及相关专业的本科生和研究生使用。

图书在版编目(CIP)数据

附加黏滞阻尼器消能减震结构的减震效率研究／兰香等著. -- 重庆:重庆大学出版社,2024.5
ISBN 978-7-5689-4528-8

Ⅰ.①附… Ⅱ.①兰… Ⅲ.①粘性阻尼—阻尼器—阻尼减振—研究 Ⅳ.①TH703.62

中国国家版本馆 CIP 数据核字(2024)第 110126 号

附加黏滞阻尼器消能减震结构的减震效率研究
FUJIA NIANZHI ZUNIQI XIAONENG JIANZHEN JIEGOU DE JIANZHEN XIAOLÜ YANJIU
兰 香 韦光兰
张 然 潘 文　著
策划编辑:林青山

责任编辑:杨育彪　　版式设计:林青山
责任校对:刘志刚　　责任印制:赵 晟

*

重庆大学出版社出版发行
出版人:陈晓阳
社址:重庆市沙坪坝区大学城西路 21 号
邮编:401331
电话:(023) 88617190　88617185(中小学)
传真:(023) 88617186　88617166
网址:http://www.cqup.com.cn
邮箱:fxk@ cqup.com.cn(营销中心)
全国新华书店经销
重庆升光电力印务有限公司印刷

*

开本:720mm×1020mm　1/16　印张:21.75　字数:334 千
2024 年 5 月第 1 版　2024 年 5 月第 1 次印刷
ISBN 978-7-5689-4528-8　定价:89.00 元

前　言

　　强震和强风都是具有破坏性的自然灾害,会对人类生活造成严重威胁,对经济造成严重损失。随着我国经济的快速发展和城市化进程的加快,大型建筑和桥梁等结构的建设规模不断增大,如何降低强震和强风灾害对人们的影响成为一个重要问题。随着 2021 年 9 月 1 日《建设工程抗震管理条例》的正式实施,消能减震技术在我国得到了更为广泛的应用,并早已获得较好的研究成果。本书重点关注消能减震技术,通过调整结构的质量、刚度和阻尼特性来减小结构振动响应,以达到更好的抗震效果。本书在绪论中介绍了消能减震技术的发展历程、应用情况和相关政策文件,指出附加黏滞阻尼器后消能减震结构的减震效率是减震技术应用的关键。本书为解决消能减震技术在实际工程应用中面临的问题和如何最大限度地降低结构建设成本提供重要参考和建议。

　　本书主要内容包括阻尼器的基本原理和性能分析,考虑阻尼器支撑刚度的减震结构力学模型及其最优参数问题研究、随机振动响应及最优参数问题研究,与阻尼器位移相关的层间位移利用率的概念,基于减震效率的试验研究和实际工程应用等。本书总结了阻尼器的耗能机制和性能分析方法,建立了考虑支撑刚度系数的力学模型及其最优参数的计算方法,探讨了随机振动响应及最优参数问题的求解途径,提出了与阻尼器位移相关的层间位移利用率概念和相应的消能减震结构设计方法,研究了阻尼器支撑刚度和层间位移利用率对减震效率的影响规律,并通过试验验证理论分析的可行性、减震结构的优越性。最终提炼出一套完整的基于减震效率的减震结构设计方法流程图。

　　本书对消能减震结构的基本原理、力学模型和设计方法进行了系统而详细的介绍,涵盖了阻尼器自身刚度、动态刚度、阻尼器支撑刚度以及层间位移利用率等多个关键因素。本书还提出了考虑支撑刚度的减震结构力学模型,与阻尼器位移相关的层间位移利用率概念,并应用于消能减震结构的设计与分析,具有较高的实用性和创新性。本书不仅通过理论分析推导了减震结构的力学模型和最优参数问题,还设计了一系列试验来验证理论结果,从而将理论与实践相结合,更加全面地探讨了消能减震结构的减震效果和设计方法。

本书适合从事结构抗震设计、消能减震设计的研究人员、工程设计人员,以及相关专业的研究生和本科生使用。读者可以通过本书深入了解消能减震结构的原理和设计方法以及附加黏滞阻尼器后消能减震结构的减震效果,并在实际工程中应用。

感谢第一作者所属单位昆明学院为本书出版提供了丰富的资源支持和创作环境,感谢第二作者所属单位云南大学滇池学院、第三作者所属单位云南省设计院集团有限公司给予的帮助与支持,感谢第四作者所属单位昆明理工大学给予试验的大力支持;感谢"高烈度区工程减隔震技术研究与应用科研特色团队"给予的科研经费支持;感谢所有为消能减震结构领域做出贡献的学者和工程师们,他们的研究成果和实践经验为本书提供了重要的参考和支持;感谢家人、朋友和同事们在写作本书过程中的支持和理解,没有你们的帮助和鼓励,本书的完成将会更加困难。衷心感谢!

著　者

2023 年 12 月于昆明

目　录

第1章 绪 论

1.1 研究背景与课题来源

1.1.1 研究背景

　　地震和风都是常见的自然现象,强烈的地震和风速等级较大的风将会造成巨大的人员伤亡和财产损失,均为目前世界上极具破坏性的自然灾害,对人类的生活具有严重威胁。随机性、突发性及不确定性是强震和强风灾害发生所具有的典型特征。一次突然发生的大地震可能使之前繁华的城市一瞬间就变成一片废墟,造成大量房屋的成片破坏甚至倒塌,高速公路及桥梁的整线破坏与倒塌,交通通信、供水供电以及学校、医院、应急指挥中心、其他人员密集场所等生命线工程及重点设防类建筑的功能中断,并很可能引发滑坡、泥石流、海啸、火灾、疾病等次生灾害,导致十分重大的人员伤亡和经济损失[1-3]。尤其是改革开放以来,我国经济发展速度的增快、城市化进程的迅速发展,众多的高层、大跨建筑及其区域成片化、大跨桥梁等结构的大规模建设,在强震和强风作用下将会造成更大的经济损失。因此,如何最大限度地减轻地震灾害和风灾害对人民的威胁和造成的经济损失,是我们长期以来面临的而且必须解决的一个重要问题。

自 20 世纪以来,各国学者就一直致力于研究房屋建筑结构的抗震问题。随着人们对地震作用和结构自身动力特性理解的加深,结构抗震理论逐渐形成了静力理论、反应谱理论和动力理论等三个阶段[1]。静力理论本质上是将地震力等效为一侧向力施加在结构上,是最早的静力分析方法。自 20 世纪 30 年代开始,学者在取得了强震记录之后,提出了考虑结构动力特性和地震动特性之间关系(即反应谱)的简化概念,而结构动力学中的振型分解法则将反应谱理论从单自由度推广到多自由度,使得结构的抗震理论逐渐完善。自 20 世纪 60 年代开始,随着电子计算机的广泛应用和试验技术的不断发展,考虑地震动幅值、频谱和持时三要素的动力时程分析逐渐登上舞台,成为分析大型复杂结构经常采用且较为有效的方法,逐渐作为抗震理论重要的组成部分[4]。目前,各国抗震设计规范中的主要分析方法仍然是反应谱理论,时程分析方法常常只是作为重要或复杂结构物的补充验算[5]。

传统结构抗震设计主要是通过调整结构自身的性能,如增加梁柱墙等构件的截面大小来增加结构的刚度、采取不同措施以调整结构的承载力、改变结构的质量分布等方式来抵抗强烈地震的作用。上述的结构抗震设计方法属于典型"硬抗"的方式,但是地震作用具有极大的随机性和强烈的破坏性,使得许多大型和特殊的结构在地震作用下要确保安全就会显得很不经济。20 世纪 60 年代,考虑构件"延性"的基于性能的抗震设计方法得到了广泛的发展与应用,但其实质仍然是以结构构件或非结构构件的塑性损伤为代价。自 20 世纪 80—90年代以来,为了更有效、经济地提高结构的抗震(振)性能,在工程结构抗震领域兴起了一门通过"柔性耗能"来减小结构振动响应的学科——消能减震,目前也被一些学者称为结构抗震理论的第四阶段。在分析采用消能减震技术的结构时,动力时程分析中的弹性时程和弹塑性时程作为重要的抗震补充验算[6]。

消能减震(结构控制)的概念是美国华裔学者 J. T. P Yao(姚治平)教授于 1972 年首次提出[7],其实质是通过调整结构的质量、刚度和阻尼特性以达到预期的性能水平,目前也成为结构工程领域重要的发展方向,在世界各地的实际工程中已得到广泛应用,并获得了较多的研究成果[8]。我国最早于 2001 年将该技术写入《建筑抗震设计规范》,并在《建筑抗震设计规范》(GB 50011—2010)[5]中进行了补充与完善,2013 年更是颁布了专门的《建筑消能减震技术规程》(JGJ 297—2013)[6],标志着消能减震技术在我国的应用将越来越广泛。近年来,我国的抗震设防烈度也在逐渐进行调整。在第四代地震动区划图中,提高了不少城市的设防烈度,省会城市差不多都成了 7 度及以上的设防地区[9]。在 2015 年实施的第五代地震动区划图中,更是将全国所有城(乡)镇均纳入至少 6 度设防的目标,说明我国的建筑结构将全面实现抗震设防的要求,这一举措也充分说明了我国对结构抗震设计的重视。目前,也正是第四阶段结构抗震理论快速发展完善的时期,运用于结构工程的消能减震技术在我国也将得到大力的推广及广泛的应用。

首先采用消能减震技术较多的地区主要有北京、云南、新疆、海南、山东、甘肃、山西等。消能减震技术在云南省工程中的应用更是走在全国前列,自 2015年 9 月便开始编制《云南省建筑消能减震设计与审查技术导则》,作者也有幸参与了部分编制工作;2016—2017 年云南省先后颁布实施了《云南省隔震减震建筑工程促进规定》和《云南省隔震减震建筑工程促进规定实施细则》,规定中明确以下新建建筑应当采用隔震、减震技术,"一是抗震设防烈度 7 度以上区域内三层以上且单体建筑面积 1 000 m² 以上的医院医疗用房和学校、幼儿园校舍;二是前项规定以外,抗震设防烈度 8 度以上区域内单体建筑面积 1 000 m² 以上的重点设防类、特殊设防类建筑工程;三是地震灾区恢复重建三层以上且单体建筑面积 1 000 m² 以上公共建筑工程;四是鼓励上述范围以外其他建筑工程采用隔震、减震技术。"目前,减隔震技术在云南已经广泛地应用于中小学和幼儿园、医院、保障房、公共建筑等领域,以昆明长水国际机场航站楼为代表的隔震、减震建筑已达 5 000 余栋,仅 2017 年云南省应用减隔震技术的建筑工程就达到1 232 个(1 770 个单体,共 1 239.6 万 m²)。

《建设工程抗震管理条例》第十六条明确指出:"位于高烈度设防地区、地震重点监视防御区的新建学校、幼儿园、医院、养老机构、儿童福利机构、应急指挥中心、应急避难场所、广播电视等建筑应当按照国家有关规定采用隔震减震等技术,保证发生本区域设防地震时能够满足正常使用要求。""国家鼓励在除前款规定以外的建设工程中采用隔震减震等技术,提高抗震性能。"这就预示着消能减震技术将会在全国范围内的大力发展,也意味着第四阶段结构抗震理论(结构振动控制)将会至此走上一个全新的台阶,为结构抗震事业写下光辉的一页。

本书的研究背景就是在这样一个消能减震技术开始广泛应用、设计理论和计算方法均有待进一步完善的大环境下,提出了附加消能器后消能减震结构的减震效率这一迫在眉睫的问题。因为现在采用消能减震技术的工程主要是响应政策和相关法规的要求而进行设计,在运用消能减震技术解决工程中面临的复杂的实际问题和结构建设成本问题方面还有较多不足。本书的研究旨在为附设黏滞阻尼器后最大限度降低结构建设成本(即经济性)这一问题作出重要的导向性建议和参考。

1.1.2　研究课题来源

自 2012 年以来,笔者一直从事消能减震结构的分析与设计工作,已完成了数十个减震项目的分析。2012—2013 年以速度型的黏滞阻尼器减震设计为主,2014—2015 年增加了位移型阻尼器(屈曲约束支撑、软钢剪切型阻尼器等)的减震设计。在导师的悉心指导下,笔者结合长期从事一线减震设计的经验,对附加黏滞阻尼器的消能减震结构的减震效率进行了深入的研究。本书中减震效率主要体现在阻尼器效率和层间位移利用率两个方面。

在减震分析的过程中,首先考虑到的是安装黏滞阻尼器后对建筑功能产生的影响尽量小。为此,我们选取了更为合适的中间柱型(也称悬臂墙式)安装方式,如图 1-1 所示,以便将上柱、下柱(也称上下悬臂墙)以及阻尼器布置在有填充墙的位置,从而减少对建筑功能的影响。

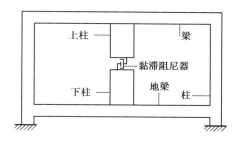

图 1-1 中间柱型阻尼器安装示意图

基于图 1-1 的安装方式,阻尼器的出力(水平力)将会使得上下柱产生相应变形,该变形将会对阻尼器的位移产生负作用,从而削弱了阻尼器的耗能能力。而上下柱的变形大小与其平面内(阻尼力作用方向)的刚度直接相关,上下柱的变形均可分解为弯曲变形和剪切变形两个部分,故对应的刚度也分为弯曲刚度和剪切刚度两部分。因此,在满足建筑功能的条件下,我们希望将上下柱的面内刚度做得越大越好,这样方可使上下柱的变形越小,对阻尼器的耗能效果影响越小。事实上,在实际工程的减震分析中也确实如此:当阻尼器的参数不变时,仅加大上下柱的面内尺寸,阻尼器的位移会明显增加,而阻尼器出力变化则不大,故阻尼器的耗能增加,结构的附加阻尼比也随之增大。这主要体现的是阻尼器的支撑刚度(上柱、下柱)对阻尼器效率的影响,进而影响结构的减震效率,成为本书主要研究的第一个问题。

在实际布置阻尼器的过程中,有的项目阻尼器基本上都布置在梁跨居中位置,有的则居中和靠边均有。直到有一个项目根据实际情况将 X 向阻尼器均布在了梁跨居中位置,而 Y 向则布置在了梁跨靠边的位置,这时一个非常重要且有趣的现象出现了:在阻尼器数量和参数基本相同的前提下,X 向的减震效果好于 Y 向太多,X 向的附加阻尼比几乎快达到了 Y 向的 2 倍。当时我们的第一反应是计算分析出错了,但仔细检查过后确认计算是没有问题的;紧接着想到是不是结构两个方向的刚度相差太大,导致结构两个方向的动力特性相差甚远,但结果是两个方向的动力特性反而是十分接近的;难道是阻尼器布置在梁跨内位置的影响?果然,将 Y 向阻尼器全部由靠边布置移至居中布置时,两个方向的减震效果便相差无几了,且计算出的附加阻尼比也基本相当。此时我们才恍然大悟,阻尼器在相同梁跨内的布置位置对结构减震效果的影响也是非常重要的,而不仅仅是已有众多文献里研究的阻尼器不同梁跨中的位置优化问题及其对减震效果的影响。在对这一现象的深入分析中,发现靠边布置时阻尼器的位移明显小于居中布置时阻尼器的位移,由此提出一个新的概念——层间位移利用率,定义为阻尼器的最大位移与其所在楼层的层间最大位移之比。至此,"层间位移利用率"是影响减震结构减震效率的又一重要因素并对其进行深入分析与研究,成为本书主要研究的第二个问题。

1.2　黏滞阻尼减震基本原理

1.2.1　消能减震结构概述

消能减震结构是指在结构(主体结构)中设置一定的耗能装置(阻尼器)来吸收并耗散掉地震输入结构的能量,从而减小主体结构地震响应,实现结构的抗震设防目标。从能量法观点看,传统抗震结构是利用梁柱等构件的塑性变形耗能和滞回耗能来耗散地面运动输入结构中的能量,这样的能量耗散过程必然会导致结构构件的损伤甚至产生破坏。而消能减震结构则可看成是将承载能力和耗能能力两个功能区分开来的情况,由专门附设的耗能装置耗散地震输入的部分或者大部分能量,从而减轻主体结构的损伤和破坏程度,是一种积极主动的结构设计理念[10]。传统抗震结构与消能减震结构的能量耗散对结构响应的影响如图 1-2 所示,结构遭受地震任意时刻的能量方程[11]如式(1-1)和式(1-2)所示。

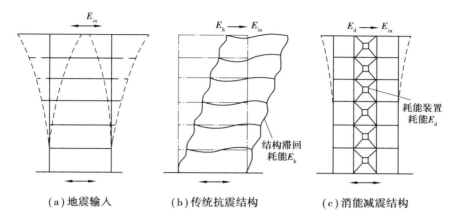

（a）地震输入　　　　（b）传统抗震结构　　　　（c）消能减震结构

图 1-2　传统抗震结构与消能减震结构耗能对比示意图

传统抗震结构能量方程：

$$E_{in} = E_v + E_c + E_k + E_h \tag{1-1}$$

消能减震结构能量方程：

$$E'_{in} = E'_v + E'_c + E'_k + E'_h + E_d \tag{1-2}$$

式中，E_{in}、E'_{in} 分别指地震过程中输入传统抗震结构和消能减震结构体系的能量；E_v、E'_v 分别指传统抗震结构和消能减震结构体系的动能；E_c、E'_c 分别指传统抗震结构和消能减震主结构体系自身的黏滞阻尼耗能；E_k、E'_k 分别指传统抗震结构和消能减震结构体系的弹性应变能；E_h、E'_h 分别指传统抗震结构和消能减震主结构体系自身构件的滞回耗能；E_d 指消能减震结构体系中耗能装置（阻尼器）吸收的能量。

在能量方程式（1-1）和式（1-2）中，E_v、E_k 和 E'_v、E'_k 所表示的动能及弹性应变能仅能发生能量的转换而不能耗散能量，E_c、E'_c 仅占总能量的很小比例（混凝土结构约占 5%，钢结构占 2%～4%），可忽略不计。故传统抗震结构的能量耗散主要依靠结构的滞回耗能 E_h，这就必然导致结构构件的损伤甚至破坏。而在消能减震结构中，作为耗能装置的阻尼器首先进入耗能的工作状态，充分发挥耗能作用，则构件自身需要耗散的能量就变得很少。郑久建[4]在其博士论文中便作了如下简明的推导："黏滞阻尼器附加给结构的等效阻尼比为 $\zeta_d = E_d / 4\pi E_s$，

假设应变能 E_s 为 1.0,当取减震结构的最大总阻尼比为 0.30 时,阻尼耗散的能量为 $E_c+E_d=0.3×4π×1.0≈3.77$(注意 E_c 较小,可忽略不计),则地震输入的能量约为 $E_{in}=1.0+3.77=4.77$。因此阻尼耗散能量的比率约为 $3.77/4.77≈79\%$,则其余 21% 将表现为结构的动能和弹性应变能,按照动能或应变能与位移的平方成正比进行估算,减震结构的位移将减小为抗震结构的 $\sqrt{21\%}≈46\%$。至此,通过能量的简单估算,得到减震结构减震效果的两点规律:①阻尼约消耗地震能量的 79%;②位移降低率约为 46%。"也就是说,附设阻尼器后的消能减震结构在地震作用下的响应将大大减小,从而更好地保护了主体结构,避免或延迟了主体结构的损伤甚至破坏。

消能减震结构主要是通过附设的阻尼器增加结构阻尼或刚度,从而减少地震作用所引起的结构响应。按阻尼器耗能机理的不同,阻尼器大致可分为速度相关型阻尼器、位移相关型阻尼器和复合型阻尼器三大类[10,11]。一般情况下,常见的速度型阻尼器仅为结构提供附加阻尼,如黏滞阻尼器、黏滞阻尼墙等;位移型阻尼器既能为结构提供较大的附加刚度,也能为结构提供一定的附加阻尼,常见的有各种金属阻尼器(剪切型阻尼器、弯曲型阻尼器、屈曲约束支撑、铅阻尼器等)和摩擦阻尼器等。对于既附加阻尼又附加刚度的结构而言,其减震基本原理示意图如图 1-3(a)所示;对于仅附加阻尼的结构而言,其减震基本原理示意图如图 1-3(b)所示。图中 T_f 表示传统抗震结构的周期,T_{eq} 表示附加阻尼和刚度后减震结构的周期,T_1 为仅附加阻尼后减震结构的周期(与传统抗震结构的周期相同)。

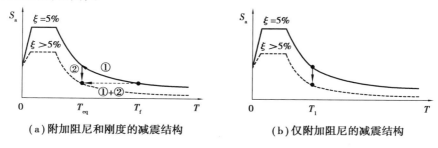

(a)附加阻尼和刚度的减震结构　　　　(b)仅附加阻尼的减震结构

图 1-3　消能减震结构耗能原理示意图

消能减震结构与传统抗震结构相比较,具有如下几个方面的优越性[3,11]:

①能量耗散与安全性:传统抗震结构在"中震、大震"作用下时,结构构件会局部或大部分进入塑性以消耗地震输入的能量,这必然会带来结构构件的损伤甚至破坏;而在消能减震结构中则是阻尼器率先进入耗能的工作状态,迅速消耗地震输入的能量,避免或推迟主体结构的损伤或破坏,从而更好地保护主体结构的安全。

②减震效果明显:同传统抗震结构相比,消能减震结构具有明显的减震效果,根据国内外减震结构的振动台试验研究表明,消能减震结构的位移响应可达到传统抗震结构响应的 40% ~60%;一般情况下,"层数越多、高度越高、跨度越大、结构越柔",消能减震效果越显著。

③经济性方面:传统抗震结构通常采用加大截面、提高材料强度、加大配筋及加强结构等方式来"硬抗"地震输入结构的能量,因而使得结构的建造成本将会明显增加;而减震结构则是通过"柔性耗能"的途径来减少结构的地震响应,进而减小抗侧力构件的数量及其截面尺寸,减小配筋反而能够在一定程度上提高结构的抗震性能。一般情况下,采用消能减震技术的工程可节约造价 5% ~10%,在高烈度地区节约的幅度可能会更大;若用于既有建筑的加固改造,则可节约造价 30% ~60%。

④震后修复难易程度:传统抗震结构在大震后结构构件将会发生较大的塑性变形甚至破坏,必须采用加固修复等措施,工作量和修复难度必然较大;而消能减震结构在同样的地震作用后,可实现多数结构构件仍为弹性或仅处于弱非线性状态,故可根据震后实际情况进行简单修复或者不需要修复便可继续使用。

综上所述,消能减震结构具有耗能机理明确、减震效率明显、安全性可靠、技术先进、经济性合理、应用范围广等特点。目前,消能减震技术已经广泛应用于新建、加固以及框架结构、框剪结构、钢结构等各类工程中,在工程抗震和抗风设计中有着较好的应用前景。

1.2.2　黏滞阻尼减震结构基本原理

"阻尼"[1,4,11-13] 用于表示能量耗散的性能,是结构振动衰减的根本原因,实际结构中阻尼特性比较复杂,通常不能准确地知道结构的阻尼特性。目前,在结构分析中一般都假定结构阻尼为线性黏滞阻尼,即认为阻尼力和速度成正比。为了使得黏滞阻尼减震结构便于分析,假定在结构中附设的黏滞阻尼器附加给结构的阻尼与结构自身的阻尼一致。

结构减震的原理可通过单自由度体系(SDOF)的振动分析来阐述,单自由度体系的运动方程[12,13] 为:

$$m\ddot{u} + c\dot{u} + ku = f(t) \tag{1-3}$$

或者

$$\ddot{u} + 2\omega\zeta\dot{u} + \omega^2 u = \frac{f(t)}{m} \tag{1-4}$$

式中,m、k 和 c 分别表示结构的质量、刚度和阻尼系数;u 为质点相对于地面的水平位移;$f(t)$ 为结构所受的外力;ω 为结构的自振频率,$\omega = \sqrt{k/m}$;ζ 为结构的阻尼比,$\zeta = c/c_{cr}$,$c_{cr} = 2m\omega$。

当外力 $f(t) = f_0 \sin(\theta t)$ 时,运动方程式(1-3)或式(1-4)的解包括按照 $e^{-\zeta\omega t}$ 快速衰减的瞬态反应和无限持续稳态谐振反应,其稳态解为:

$$u(t) = \frac{f_0}{k} D \sin(\theta t - \varphi) \tag{1-5}$$

式中,$\frac{f_0}{k}$ 为外力幅值 f_0 作用下体系质点的静位移;反应滞后于荷载的相位角 $\varphi = \arctan\dfrac{2\omega\theta}{\omega^2 - \theta^2}$;$D$ 为合成的谐振反应幅值与荷载 f_0 所引起的静位移 $\dfrac{f_0}{k}$ 之比,通常称为动力放大系数,其表达式为:

$$D = \frac{1}{\sqrt{\left(1 - \dfrac{\theta^2}{\omega^2}\right)^2 + 4\zeta^2 \dfrac{\theta^2}{\omega^2}}} \tag{1-6}$$

从式(1-6)可知,决定结构体系振动响应的重要参数是动力放大系数 D:①若 $D>1$,则结构的强迫振动表现为放大效应;②若 $D<1$,则结构的强迫振动表现为衰减效应。习惯上令频率比 $\theta/\omega=\beta$,将式(1-6)对 β 求导并令其为零,可得动力放大系数的最值表达式 D_m 及其对应频率比 β_p。当体系的阻尼比 $\zeta<1/\sqrt{2}$ 时,可得

$$\beta_p = \sqrt{1 - 2\zeta^2} \tag{1-7}$$

$$D_m = \frac{1}{2\zeta\sqrt{1 - \zeta^2}} \tag{1-8}$$

对于传统抗震结构,其自身阻尼比较小(混凝土结构为5%,钢结构为2% ~ 4%)。此时,体系的阻尼比 ζ 远小于1时,动力放大系数最大值可取 $D_m \approx 1/2\zeta$,对应的频率比取 $\beta_p \approx 1$。但对于附加了足够阻尼比(小于0.30时)的消能减震结构,这两个参数取以上的近似值误差不大,也可以按照式(1-7)和式(1-8)直接分别计算,动力放大系数最大值 D_m 及对应的频率比 β_p 与阻尼比 ζ 的关系曲线分别如图1-4(a)和图1-4(b)所示(由于《建筑抗震设计规范》中明确规定结构总阻尼比不宜大于0.30,故图中取 $\zeta \leq 0.30$ 进行绘图)。

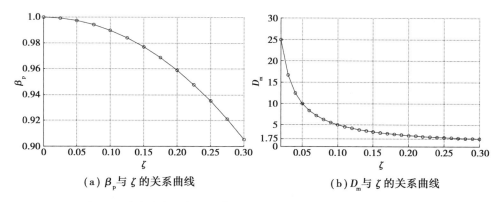

(a) β_p 与 ζ 的关系曲线　　　　(b) D_m 与 ζ 的关系曲线

图1-4　动力放大系数最大值及其对应频率比与阻尼比的关系曲线

而式(1-6)中的动力放大系数 D 随阻尼比 ζ 和频率比 β 的关系曲线如图1-5所示。分析图1-5可得[13-15]:

①当频率比 $\beta \leq 1.5$ 时,如果阻尼比 ζ 较大(例如大于 $1/\sqrt{2}$ 时),则体系的

动力放大系数 $D<1$，结构表现为振动衰减；如果阻尼比 ζ 较小，则动力放大系数 $D>1$，表现为结构振动放大。

②在共振频率区域（通常取 β 为 $[0.75,1.25]$），随着体系阻尼比的增加结构响应快速降低；在远离共振区（即 β 大于 1.25 或小于 0.75 的范围），体系的阻尼减震效率均在减弱，且体系的动力放大系数 D 比共振频率附近明显减小，尤其是频率比大于 1.5 后，体系的动力放大系数明显小于 1。

③当结构体系的阻尼比 $\zeta>1/\sqrt{2}$ 后，则无论频率比 β 的值如何变化，体系的动力放大系数 D 都将很小。

④由①至③可推知，结构的响应一方面与体系的附加阻尼比密切相关，另一方面与地震波的性质有很大的关系（主要体现在地震波的频率与结构自振频率的比值上，即 β）。

⑤从图 1-5 中可知，当阻尼比 $\zeta>0.30$ 时，体系的衰减效率明显降低；这也是《建筑抗震设计规范》[5] 中规定减震结构的阻尼比 ζ 不宜超过 0.30 的原因，否则采用减震后结构的经济性将会明显降低。但在阻尼比小于 0.30 时，随着阻尼比的增大，结构的动力响应将会明显降低，例如阻尼比为 5% 时的动力放大系数约为 10，而阻尼比为 20% 时的动力放大系数仅为 2.5 左右。

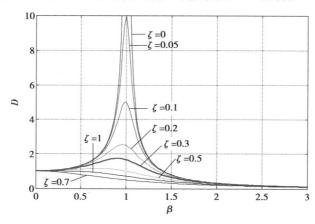

图 1-5　动力放大系数 D 随阻尼比 ζ 和频率比 β 的关系曲线

综合以上结论①—⑤可知，增大结构的阻尼和调整结构的频率成了降低结构反应的两种重要途径,分别体现在减震和隔震两种新的技术中。减震主要是通过加大结构的阻尼来减小结构的动力响应,而隔震则主要是通过调整结构的固有频率使其远离干扰频率(主要指地震波的卓越周期对应的频率)来减小结构的动力响应。当然,隔震结构中也有阻尼器耗散能量,减震结构中也可能会改变结构的自振特性,即隔震和减震是具有一定联系的。

考虑到普通钢筋混凝土结构的阻尼比约为 0.05,普通钢结构的阻尼比为 0.02(常见的也仅为 0.02 ~ 0.04),故在地震时结构的振动将会处于明显的放大状态,因而必须采取措施减小结构的振动响应。另外,根据 Hanson 的研究[16]可知,随着结构阻尼比的增大,阻尼减震呈现出两种效果:①结构体系的位移初始幅值变小;②结构体系的振动衰减加快(这对于结构的抗疲劳将会是有利的)。因此,在结构体系中附设黏滞阻尼器,能够减小结构在地震作用下的动力响应,从而保护主体结构。

一般情况下,实际的建筑结构均为多自由度体系,这时对结构的动力等分析变得复杂起来,但是增大结构阻尼会减少在地震等动力作用下结构的响应这一基本原理是一致的。目前,分析多自由度体系常采用的方法有振型叠加法、时程分析法、状态空间法等[17-19]。

1.3　黏滞阻尼器的研究进展与应用现状

在 1976 年的中国唐山地震、1994 年的美国 Northridge 地震、1995 年的日本 Kobe 地震、1999 年的中国台湾花莲——集集大地震以及 2008 年的中国汶川地震等历次大地震中,均造成了巨大的人身伤亡和财产损失,给人们留下了惨痛而深刻的记忆。在这样的大地震中,许多房屋虽然没有倒塌或成片倒塌,但已经遭受非常严重的破坏,震后很难修复或者修复成本巨大,成为名副其实的站立着的"废墟"。究其主要原因还是结构构件输入能量较大导致构件进入了严重的塑性,甚至发生倒塌破坏。而在建筑结构中附设消能减震装置后,地震时阻尼器首先进入耗能工作状态,因而避免或者延缓了结构的塑性发展或破坏,极大地保护了主体结构的安全。因而消能减震在结构工程中的应用越来越广泛,特别以黏滞阻尼器的应用最为广泛,能够为结构体系提供较大的附加阻尼比,且自身没有静态刚度,不会给原结构附加刚度;相比于黏弹性阻尼器具有对激励频率和温度等敏感性更小的特点[2,3,20-23]。

黏滞阻尼器(Viscous Fluid Damper,VFD)一般分为两类[3,11,24]:一是油缸式黏滞阻尼器,二是黏滞阻尼墙。上文中的黏滞阻尼器即为油缸式黏滞阻尼器,这也是本书中所使用的阻尼器。油缸式黏滞阻尼器一般由缸体、活塞杆、阻尼孔、黏滞阻尼流体和导杆等部分组成,利用黏滞液体的黏性阻尼性质,通过活塞在筒腔内的来回运动耗散能量。

1.3.1　黏滞阻尼器在国外的研究进展与应用现状

黏滞阻尼器开始是被用于导弹发射架和火炮等军事行业及一些工业机械中以减小振动,直到20世纪80年代才在结构工程的振动控制中开始应用。美国和日本在黏滞阻尼器的应用与研究方面处于世界前列,早期因黏滞阻尼器的应用主要涉及军事等工业故详细的资料几乎没有,即便到了20世纪80年代,出于商业利益关于黏滞阻尼器应用于实际工程的资料也并不多见,仅仅是一些基本介绍而已。

最早应用黏滞阻尼器是在1862年[19,25](有资料可查),英国将其用于安置在大炮的发射架上,通过阻尼器的耗能来减小发射架的位移。因为减小位移这一作用在第一次世界大战期间被用于安装在要求更大发射推动力的炮弹上;后面在美国、苏联冷战期间,因军事上的需要设法提高了黏滞阻尼器的性能以更好地耗散能量;直至冷战结束,黏滞阻尼器的应用开始由军工事业转向民间,至此便在结构工程振动控制领域得到了广泛的使用。1984年,美国北美防空司令部将泰勒公司生产的黏滞阻尼器用于防护核攻击;1990年美国西雅图西大桥采用了6个吨位较大的黏滞流体阻尼器,其出力高达1 000 ~ 2 500 kN。到2000

年左右,全球已有数百个项目采用黏滞阻尼器进行设计,主要涉及高层建筑、桥梁、铁路、体育场馆、海上石油平台、发射塔架等领域。更多关于黏滞阻尼器在国外应用的工程实例可参见文献[26]和文献[27]。

1992 年,美国国家科学基金资助了纽约州立大学 Baffalo 分校的 Makris 和 Constantinou 等人,他们从黏滞流体阻尼器的耗能机理、流体材料、热力学性质等方面开展研究并取得了一定的成果[24,28-32]:若假定黏滞流体是纯黏性的,则阻尼器的出力与活塞杆运动速度的某个次方为正比关系;当活塞在较大频率范围内运动时,阻尼器内的整个流体将出现黏弹性特征;而当活塞运动的频率较小时,阻尼系数与活塞运动频率几乎无关,阻尼器内的流体将呈现为黏性的特征。Makris 和 Constantinou 采用了广义的 Maxwell 模型来表示黏弹性流体的特征,得到如下表达式:

$$F + \lambda D^r [F] = C_0 D^q [u] \tag{1-9}$$

式中,F 为阻尼器出力;u 为阻尼器位移;λ 为时间相关系数;r,q 为阻尼材料常数;$D^r[F]$ 和 $D^q[u]$ 分别为对 F 和 u 的分数偏导,特殊形式是当 r,q 均为 1.0 时的偏导数方程;C_0 为零频率时黏滞阻尼系数。

而当活塞运动的频率较低时(通常指低于 4 Hz),式(1-9)黏弹性流体的 Maxwell 模型可简化为黏性流体的纯阻尼模型,如式(1-10)所示

$$F = C_0 u' = C_0 v \tag{1-10}$$

式中,F 为阻尼器出力;u' 和 v 均为阻尼器的速度;C_0 为黏滞阻尼系数。

而在黏滞阻尼器的研发领域颇有名气的美国泰勒公司[33]给出的阻尼器出力与速度的关系为

$$F = cv^\alpha \tag{1-11}$$

式中,c 为阻尼系数;v 为阻尼器中活塞运动的速度;α 为阻尼器的阻尼指数,一般在 0.3～1.0 取值。

法国 Jarret 公司研制的黏滞阻尼器[11,34],其指数 α 则在 0.1～1.0 取值。

武田寿一[35]研究后得到单出杆黏滞流体阻尼器的出力 F 与活塞往返速度

v 的二次方成正比，即式（1-11）中的阻尼指数 $\alpha = 2$。

Housner，Bergman，Caughey 等[36]研究得出的结论是：对于大部分的黏滞阻尼器而言，其阻尼器输出力 F 与活塞运动速度 v 的 0.30 ~ 0.75 次方成正比，即式（1-11）中阻尼指数 $\alpha = 0.30 ~ 0.75$。

关于黏滞阻尼器出力与阻尼器活塞速度的研究还有许多，在此不作一一列举。虽然不同学者得出了各不相同的表达形式，但有一点是相同的，即都认为黏滞阻尼器是一种速度相关型阻尼器，其出力与速度直接相关。而对于表达式的差异造成的原因较多，主要归结为两个方面：一是不同学者研究的阻尼器内部构造有所差异；二是不同学者采用的分析方法及力学模型不尽相同。因此，在具体应用中，需要根据具体的阻尼器产品及其相关的研究选取合适的力学模型及计算表达式，不能随意套用。

为此，许多国外学者都对黏滞阻尼器的性能及其在结构中的应用开展了试验研究。

较早是在 1992 年，Constantinou 和 Symans[37]采用泰勒公司生产的黏滞阻尼器分别用在一层和三层的两个钢框架振动台试验模型中，试验对象包括原结构，附设 2 个、4 个、6 个的模型（注：单层仅有附加 2 个、4 个阻尼器的情形）。试验结果表明，阻尼器出力与楼层侧移、柱弯矩相位相反，故附设阻尼器后能够明显地减小结构的楼层侧移和剪力，且不会因柱弯矩的相位问题而加大柱子轴力，并通过对试验数据的分析，Constantinou 和 Symans 得出如下结论：附加黏滞阻尼器后结构的位移一般可以降低 30% ~ 50%，楼层剪力则可以降低 40% ~ 70%。

Reinhorn 等人[38]在 1995 年对一个三层，1∶3 的缩尺的钢筋混凝土框架模型在附设黏滞阻尼器后进行了振动台试验，以研究阻尼器的耗能减震能力。主要得出以下结论：①在较小幅值激励作用下，结构的阻尼比由 3% 明显增至 16%，结构的位移明显减小，加速度和力的影响较小，某些工况还有少许的增加；②因其只为结构附加阻尼而不增加刚度，附设的阻尼器后为结构耗散了 80% ~ 90% 的地震输入能量，有效地减少了结构的损伤程度，同时还能控制结构的楼层位移和变形,也减小了地震作用下结构的响应。

　　Niwa 等人[39]在 1994 年对某高层建筑结构进行分析与设计,采用日本 Kajima 公司研发的一种高阻尼系统黏滞油缸,并通过相应的试验验证:这种黏滞油缸能给该高层结构附加 10% ~20% 的附加阻尼比,大大地减小了该结构在地震作用及风荷载下的响应。

　　黏滞阻尼器除用于新建建筑外,在既有建筑的加固中也有不少应用实例:①美国洛杉矶的两座住宅楼便采用了基础隔震和黏滞阻尼器联合设计的方式来提高建筑的抗震能力[40];②1994 年的 Northridge 地震后的洛杉矶市政府大楼,在结构底部采用 416 个橡胶隔震支座和 52 个黏滞阻尼器,而结构上部仅采用 14 个黏滞阻尼器,对该结构进行隔震和耗能减震的联合设计,实现房屋的加固改造[41]。

1.3.2　黏滞阻尼器在国内的研究进展与应用现状

　　在 20 世纪末,我国开始了黏滞阻尼器的应用,作为最早的消能减震技术应用是在既有建筑的加固上, 即 1999 年用于北京饭店和北京火车站的加固[2,26,27]。北京饭店是中国建筑科学研究院采用法国 Jarret 公司研发的黏滞流体阻尼器进行的加固,是我国黏滞阻尼器应用的第一个实例;同年,北京火车站采用了 32 个泰勒公司的黏滞阻尼器进行了加固。紧接着黏滞阻尼器在江苏宿迁大量应用[42-44],至 21 世纪初,全国各地区或多或少都有了黏滞阻尼器的实用案例,更多工程实例参见文献[26]和文献[27]。除此之外,黏滞阻尼器在国内桥梁上的使用[45,46]也十分普遍。

　　再往后,黏滞阻尼器的使用便越来越广泛,截至目前,全国使用了黏滞阻尼器的建筑数以千计。近年来,以北京、云南、新疆、海南、山东、甘肃、山西等地应用最多,其中以云南的应用最为广泛,主要是在医院、幼儿园和中小学等项目中[47]。作者自己也参与及主持了数十个消能减震项目的设计与分析,例如:①2013 年开始建设的"云大医院"住院楼项目,为 24 层高的框架剪力墙结构,建筑面积约 5.35 万 m², 采用了 104 套黏滞阻尼器, 为结构附加了 3% 的阻尼比; ②2014 年开始建设的云南阜外心血管病医院整个新建项目, 采用黏滞阻尼器的单体有 7 个, 共计 15.3 万 m², 共采用阻尼器 587 套, 结构体系有框架结构和框架剪力墙结构两种, 各单体的附加阻尼比为 5% ~8%; ③2014 年建设的昆明理工大学新迎校区实训楼, 主体结构为 11 层的框架剪力墙结构, 建筑面积约为 1.86 万 m², 采用 64 套台湾生产的黏滞阻尼器, 附加阻尼比为 10%; ④2014年开始建设, 2015 年 9 月投入使用的昆明市第三中学经开区学校, 采用消能减震技术的共计 8 个单体, 建筑面积共约 3.8 万 m², 采用 105 套阻尼器, 附加阻尼比为 3% ~5%; ⑤2015 年开始建设的茨坝中学, 共计 5 个单体采用减震技术, 建筑面积约为 4 万 m², 共计采用 174 套阻尼器, 均为结构附加 5% 的阻尼比。采用了黏滞阻尼器的项目还有很多很多, 在此不再一一列举。总而言之, 近年来全国各地, 尤其以云南为代表已将消能减震技术应用于大量的实际工程。

国内的众多学者对黏滞阻尼器性能及其在结构工程中应用等具体问题进行了细致深入的试验研究。哈尔滨工业大学、同济大学及东南大学等高校先后研究了不同黏滞阻尼器的力学性能, 并开展了相关的试验研究[22,48,49], 得到黏滞阻尼器为无刚度的速度相关型阻尼器, 提出对黏滞阻尼器支撑构件刚度的设计要求。哈尔滨工业大学和同济大学还进行了附加黏滞阻尼器结构模型的振动台试验[48,50], 结果表明: ①黏滞阻尼器具有很好的耗能能力, 合理附加黏滞阻尼器后, 结构的位移和内力响应均明显减小; ②黏滞阻尼器几乎只为结构附加阻尼, 而不加大结构的刚度。

2002 年, 周云、黄振兴等人[11,51]对安装了黏滞阻尼器的三层缩尺钢框架模型进行了振动台试验研究, 分别试验了空框架及阻尼器采用肘型斜撑和对角斜撑安装方式下的模型, 试验表明: 附加黏滞阻尼器后结构的减震效果较好, 且肘型斜撑比对角斜撑减震更有优势, 采用对角斜撑时框架的整体阻尼比达到21%, 而具有放大阻尼器位移的肘型斜撑则可达到 36%。2004 年, 南京工业大学刘伟庆等人[52]对附加了支撑式黏滞阻尼器的方钢管混凝土框架结构进行了试验研究,结果表明阻尼器在不同频率及行程下均具有足够稳定的耗能能力,其力-位移曲线较为饱满,阻尼器出力随外荷载频率的加大而有所增加,耗能能力也稍微有所增加。卢云祥等人[53]将黏滞阻尼器用于解决工业振动问题,相比于加强结构刚度的传统抗震方法,附加阻尼器的消能减震技术具有明显的减震效果。

通过这些学者的不懈努力,得出了相应黏滞阻尼器的理论计算表达式。原哈尔滨建筑大学的欧进萍[54]教授团队研究了油缸间隙式黏滞阻尼器,并提出了相应的计算式

$$F = cv^m \tag{1-12}$$

式中,c 为阻尼系数,为与活塞直径、油缸直径及流体黏度等相关的常数;v 为阻尼器中活塞运动的速度;m 为阻尼器的速度指数,其值为 $0.79 \sim 0.87$。

东南大学李爱群[3,11,26,55]教授团队重点研制了一种孔隙式的双出杆型黏滞阻尼器,其简化后的计算表达式为

$$F = cC_q v^2 \tag{1-13}$$

式中,c 为阻尼系数,与活塞直径、油缸直径及流体黏度等相关;C_q 为阻尼器内黏滞流体的流量系数;v 为阻尼器中活塞运动的速度,其速度指数取 2.0。

上海材料研究所[49]研制的黏滞阻尼器,当阻尼器出力在运动频率不大于 3 Hz 时,其计算表达式为

$$F = C_0 \left| \dot{x} \right|^\alpha \mathrm{sign}(\dot{x}) \tag{1-14}$$

式中,C_0 为根据需要设计的阻尼系数;α 为根据需要设计的阻尼指数,其值为 $0.1 \sim 2.0$;$\dot{x}$ 为阻尼器活塞杆相对于油缸的运动速度,若忽略活塞推力杆的柔度和油缸内可压缩流体的柔度,则活塞杆相对于油缸外壳的相对位移为 $x = A\sin(\omega t)$（其中 A 为活塞杆所受简谐运动的幅值,ω 为其运动频率）。

1.4 阻尼器耗能效率研究现状

为正确分析附设黏滞阻尼器对结构耗能减震效果的影响,首先需要知道阻

尼单元的恢复力模型,目前主要采用两种方法建立阻尼器耗能的计算模型[3,11]:一是基于每个阻尼器单元的物理性能测试来建立相应的力学模型;二是基于阻尼介质和阻尼器的几何特性形成以力学为基础的计算模型。第一种方法是目前运用比较普遍的方法。近年来,国内外研究人员已提出了较多关于阻尼器的恢复力模型,主要包括线性模型、Maxwell 模型、Kelvin 模型、Wiechert 模型、分数导数模型等。其中以前三种模型的应用较为普遍,Wiechert 模型是将 Maxwell 模型和 Kelvin 模型结合起来的一种更为精确的复刚度模型,分数导数模型则是将 Maxwell 模型中的一阶导数采用分数阶导数代替而构成的。在常用的三种恢复力模型中,线性模型的基本假定是:与阻尼器相连的支撑构件及阻尼器自身的刚度为无穷大(忽略刚度对阻尼器的影响),则考虑的是一纯阻尼单元的耗能情况;Maxwell 模型则可视为将前述支撑构件及阻尼器自身刚度与阻尼单元串联而成;Kelvin 模型则可视为将支撑构件及阻尼器自身刚度串联后再与阻尼单元并联而成。由于不同阻尼器厂家产品自身性能的特殊性,其自身刚度特性暂时还不能以统一的形式给出,故目前国内外的研究中,几乎都忽略了阻尼器自身刚度对阻尼器耗能效果的影响;而关于支撑构件的刚度也有大部分研究者忽略了其对阻尼器耗能的影响,但也有研究人员较为深入地考虑了支撑构件刚度对阻尼器耗能效率的影响。阻尼器安置在结构体系中,一般都需要支撑或斜撑(可统称为支撑构件)将其与主体结构的梁柱连接,这就形成了阻尼器与支撑或斜撑的串联,故支撑或斜撑对阻尼器的耗能效率必然会产生影响[11,56]:"例如支撑构件刚度与阻尼器刚度的比值、支撑构件与阻尼器的串联刚度与相应结构层刚度的比值、支撑构件与阻尼器串联后的屈服位移与相应结构层屈服位移的比值等,它们对阻尼器的减震效果都有很大的影响,因而也是减震设计的重要参数。"

早在 1997 年,欧进萍、吴斌等人[56]利用试验的方法研究了这些参数对阻尼器减震效果的影响,他们的研究是基于钢结构和混凝土两类结构的两种基本线性参数体系,体系 1 的阻尼比为 1%,体系 2 的阻尼比为 5%。研究发现:"当阻

尼系数 c 给定时,支撑构件刚度是影响阻尼器减震效果的主要参数;另外,对于相同的阻尼系数 c,当结构刚度 k 取大值时,相应的频率 ω_0 也取得大值,结构的振动速度也大,即阻尼器的出力 $c\dot{x}$ 也较大,故对应的支撑刚度 k_b 也应取较大值。由以上两种情况可知,黏滞阻尼器减震效率的表达可取无量纲量 $k_b/c\omega_0$。"该试验研究的主要结论如下:"①阻尼器的减震效率随支撑刚度 k_b 的增大而增加;②随着参数 $k_b/c\omega_0$ 的增加,阻尼器的减震效果快速趋于最佳值,即趋于支撑刚度 k_b 无穷大的情况;③当结构固有频率 ω_0 较小时,参数 $k_b/c\omega_0$ 的最优值较大,反之则较小;当频率 ω_0 一定时,参数 $k_b/c\omega_0$ 的最优值与结构体系的阻尼比 ζ、阻尼器的阻尼系数和输入地震动的强度无关。"结合上述试验结论,欧院士等人建议将实际工程中的参数 $k_b/c\omega_0$ 的最优值范围取为:

$$\frac{k_b}{c\omega_0} = [3,6] \tag{1-15}$$

式中,k_b 为支撑构件刚度;c 为阻尼器的阻尼系数;ω_0 为结构的固有频率。正如上述结论③所言,对于较小的 ω_0,$k_b/c\omega_0$ 取大值,反之取小值,这体现了支撑构件刚度应与结构体系刚度相匹配的原则。对于附设黏滞阻尼器的多自由度减震体系,因黏滞阻尼器对结构不附加刚度,故以上参数可按照单自由度原则确定。

基于上述欧院士等的研究成果,2001 年版的《建筑抗震设计规范》[57] 第 12 章专门写入了对速度线性相关型阻尼器支撑构件刚度的规定,2013 年颁布实施的《建筑消能减震技术规程》[6] 的第 6.3 节也做出了同样的规定:支撑构件刚度应满足下式要求

$$K_b \geqslant \frac{6\pi C_D}{T_1} \tag{1-16}$$

式中,K_b 为支撑构件沿阻尼器消能方向的刚度(kN/m);C_D 为阻尼器的线性阻尼系数 $[kN/(m \cdot s^{-1})]$;T_1 为减震结构的基本自振周期(s)。而上式中的 $6\pi C_D/T_1$ 即为 $3\omega_0 C_D$(注意结构固有频率 $\omega_0 = 2\pi/T_1$),即上式可表示为 $K_b \geqslant 3\omega_0 C_D$,即式

（1-16）取的是式（1-15）中的下限值。

杜微笑[58]对非线性阻尼器的支撑构件刚度进行了研究，主要针对无量纲参数 $A=k_b/c\omega_0$ 的变化进行了深入的分析与对比，研究表明："①无论是线性还是非线性黏滞阻尼器，随着无量纲参数 $A=k_b/c\omega_0$ 的增大，其减震效果均逐渐趋于最佳值；②对于非线性阻尼器，当阻尼指数 α 不同时，阻尼器减震效果 $\beta\geqslant$ 95%（采用位移比幅值表示，定义为 $\beta=A/\sqrt{1+A^2}$ 对应的无量纲参数 $A=k_b/c\omega_0$ 的取值范围随阻尼指数 α 的增大而增大，随体系固有频率 ω_0 的增大而减小；③当无量纲参数 $A=k_b/c\omega_0\geqslant4$ 时，则不论系统固有频率 ω_0 和系统位移 u_0 取何值，阻尼器减震效果 $\beta\geqslant95\%$ 恒成立。"

蒋通、贺磊等人[59-61]采用反应谱方法预测了附设非线性黏滞阻尼器后结构的地震响应，研究了支撑构件刚度、阻尼器参数对非线性黏滞阻尼器耗能能力的影响，采用了大量的数值分析并通过量纲分析法给出了位移降低率达到最佳时支撑构件刚度取值的建议式：$K_b^*/A\geqslant4$（其中 K_b^* 为阻尼器自身刚度与支撑构件刚度的串联的组合刚度，参数 $A=C_d\omega_0^\alpha/u_0^{1-\alpha}$，其结果与文献[56]中当阻尼指数 $\alpha=1.0$ 时的结果大致相同；并发现采用较多非线性程度较大的黏滞阻尼器时，可能出现剪力降低率大于 1.0 的情况，故在设计中通过控制另一个无量纲参数 A/K_f（表示非线性阻尼器对原结构刚度 K_f 的附加程度）来限制阻尼器设置的数量。

翁大根等人[49]通过对黏滞阻尼器进行的伪静力试验得知阻尼器耗能效果良好，同时其自身刚度有限的特性，并结合试验分析后指出："①消能构件的总刚度是由支撑构件刚度和阻尼器自身刚度串联而成；②为获得良好的减震效果，设计阻尼器时应平衡各部分刚度的分配，既要考虑支撑构件刚度，也要考虑阻尼器活塞杆刚度，并降低阻尼器缸内黏滞介质的压缩性；③规范[6,57]中要求的支撑构件刚度显然未涉及阻尼器自身的刚度，这对于阻尼器介质为可压缩体时，该支撑构件刚度的要求就显得较小；当阻尼器冲程较大时，阻尼器活塞杆的刚度设计就变得十分重要。"

李宝华[62]通过快速非线性分析方法(FNA)对某12层的钢筋混凝土框架结构的分析,对比了黏滞阻尼器采用不同支撑构件刚度和阻尼指数时对阻尼器耗能效果的影响,研究表明:"支撑构件刚度较大时,对结构减震效果的控制更为有效,明显减小了结构的楼层位移和柱子剪力。对于阻尼指数较小的黏滞阻尼器,其耗散地震能量的能力将会提高,在位移控制方面也显得更为经济。"

狄生奎、赵子斌等人[63,64]采用虚拟激励法研究了框架结构在安装黏滞阻尼器前后的地震响应,基于随机振动首次超越破坏理论分析不同支撑刚度、阻尼系数对结构地震响应和可靠度的影响:"①在阻尼系数不变的情况下,随着支撑构件刚度的增加,结构的楼层位移迅速降低,楼层和结构整体的失效概率也降低;当支撑构件刚度增大到一定值后,结构的楼层位移降低缓慢,楼层和结构整体的失效概率也变得平缓。②当支撑构件刚度一定时,结构的层间位移随阻尼系数的增大而减小,楼层和整体体系的失效概率随阻尼系数的增加也在一直减小。"

Fournier 和 Cheng 等人[65-68]研究了线性黏滞阻尼器自身刚度及支撑阻尼器的支撑构件刚度对缆索桥中缆索减震效果的影响。试验中分别采用弹簧模拟两种刚度,模拟阻尼器自身刚度的弹簧与黏滞液体一起形成并联的 Kelvin 模型,再与模拟支撑阻尼器的支撑构件刚度的弹簧串联;并将阻尼器安置在距离缆索支撑处 4%L、6%L 和 10%L 处(L 为缆索的跨度)。试验研究及模拟分析表明:①阻尼器自身刚度和支撑构件刚度较小时会对阻尼器耗能效果产生不利影响;②附加阻尼器后体系获得的阻尼比会随着阻尼器自身刚度的增加而减小,但会随着支撑构件刚性程度的增加而增大;③当阻尼器位置越靠跨中时,其耗能减震效果越好,为体系提供更大的附加阻尼比,即三组试验中阻尼器安置在距离缆索支撑处 10%L 的附加阻尼比最大。

Chen 和 Chai[69,70]针对剪切型房屋,基于阻尼器的阻尼单元与支撑构件单元刚度串联的 Maxwell 模型主要研究了支撑构件刚度对结构体系中阻尼器耗能能力的影响。研究从一个单层房屋开始,将阻尼器安装在 V 形撑的顶部,推导了以减小体系位移和加速度为目标函数,关于阻尼器的阻尼系数和支撑构件刚度的解析解形式,即当支撑构件刚度一定时,通过相应方程便可求得该体系所需的最优阻尼系数,事实上也可以反过来;然后将其数学模型推广到多自由度体系中,以层间位移均方值、楼层加速度、基底剪力为目标构建相应的函数,通过迭代求解最小的支撑构件刚度和最优阻尼系数。该研究主要将阻尼器的支撑刚度与阻尼系数结合起来,体现了两者之间的相互关系,不再像以前的研究将二者孤立地进行。

日本学者 TAKEWAKI 等人[71,72]研究了剪切型房屋中阻尼器自身刚度及支撑单元刚度在力学模型选取及设计阶段的重要性,以及最优阻尼器布置位置下、支撑构件刚度一定时对应的最优阻尼系数。实际工程中由于功能或建筑等经常使得支撑构件的刚度不可能无穷大,Park 等人[73]采用状态方程法,构建以最大位移及均方根位移相关的目标函数,提出考虑阻尼器支撑刚度问题的附加黏弹性阻尼器的最优程序优化方法。Huang 等人[74]重点研究了支撑刚度对阻尼器耗能能力的影响:支撑构件具有一定的弹性将会减小阻尼器的减震效果,并从理论上进行了推导,绘出支撑构件刚度与附加阻尼相关的通用曲线。LU 等人[75]指出阻尼器支撑构件刚度对其耗能的影响是不可忽略的,在基本力学模型下对考虑支撑构件刚度的阻尼器耗能效率进行公式推导,最终以阻尼器耗能效率达到95%为指标,设计出相应的支撑构件刚度,这与《建筑抗震设计规范》和文献[3,5,6,11,56-58]上的刚度要求是一致的。Londoño 等人[76]也指出了阻尼器支撑构件刚度选择的重要性,从基本动力方程出发,采用状态方程法对多组不同截面尺寸的支撑构件进行系统的分析与研究,得到支撑构件刚度对阻尼器耗能减震效果有重要影响,并对支撑构件相应的设计标准做了进一步的探讨与研究。

1.5　附加等效阻尼比及其优化研究现状

关于黏滞阻尼器减震效果最直接的体现便是结构体系位移响应的减小,其本质在于黏滞阻尼器为结构体系附加了阻尼比。近年来许多学者对黏滞阻尼减震结构中的附加等效阻尼比研究和阻尼器最优布置等问题进行了深入细致的分析与研究,得出了不少研究成果,现分别归纳总结如下。

1.5.1　附加等效阻尼比研究

黏滞阻尼器的效果重在赋予结构附加等效阻尼比,能够耗散地震作用等输入结构的能量,降低结构的各种地震响应及其他荷载响应,加强减震结构的抗震能力[77]。现有附加等效阻尼比的计算公式按照推导思路主要分为两种,即能量法和功率法,常见的计算表达式如下[78]:

①我国《建筑抗震设计规范》(GB 50011—2010)[5]和《建筑消能减震技术规程》(JGJ 297—2013)[6]规定,消能部件附加给结构的有效阻尼比可估算如下:

$$\xi_{\mathrm{d}} = \frac{\sum\limits_{j} W_{\mathrm{c}j}}{4\pi W_{\mathrm{s}}} \tag{1-17}$$

式中,ξ_{d} 为消能减震结构的附加有效阻尼比;$W_{\mathrm{c}j}$ 为第 j 个消能部件在结构预期层间位移 Δu_j 时往复循环一周所消耗的能量;W_{s} 为消能减震结构在预期位移下的总应变能。

②日本规范[61]中对于附加速度相关型消能阻尼器的结构体,其附加等效阻尼比计算式如下所示:

$$\xi_{\mathrm{d}} = \frac{E_{\mathrm{n}}}{4\pi E_{\mathrm{se}}} \tag{1-18}$$

式中,ξ_{d} 为附加有效阻尼比;E_{n} 为阻尼器耗能;E_{se} 为结构弹性应变能。

③FEMA356 规范[79]对线性黏滞阻尼器也给出了可供计算的参考公式为:

$$\xi_{\mathrm{d}} = \frac{T \sum\limits_{j} C_j \cos^2 \theta_j \varphi_{rj}^2}{4\pi \sum\limits_{i} \left(\dfrac{W_i}{g}\right) \varphi_i^2} \tag{1-19}$$

式中，θ_j 为第 j 个阻尼器与水平方向的夹角；φ_{rj} 为第 j 个阻尼器在第一振型下阻尼器两端的相对水平位移；W_i 为第 i 层的质量；φ_i 为第一振型下对应的第 i 层位移；C_j 为第 j 个阻尼器的阻尼系数；T 为减震结构的周期。

④Diotallevi 等人[80]给出了计算单自由度体系附加阻尼比的计算公式如下：

$$\xi_d = \frac{\lambda}{\pi}\frac{C_{NL}}{2m}u_0^{\alpha-1}\left(\frac{2\pi}{T_e}\right)^{\alpha-2} \tag{1-20}$$

$$\lambda = 2^{2+\alpha}\frac{\Gamma^2\left(1+\dfrac{\alpha}{2}\right)}{\Gamma(2+\alpha)} \tag{1-21}$$

式中，C_{NL} 为非线性黏滞阻尼器的阻尼系数；m 为结构质量；u_0 为结构最大位移；T_e 为减震结构周期；α 为阻尼器的阻尼指数；λ 为与阻尼指数 α 相关的折减系数，$\Gamma(\cdot)$ 为伽马函数。

⑤Seleemah 等人[81]提出了计算非线性阻尼器的附加等效阻尼比的近似表达式为：

$$\xi_d = \frac{T^{2-\alpha}\sum\limits_j \lambda C_j \cos^{1+\alpha}\theta_j \varphi_{rj}^{1+\alpha}}{(2\pi)^{3-\alpha}A^{1-\alpha}\sum\limits_i \left(\dfrac{W_i}{g}\right)\varphi_i^2} \tag{1-22}$$

式中，T 为减震结构周期；A 为结构顶层位移；其他符号的含义与前面相同。

⑥Pekcan 等人[82]提出采用功率消耗法将非线性阻尼行为转化为等效黏滞阻尼的方法，其计算附加等效阻尼比的表达式为：

$$\xi_d = \frac{1}{1+\alpha}\frac{C_{NL}x_0^{\alpha-1}\omega_0^{\alpha-2}}{M} \tag{1-23}$$

式中，M 为结构体系质量；x_0 为无阻尼自振频率 ω_0 下结构体系的振幅；C_{NL} 为非线性黏滞阻尼器的阻尼系数；α 为阻尼器的阻尼指数。

事实上，关于附加等效阻尼比的研究是近年来消能减震结构研究中的一个热点问题。

Lin 和 Chopra[83,84]研究了附设非线性黏滞阻尼器的单自由度体系在稳态强迫振动及地震作用下的动力响应，指出消能减震设计的两个重要参数：通过附加阻尼比和阻尼指数非线性度来表征阻尼器的耗能能力;采用简谐振动作用于单自由度体系,从阻尼器耗能等效的角度出发推导了非线性阻尼器的阻尼系数与线性阻尼系数的转换,从能量法的角度推导了体系附加阻尼比的计算公式,并得出当结构附加阻尼比为 5% 时结构位移减少 25% ,当结构附加阻尼比为 30% 时结构位移减少达到 60% ;最后,对给定设计反应谱下结构位移、阻尼器出力、结构基底剪力的评估进行了研究。Paola 等人[85,86]对附设了非线性黏滞阻尼器的多自由度体系进行了随机地震反应分析,通过功率谱密度函数并结合弹性反应谱和统计线性化技术(SLT)求得系统的等效阻尼比,以用于消能减震设计,并进一步指出:当系统线性化后,通过蒙特卡罗(Monte Carlo)模拟和随机响应分析所得的结果具有良好的一致性。

翁大根等人[87]考虑将主体结构、附加消能部件分开进行设计来研究附加黏滞阻尼器减震结构的实用设计方法,从黏滞阻尼减震的基本原理和力学模型出发,编写了具体的设计方法流程图,列出了阻尼器方案设计及参数选用的表达式,引入工程实例并与日本 JSSI Manual 手册中的减震设计方法进行分析与对比,说明其"实用设计方法"的实用性与简化性。王奇等人[88]通过线性化等效的原理,将消能部件等效为框架柱的形式,从而将非线性分析转化为线性分析,得到附加有效阻尼比的计算方法。巫振弘等人[89]通过两个工程实例采用规范算法、减震系数法和自由振动衰减法用于计算结构附加等效阻尼比,对比分析其结果表明:"自由振动衰减法与规范方法计算结果吻合,而减震系数法的计算结果偏保守。"何文福等人[78]总结了计算附加等效阻尼比的几种实用估算方法,考虑减震结构与非减震结构在动力下的响应提出"动力响应减震系数法"来计算,并通过某框架剪力墙结构实例与四种附加等效阻尼比估算方法进行对比,得出采用动力响应减震系数法的准确性。胡岫岩等人[90,91]对比了附加非线性黏滞阻尼器后几种计算附加等效阻尼比的实用估计方法,指出各方法的计算结果符合工程精度的要求。陆伟东等人[92]基于中、美、日计算附加等效阻尼比方法的差异并进行深入研究后,借鉴日本消能减震结构附加等效阻尼比计算的方法,提出更为合理精确的计算公式并验证了其具有良好的精度。区彤等人[93,94]提出了附加阻尼器后消能减震结构附加有效阻尼比的两种取值方法:时变法和综合法,时变法是以地震波各时刻点的阻尼器耗能和结构应变能为计算依据并取均值得到附加有效阻尼比,综合法则将结构应变能取为地震波各时刻点结构应变能的最大值。

刘文峰等人[95]指出:"当消能减震结构中的阻尼值随时间变化时,消能减震结构的阻尼是非经典阻尼结构,指出复模态设计方法、振型分解法(强解耦)和基于变形能的等效阻尼法是比较可行的方法,并研究了不同计算方法的精度问题。"李创第等人[96]基于 Maxwell 模型和相同于多自由度随机平均法分析的等效准则:"构建了耗能结构一般微分和积分混合地震响应方程组,提出了耗能结构各振型等效阻尼比的一般解析计算式,并验证了计算式具有足够的精度,表明该方法的有效性。"杜永峰等人[97]对非经典阻尼隔震结构中的最优阻尼比进行了研究;钟立来等人[98,99]、Dedomenico 等人[100]对非线性调谐质量阻尼器的最佳设计、隔震系统的最佳黏滞阻尼比等内容进行了详细的研究。

1.5.2 阻尼器最优布置

阻尼器的位置优化是消能减震设计中的重要问题,其目的在于采用最少的阻尼器数量(或者说最小的阻尼系数)使结构体系达到相应的减震目标甚至更好的减震效果。因此,优化目标的选取就变得尤为重要,目前常见的目标控制函数是以结构的最大层间位移角、楼层侧移、绝对加速度及其加权组合为主。周云等人[101]根据黏弹性阻尼器的特点,提出 5 种以不同量为目标控制函数的阻尼器优化设计方法:"①以层间位移为控制函数;②以控制力为控制函数;③以层间位移和楼层侧移为控制函数;④以层间位移和顶层位移为控制函数;⑤以振型为控制函数;并通过某 10 层钢筋混凝土框架结构实例说明 5 种优化方法能够得到比较满意的结果。"周星德[102]提出了两种最优阻尼配置方法:"一是以最小临界阻尼为目标,采用临界激励法分析所有可能布置位置后确定的方法;二是根据给定的不同阻尼,得到最优控制效果时的阻尼即为最优配置,并通过遗传算法,在结构抗震性能基本一致的情况下寻求最优阻尼以降低总阻尼。"杨志勇等人[103]利用结构控制理论,从"安全性"和"舒适性"两准则研究了以控制力为目标的最优位置,得出当控制力的方差和结构响应的方差最小时为最优,并指出最优位置在第一振型的位移最大值处。

韩建平等人[104,105]提出了一种简易循环搜寻法来优化阻尼器的布置,先估算结构的附加等效阻尼比,然后确定结构的附加阻尼参数,并以层间位移为目标函数,调整阻尼器布置直至达到减震目标。刘磊[106]利用能量法原理对阻尼器进行初始优化布置,然后基于均匀试验及 ACE 回归技术,得到合适的阻尼系数值,使阻尼器的能量耗散达到最大,并将计算结果与原设计进行比较,指出该方法的有效性。乌兰等人[107]通过遗传算法对偏心结构中阻尼器位置优化造成影响的不同因素进行了研究,结果表明:"地震动输入的差异会影响阻尼器的最优布置;力学参数的变化对阻尼器的最优布置几乎不产生影响,但阻尼器的阻尼系数和阻尼指数取值适当时,则可兼顾层间位移角最大楼层和结构总楼层两方面的减震效果。"李宏男等人[108]也通过遗传算法对位移型和速度型阻尼器的最优位置进行了研究,指出:"对三个无量纲量(即有控结构最大层间位移角、最大绝对加速度和最大绝对位移与相应无控结构三个反应量的比值),采用五组加权系数组合对阻尼器布置方案体现的综合控制效果进行分析,得到不同的加权系数最优组合,为实际工程的应用提供参考。"

彭勇波等人[109]对高层建筑结构的阻尼器最优布置进行了研究,将阻尼器布置与阻尼器参数通过随机最优控制方法进行同步优化,研究指出:"该方法能够以最小的成本获得最大的经济效益,控制后结构的反应沿楼层分布更加均匀、更能达到所期望的性能目标。"邢丽丽等人[110]研究了 5 种不同布置形式的伸臂桁架在附设阻尼器后的抗震性能,研究表明:"在满足抗震性能时,竖向斜撑型为最优布置,但单斜撑型的阻尼器利用率明显高于竖向斜撑型,且竖向斜撑型阻尼器利用率是最低的。"刘绍峰等人[111]对相邻结构连接阻尼器后的最优阻尼参数进行了研究:"对不同质量比、不同刚度比的主子结构分别研究了无阻尼和有阻尼情况下的地震反应,以主结构的顶层最大相对位移最小作为优化目标,寻找阻尼器的最优位置、相应阻尼系数的最优值。"

　　Zhang 等人[112]在 1992 年提出了基于可控度的序列优化方法,并通过一个 5 层的钢结构模型进行试验验证,其主要思路是:"将阻尼器逐步安装在最大层间位移的楼层上,使得阻尼器的布置位置达到最优。"García 等人[113,114]在 Zhang 等人[112]的基础上进行简化,提出简易序列搜寻法(Simplified Sequential Search Algorithm,SSSA)并应用于阻尼器的优化布置,其主要做法为:"先对无控结构进行结构动力分析,然后将第一个阻尼器放置在最大层间位移楼层处,再进行分析,一直重复,直至所需的阻尼器全部安放完毕,层间位移角最大值等参数满足要求为止。"Whittle 等人[115]对比了黏滞阻尼器的 5 种优化布置技术,对线性黏滞阻尼器和非线性黏滞阻尼器均进行了时程分析,以期提高结构的抗震性能,主要包括最大层间位移、绝对加速度和结构残余位移三个方面的内容。Singh 等人[116]通过遗传算法研究了结构处于线性阶段时阻尼器的最优尺寸和最优位置的问题,以达到最佳的减震效果。Takewaki[117,118]建立了基于层间位移幅值的传递函数,并将传递函数的最小值作为目标对平面框架等结构中阻尼器位置优化问题进行了研究。Aydin[119]通过对某 10 层钢结构平面框架的研究,得出采用基底剪力作为阻尼器最优布置的目标函数是可行的方案这一结论。Lin 等人[120]研究了在双向均对称的结构中,用基于能量的方法对线性黏滞阻尼器的布置位置进行优化。Adachi 等人[121]研究了超高层结构中黏滞阻尼器沿高度的最优分布,指出最大层间速度是影响最优分布极为重要的因素,以及评价减震效果的 4 个因素:最大层间剪力、阻尼器附加的阻尼比、阻尼修正系数和高阶振型修正系数。Lavan 等人[122-125]对线性和非线性黏滞阻尼器在结构工程中的应用做了大量工作,包含线性框架中的最优阻尼器布置、不规则结构中阻尼器的布置、结构附加有效阻尼比以及附设黏滞阻尼器后各类结构的最优成本估算[126-129]等多方面的研究内容,得出了大量关于黏滞阻尼器应用的研究成果。

1.6 主要研究内容及意义

1.6.1 本书研究的内容

基于 1.4 节"阻尼器耗能效率研究现状"的文献综述可知,学者们研究阻尼器支撑构件刚度对阻尼器耗能效率的影响,主要通过数值模拟和试验研究指出阻尼器支撑构件刚度的重要性,并基于阻尼器的耗能效率推导了一些关于阻尼器支撑构件刚度的计算式,但并未将阻尼器支撑构件刚度直接考虑在相应的力学模型中进行最优阻尼参数的研究。基于 1.5 节"附加等效阻尼比及其优化研究现状"的文献综述可知,学者们主要研究了附加等效阻尼比的计算方法问题以及阻尼器在不同楼层、不同梁跨的最优布置位置,但并未对同一梁跨内阻尼器的布置位置(如靠边布置、居中布置等)进行研究,甚至认为在同一梁跨内阻尼器的布置位置对其耗能效率的影响可以忽略,但事实并非如此。

针对以上两方面关于阻尼器耗能效率研究的不足,本书提出支撑刚度系数(阻尼器支撑构件刚度与结构体系侧移刚度之比 N)和层间位移利用率(阻尼器最大位移与其所在楼层最大位移之比 η)两个影响消能减震结构减震效率的重要参数,进行了详细的理论分析与试验研究。首先详细分析了支撑构件刚度对阻尼器耗能效率的影响,考虑 N 后分别建立线性减震体系在简谐振动和随机振动下的力学模型,推导各减震体系最优阻尼参数与 N 的关系,得到 N 对减震效率的影响规律。然后提出采用层间位移利用率(η)来评价附加黏滞阻尼器后结构的减震效率,详细分析了影响 η 的阻尼器布置位置、梁柱线刚度比等主要因素,推导了 η 的计算式。最后通过一系列典型试验的研究和实际工程的应用,充分验证了减震效率在消能减震结构设计中的重要性,并提炼出一套关于减震效率较为完整的设计方法及流程,以期为今后黏滞阻尼减震结构的优化设计及其经济性分析提供指导和建议。主要研究内容如下:

①第 2 章首先分别考虑阻尼器自身刚度和动态刚度两个影响阻尼器耗能

的因素,对其基本原理进行了详细的分析,当两个因素各自考虑时,均可以通过将对应的刚度单元与纯阻尼器单元串联来考虑;当同时考虑时,可采用阻尼器自身刚度与纯阻尼器单元先并联再与动态刚度串联的修正力学模型。然后,基于试验中即将使用的十套阻尼器进行性能测试试验,对阻尼器导杆、活塞、缸体等的弹性变形以及阻尼介质的压缩性等性能进行分析,指出阻尼器导杆、活塞、缸体等的弹性变形由阻尼器自身刚度引起,阻尼器的动态刚度由阻尼介质的压缩性引起,且阻尼器的自身刚度及动态刚度的值均较大(即相应的弹性变形较小)。最后指出,在分析黏滞阻尼器的力学性能时,假定阻尼介质为不可压缩流体,阻尼器缸筒、活塞和导杆均为刚体是合理而可行的,即通常情况下可以忽略黏滞阻尼器自身刚度及动刚度对阻尼器耗能效率的影响。

②第 3 章主要建立了考虑支撑刚度系数的线性减震结构力学模型,并对其动力响应(主要是简谐振动)及最优参数问题进行研究,通过拉普拉斯变换得到与传统减震体系、简化减震体系以及三种实用减震体系力学模型对应的传递函数,利用幅频响应曲线中的定点理论求解出结构体系的最优阻尼参数,这是本书的创新点之一。研究指出,幅频响应曲线中的定点是该曲线峰值能够达到的理论最低点,基于定点理论可计算出各减震体系的理论最优阻尼比和频响曲线峰值最低点,可作为消能减震结构最优设计的重要指导思想,并针对不同阻尼比和不同支撑刚度系数的幅频响应曲线进行分析,得到各个减震体系的阻尼比和支撑刚度系数对结构减震效率的影响规律。最后,指出减震体系中的非线性阻尼可以采用能量等效法、当量刚度系数及当量阻尼系数两种等效线性化方法等效为线性阻尼后再进行分析。

③第 4 章也基于考虑支撑刚度系数的线性减震结构力学模型,对其随机振动响应及最优参数问题进行研究。由于系统在非平稳随机过程下较难得到规律性的结论,故首先考虑基于随机振动理论推导了平稳随机响应均方值和方差的计算式,并将方差作为减小随机振动能力的评价指标。然后,对各个减震体系在随机振动下的相对位移方差、绝对加速度方差进行分析,得到减震体系的最优阻尼比;采用直接将两者进行线性组合的简单方法来考虑相对位移方差、绝对加速度方差两个指标的共同影响;指出在一般的减震体系中,绝对加速度

方差对于体系的减震效果起着更为重要的作用。最后,说明可采用当量刚度系数和当量阻尼系数来考虑非线性减震体系的最优阻尼参数,并指出这在弱非线性减震体系中才是可行的,而在强非线性减震体系、要求计算精度较高等特殊情况下,则需要采用严格的非线性随机振动理论求解其最优阻尼参数。

④第 5 章首先从实际工程现象出发,指出对于阻尼器位移仅考虑消能子结构(或者减震结构)的剪切变形是不够的,还应考虑梁柱节点转角引起的中间柱上下柱端部位移,上下柱自身在阻尼力下的变形,消能子结构梁柱的轴向变形引起的阻尼器位移等方面的影响。其次,提出了与阻尼器位移相关的层间位移利用率(η)这一概念,重点研究了影响 η 的主要因素,并进行细致的公式推导,得出 η 的基本计算式;考虑支撑刚度系数较大且忽略阻尼器自身刚度及动刚度的影响后,对 η 进行修正,并将修正后的 η 用于修正消能减震结构所需的附加阻尼,进而提出一套完整的基于层间位移利用率的消能减震设计方法,这是本书的另一个创新点。最后,通过某 8 层钢筋混凝土框架结构实例,对整个分析与推导过程中基于 η 方法修正结构附加阻尼的用法进行演示,验证了采用 η 方法进行减震结构分析的合理性与实用性,也充分说明了考虑 η 后减震结构设计的经济性问题。

⑤第 6 章主要针对第 3 章至第 5 章关于支撑刚度系数和层间位移利用率的理论分析以及数值模拟结果设计了一系列试验,以考虑这两个因素对结构减震效率的影响,包含减震结构和抗震结构试验,其中单自由度体系的试验有 15 个试验小组,多自由度体系的试验有 8 个试验小组。首先,试验详细设计了不同梁柱线刚度比、不同支撑刚度系数以及不同阻尼器布置位置时的单自由度体系试验方案、多自由度体系试验方案,试验结果验证了 N 和 η 这两个重要因素对消能减震结构减震效率影响的真实存在性,并进一步分析了这两个因素对结构减震效率的影响规律。其次,通过不同小组试验结果的对比:从层间位移角、加速度(位移)放大系数、楼层剪力、附加阻尼比等方面详细研究了 N 和 η 对减震结构减震效率的影响,并与理论进行对比;试验也进行了减震结构和抗震结构的反应对比分析,充分显示了消能减震相对于传统抗震的优越性。最后,基于理论和试验结果的分析给出 η 和 N 的建议取值范围,并指出 N 的最佳取值目标

为 η 达到预期值时所对应的 N 值。

⑥第 7 章主要讨论减震效率在实际工程中的应用问题,针对 N 和 η 两个影响结构减震效率的重要因素,从试验结果、理论分析以及与规范要求取值等方面进行分析与对比:得到 N 越大,阻尼器的耗能效果越好,附加给结构体系的附加阻尼比越大,且规范规定的支撑构件刚度仅为下限值,采用水平或竖直等间接支撑构件时需要更大的刚度方能达到与直接支撑构件相同的减震效果;η 对减震结构中阻尼器的耗能效果也有着重要的影响,层间位移利用率越大,阻尼器的耗能效果越好,结构的附加阻尼比越大,各种结构响应越小,且阻尼器在同一梁跨中的布置位置对 η 影响明显,阻尼器布置越靠近梁跨中部,η 越大。此外,通过算例演示了 N 和 η 在实际工程中的应用过程,并提炼出一套关于减震效率较为完整的设计方法流程图。

根据以上研究内容,绘制如图 1-6 所示的研究路线与章节安排图。

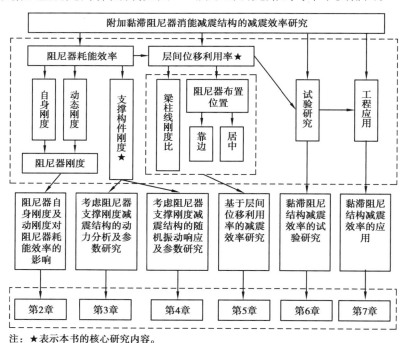

注:★表示本书的核心研究内容。

图 1-6　本书的总体研究路线及章节安排

1.6.2 本书研究的意义

①建立了考虑支撑构件刚度的减震体系力学模型,分析并推导出关于支撑刚度系数的最优阻尼参数(最优阻尼比、幅频响应曲线最低峰值等),从理论上详细地研究了支撑刚度系数对减震结构中阻尼器耗能效率(减震效率)的影响。

②提出影响消能减震结构减震效率的另一重要因素:层间位移利用率。从理论上分析了梁柱线刚度比、阻尼器布置位置等对层间位移利用率的影响,推导出层间位移利用率的计算公式,得到层间位移利用率越大,结构的减震效率越高。

③通过单自由度、多自由度体系的大量试验研究,一方面验证了支撑刚度系数和层间位移利用率对结构减震效率影响的真实存在性;另一方面,也得到了一整套较为全面的试验数据,作为检验理论分析与计算的依据,也为进一步指导实际工程的减震最优设计奠定了基础。

④通过理论分析、试验研究以及工程算例,得到支撑刚度系数越大、层间位移利用率越高,结构的减震效率越明显;提出了一套完整的"基于减震效率的减震结构设计方法流程图",以期为今后黏滞阻尼减震结构的优化设计及其经济性分析提供指导和建议。

第2章　阻尼器自身刚度及动刚度
对阻尼器耗能效率的影响

2.1　引言

　　在1.6.1节中指出了影响阻尼器效率的三个主要因素,即阻尼器自身刚度、动态刚度以及支撑构件刚度。本章主要对阻尼器自身刚度和动态刚度两个影响因素分别进行分析与研究,首先分析考虑相应刚度后力学模型的基本原理;然后对两种型号共计10套(每种型号各5套)阻尼器的性能进行测试,主要包含规律性测试、频率相关性测试、极限位移和低速摩擦测试等4个方面;再基于阻尼器的性能测试试验对阻尼器导杆、活塞、缸体等的弹性变形以及阻尼介质的压缩性等性能进行分析,发现阻尼器的自身刚度及动态刚度的刚度均比较大,即在通常情况下可以忽略阻尼器导杆等的弹性变形以及阻尼介质的压缩变形对阻尼器耗能效率的影响;最后,给出在不忽略阻尼器自身刚度及动刚度时,通过将阻尼器自身刚度与纯阻尼单元先并联再与动态刚度串联的力学模型来考虑两者的影响。

2.2 基本原理分析

2.2.1 自身刚度

常见的黏滞阻尼器类型主要有缸式的单出杆和双出杆两类。当活塞杆受拉压荷载时,不宜产生明显变形,受压时还要求有足够的稳定性;当产生受拉变形时会高估阻尼器的耗能能力,而产生受压变形时,会因为阻尼介质的可压缩性形成动态刚度,这会在一定程度上减小阻尼器的耗能效率。在阻尼器实际工作中,活塞杆一般不会出现单纯的受拉或受压,而是受拉与受压并存的情况。故活塞杆的拉压刚度就成为影响阻尼器耗能效率的重要因素之一,本书将其定义为阻尼器的自身刚度 k:

$$k = \frac{EA}{l} \tag{2-1}$$

式中,l 为活塞杆的长度;E 为活塞杆所用材料的弹性模量;A 为活塞杆横截面面积(或利用活塞杆直径 d 计算)。

本小节对考虑阻尼器自身刚度后的基本原理主要从以下两组力学模型进行分析:

①假定拉压刚度为无穷大时的理想线性阻尼模型——线性纯阻尼模型;

②考虑实际的拉压刚度后采用自身刚度与阻尼串联的模型——Maxwell 模型。

(1)线性纯阻尼模型

在线性纯阻尼模型[11]中,假定阻尼器自身刚度为无穷大,阻尼模型仅由一个纯阻尼单元构成,如图 2-1(a)所示。阻尼器的出力即为黏滞阻尼力,与速度直接相关,常见的阻尼力 $F_d(t)$ 可表示为:

$$F_{\mathrm{d}}(t) = c\dot{u}(t) \tag{2-2}$$

式中，c 表示线性黏滞阻尼器的阻尼系数；$\dot{u}(t)$ 表示阻尼器活塞杆的运动速度。

假定该线性阻尼器遭受正弦简谐荷载激励，即：

$$u(t) = u_0\sin(\omega t) \tag{2-3}$$

式中，u_0、ω、t 分别表示正弦简谐荷载的振幅、频率及时间。

由式（2-3）可知，

$$\dot{u}(t) = u_0\omega\cos(\omega t) \tag{2-4}$$

联立式（2-2）至式（2-4），可得线性纯阻尼模型中力与位移的关系：

$$\left(\frac{F_{\mathrm{d}}}{cu_0\omega}\right)^2 + \left(\frac{u}{u_0}\right)^2 = 1 \tag{2-5}$$

由式（2-5）可知，线性纯阻尼器的力与位移的关系为一椭圆方程，如图 2-1（b）所示，其在力、位移轴上的截距分别为 $cu_0\omega$ 和 u_0。故阻尼器活塞往复一周所耗散的能量即为该椭圆的面积：

$$W_{\mathrm{d}} = \pi c\omega u_0^2 \tag{2-6}$$

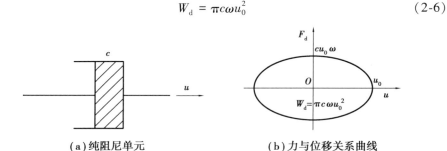

（a）纯阻尼单元　　　　　　　　（b）力与位移关系曲线

图 2-1　线性纯阻尼模型

（2）Maxwell 模型

在线性阻尼模型中，若我们将阻尼器的自身刚度定义为一弹簧单元，其阻尼模型可由一个纯阻尼单元和弹簧单元串联而成，则纯阻尼单元和弹簧单元变形前后的示意图如图 2-2 所示。该模型通常被称为 Maxwell 模型[3,11]，是一个用纯阻尼单元与阻尼器自身刚度连续化表示的更为精确的力学计算模型，该模型中阻尼器对频率有很强的依赖性。

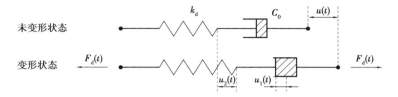

图 2-2　Maxwell 模型变形前后状态示意图

假设阻尼单元与弹簧单元的位移分别为 $u_1(t)$ 和 $u_2(t)$，根据图 2-2 可得如下关系：

$$u_1(t) + u_2(t) = u(t) \tag{2-7}$$

$$C_0 \dot{u}_1(t) = k_d u_2(t) = F_d(t) \tag{2-8}$$

联立式（2-7）、式（2-8），可得：

$$F_d(t) + \lambda \dot{F}_d(t) = C_0 \dot{u}(t) \tag{2-9}$$

式中，$F_d(t)$ 表示阻尼器出力；C_0 表示零频率时的线性阻尼常数；k_d 表示阻尼器自身刚度系数；λ 表示松弛时间系数，定义为 $\lambda = C_0/k_d$。对于松弛时间系数 λ，在通常情况下，松弛时间越短，材料的黏性性能（阻尼单元）越显著；反之，则材料的弹性性能（弹簧单元）越突出。

对式（2-7）、式（2-8）利用傅里叶变换和欧拉公式，并令 $F_d(\omega) = k^*(\omega)u(\omega)$，可得如下复 Maxwell 模型的表达式：

$$u_1(\omega) + u_2(\omega) = u(\omega) \tag{2-10}$$

$$iC_0 \omega u_1(\omega) = k_d u_2(\omega) = k^*(\omega)u(\omega) \tag{2-11}$$

联立式（2-10）、式（2-11）及松弛时间系数 λ，可得：

$$k^*(\omega) = \frac{iC_0 \omega u_1(\omega)}{u(\omega)} = \frac{iC_0 \omega}{1 + \dfrac{u_2(\omega)}{u_1(\omega)}} = \frac{iC_0 \omega k_d}{k_d + iC_0 \omega}$$

$$= \frac{iC_0 \omega k_d^2 + C_0^2 \omega^2 k_d}{k_d^2 + C_0^2 \omega^2} = \frac{\lambda C_0 \omega^2}{1 + \lambda^2 \omega^2} + i \frac{C_0 \omega}{1 + \lambda^2 \omega^2} \tag{2-12}$$

由此可得式（2-12）的储能刚度（实部，由阻尼器自身刚度提供）和耗能刚度

（虚部，由阻尼单元提供）为如下表达式：

$$k_1(\omega) = \frac{\lambda C_0 \omega^2}{1 + \lambda^2 \omega^2} = \frac{k_d \lambda^2 \omega^2}{1 + \lambda^2 \omega^2}$$

$$k_2(\omega) = \frac{C_0 \omega}{1 + \lambda^2 \omega^2} \tag{2-13}$$

考虑到阻尼器出力关系式，如下

$$\left.\begin{array}{l} F(\omega) = C(\omega)\dot{u}(\omega) = \omega C(\omega) u(\omega) \\ k(\omega) = \dfrac{F(\omega)}{u(\omega)} \end{array}\right\} \Rightarrow C(\omega) = \frac{k(\omega)}{\omega} \tag{2-14}$$

故基于阻尼单元的耗能刚度 $k_2(\omega)$ 可得，Maxwell 模型的阻尼系数为：

$$C(\omega) = \frac{k_2(\omega)}{\omega} = \frac{C_0}{1 + \lambda^2 \omega^2} \tag{2-15}$$

至此，得到了 Maxwell 模型中的刚度和阻尼系数 $k_1(\omega)$ 及 $C(\omega)$，显然，它们均与外荷载（如简谐荷载）的激励频率明显相关，分别将其定义为等效频率相关刚度和阻尼系数 $k_e(\omega)$ 及 $C_e(\omega)$，则有

$$k_e(\omega) = k_1(\omega) = \frac{k_d \lambda^2 \omega^2}{1 + \lambda^2 \omega^2} \tag{2-16}$$

$$C_e(\omega) = C(\omega) = \frac{C_0}{1 + \lambda^2 \omega^2} \tag{2-17}$$

进而可得到式（2-16）和式（2-17）的标准化阻尼和刚度系数式（2-18）和式（2-19），其与频率的依赖关系如图 2-3 所示，此时，其力与位移的关系如图 2-4 所示，与图 2-1（b）相比，图 2-4 为带斜率的椭圆。

$$\frac{k_e(\omega)}{k_d} = \frac{\lambda^2 \omega^2}{1 + \lambda^2 \omega^2} \tag{2-18}$$

$$\frac{C_e(\omega)}{C_0} = \frac{1}{1 + \lambda^2 \omega^2} \tag{2-19}$$

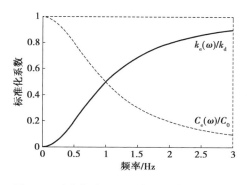
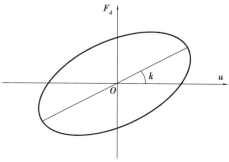

图 2-3　对应频率下阻尼与刚度标准化系数　　图 2-4　力与位移的关系（带斜率的椭圆）

2.2.2　动态刚度

黏滞流体阻尼器的构成，一般包括缸体、活塞、阻尼孔或间隙（或两者都有）、黏滞流体和活塞杆等几部分。黏滞流体一般采用有机硅油，常见的有甲基硅油和甲基苯基硅油等，有机硅油具有一定的压缩性，这在一定程度上会影响阻尼器的耗能性能。黏滞介质在较大压力作用下会产生一定的压缩性而形成弹性力，使得黏滞流体表现出弹性的性能，这便是黏滞阻尼器动态刚度产生的主要原因。另外，黏滞介质中的气泡等也会使得黏滞阻尼器产生动态刚度。本节主要考虑黏滞流体的压缩性对阻尼器动态刚度的影响。

（1）黏滞流体的压缩性

李爱群、周云[3,11]等人通过多次对不同阻尼器的试验发现：对阻尼器施加荷载后，活塞开始来回运动，若试验中途卸载，则大多数情况下活塞杆随后便停止运动，几乎无回弹现象，说明通常情况下可以认为黏滞阻尼器是一种无刚度（静态刚度）的耗能装置。这也正是在理论分析中常常假定黏滞阻尼器的静态刚度为零（即不为结构提供附加刚度）的原因。但阻尼器实际的滞回曲线会呈现一定的倾斜，表明阻尼器在实际耗能过程中是存在一定刚度的。影响这一刚度的主要原因是黏滞流体的压缩性，表 2-1 中给出了常见阻尼介质——硅油的压缩性，其压缩率与压强变化的关系如图 2-5 所示。

表 2-1　硅油的压缩性(％)

压强	甲基硅油黏度						甲基苯基硅油黏度
	0.65	1.0	2.0	12.8	100	12 500	112
50	6.3	5.4	4.8	4.4	4.5	4.5	3.0
100	10.0	8.8	8.2	7.3	7.3	7.3	5.1
150	12.6	11.4	10.7	9.5	9.5	9.3	6.7
200	14.6	13.4	12.7	11.3	11.2	11.0	8.1
300	17.8	16.5	15.8	14.2	16.5	13.8	10.4
500	—	20.7	20.1	18.1	20.7	17.7	14.0
1 000	—	26.3	26.0	23.7	26.7	23.0	17.8
2 000	—	31.7	31.5	29.1	31.7	28.1	23.0

注:压强的单位为 MPa,黏度的单位为 mm²/s;当黏度为 0.65 mm²/s、压强为 401 MPa 时黏滞流体已凝固。

从图 2-5 中可知,当压强在 200 MPa 以内时,黏滞流体压强与压缩率之间近似成线性关系,压缩率在 15％ 以内,多数能够在 10％ 以内;在相同压强作用下,甲基苯基硅油比甲基硅油压缩率明显偏小;当压强较小时,不同黏度甲基硅油的压缩率相差较小。

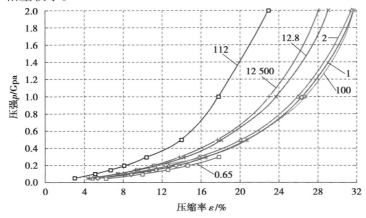

图 2-5　硅油压强与压缩率的关系曲线

为了进一步研究黏滞介质的压缩率与阻尼器内部压强之间的关系,考虑如下三组物理关系表达式:

$$\varepsilon = \frac{\Delta V}{V} = \frac{\Delta L A_0}{L A_0} = \frac{\Delta L}{L}; \Delta L \cdot k = F; F = p A_0 \qquad (2\text{-}20)$$

式中,ε 表示黏滞液体的压缩率;V 表示黏滞液体介质体积;L 表示阻尼器行程;A_0 表示活塞净面积;D 表示活塞直径;p 表示黏滞液体所受压强;F 表示阻尼器出力;d 表示活塞杆直径。

联立式(2-20)中的三组方程,可求得阻尼器动态刚度 $k(p)$ 与其内部压强的关系为

$$k(p) = \frac{p A_0}{\varepsilon L} \qquad (2\text{-}21)$$

由于式(2-21)中的阻尼器行程 L、活塞净面积 A_0 对于具体的阻尼器而言为定值,黏滞液体压强与其压缩率的关系曲线如图 2-5 所示,故可采用如下关系式来进行曲线拟合

$$k(p) = a \cdot p^b \qquad (2\text{-}22)$$

式中,a,b 为曲线拟合系数,p 为阻尼器内部压强。

（2）阻尼器动态刚度力学模型

对于阻尼器动刚度问题,可以采用图 2-6 所示的 Maxwell 串联模型,假设弹簧单元(模拟动态刚度)与纯阻尼单元的位移分别为 $u_1(t)$ 和 $u_2(t)$,根据图 2-6 可得如下物理关系式,其中式(2-24a)和式(2-24b)分别对应线性阻尼器、非线性阻尼器的输出力方程。

$$u_1(t) + u_2(t) = u(t) \qquad (2\text{-}23)$$

$$k(f) u_1(t) = C_0 \dot{u}_2(t) = F_d(t) \qquad (2\text{-}24a)$$

$$k(f) u_1(t) = C_0 \dot{u}_2^\alpha(t) = F_d(t) \qquad (2\text{-}24b)$$

式中,$F_d(t)$ 表示阻尼器输出力;C_0 表示零频率时的线性阻尼常数;$k(f)$ 表示阻尼器动刚度系数;α 表示非线性黏滞阻尼器的阻尼指数。

联立式(2-23)和式(2-24a)可得,考虑动刚度线性阻尼器出力的理论计算式为:

$$F_d(t) = C_0(\dot{u}(t) - \dot{u}_1(t)) = C_0\left(\dot{u}(t) - \frac{\dot{F}_d(t)}{k(f)}\right) \tag{2-25}$$

联立式(2-23)和式(2-24b)可得,考虑动刚度后非线性阻尼器出力的理论计算式为:

$$F_d(t) = C_0(\dot{u}(t) - \dot{u}_1(t))^\alpha = C_0\left(\dot{u}(t) - \frac{\dot{F}_d(t)}{k(f)}\right)^\alpha \tag{2-26}$$

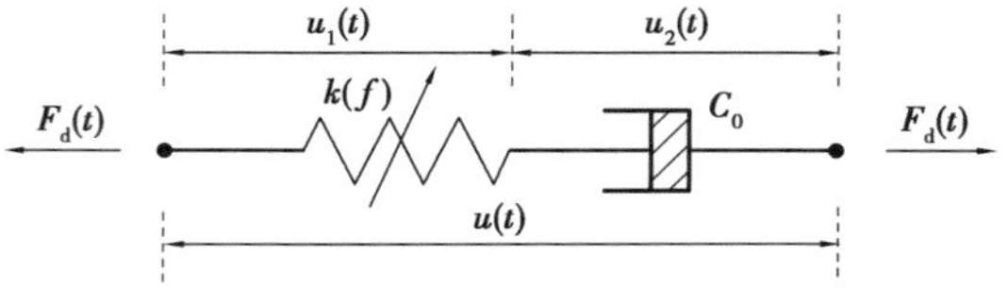

图 2-6　阻尼器动刚度力学模型

由式(2-25)和式(2-26)可知,当阻尼器动态刚度取值比较大(极限状况便是趋于∞)时,可忽略动刚度的影响,则式(2-25)和式(2-26)分别变为式(2-27a)和式(2-27b)

$$F_d(t) = C_0\dot{u}(t) \tag{2-27a}$$

$$F_d(t) = C_0(\dot{u}(t))^\alpha \tag{2-27b}$$

2.3　阻尼器产品的性能测试

为了后期的振动台试验研究,定制了两种不同型号(阻尼指数和阻尼系数均不同)的黏滞阻尼器各 5 套,其具体参数见表 2-2,表中的设计行程仅为根据振动台试验估算的行程,并非阻尼器的最大行程,阻尼器最大行程及零配件材质、尺寸等见表 2-3,两种型号的阻尼器均分别从 1#—5#进行编号。请国内著名厂家"江苏工邦振控科技有限公司"生产了这两种型号的黏滞阻尼器,外观构造尺寸及实物图如图 2-7 所示。对其性能进行仔细测试与研究后,将其附设在钢框架结构体系中,用于振动台试验研究。

表 2-2　黏滞阻尼器参数 1

型号	阻尼系数 c/ $[kN \cdot (mm \cdot s^{-1})^{-\alpha}]$	阻尼指数 α	设计行程 /mm	设计荷载 /kN	数量/套	备用数量/套
I	0.4	0.3	±30	2.25	4	1
II	0.3	0.45	±20	3.33	4	1

表 2-3　黏滞阻尼器参数 2

型号	最大行程/mm	活塞杆材质	E/MPa	l/mm	d/mm	A/mm²	D/mm	A_0/mm²
I	±65	40Cr	206 000	364	12	113	30	594
II	±38.5	40Cr	206 000	298	20	314	41.5	1 038

注:表 2-3 中,最大行程指的是阻尼器的最大行程;E 为活塞杆等材料的弹性模量;l 为缸体内活塞杆受压长度;d 为活塞杆直径;A 为活塞杆面积;D 为活塞面积;A_0 为活塞净面积。

对阻尼器的性能测试采用实验室的"拟动力、阻尼器性能试验系统",其最大加载力为 1 500 kN,最大加载速度为 1 m/s,加载频率为 0 ~ 40 Hz,行程为 500 mm,该设备如图 2-8 所示。这是一套测试大型阻尼器的试验设备,不便于直接用于测试本书中的两种小型阻尼器,故采用了一个 3 t 的力传感器(测试之前先对力传感器进行标定)外采阻尼器的出力,采用±50 mm 的顶杆式位移传感器外采阻尼器的位移。为了使得后期试验不需要每个阻尼器均安置一个力传感器,在与阻尼器相连的连接杆上自制应变式拉压力传感器,以用于标定阻尼器出力,如图 2-7(d)所示。

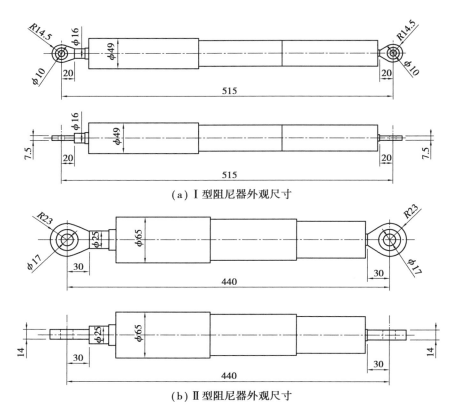

（a）Ⅰ型阻尼器外观尺寸

（b）Ⅱ型阻尼器外观尺寸

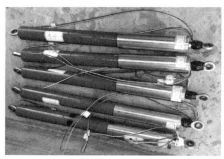

（c）Ⅰ型阻尼器实物图

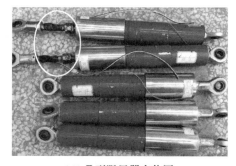

（d）Ⅱ型阻尼器实物图

图 2-7　Ⅰ型和Ⅱ型阻尼器外观构造尺寸及实物图

图 2-8　拟动力、阻尼器性能试验系统

阻尼器的性能测试主要包含 4 个部分:规律性测试、频率相关性测试、极限位移和低速摩擦测试等,测试结果分别以下几小节所示。根据规范《建筑消能阻尼器》(JG/T 209—2012)和《建筑消能减震技术规程》(JGJ 297—2013)[6,130]的要求,对阻尼器进行极限位移、阻尼规律性、频率相关性等工况的测试,并采用低速测试来评估阻尼器在运动过程中的轴向摩擦反力,习惯上将其称为阻尼器的低速摩擦阻力[131],规定其测试速度不应大于 0.1 mm/s,测试位移不应小于 10 mm。本次测试对两种类型的阻尼器测试速度取为 0.08 mm/s,测试位移取为 10 mm。表 2-4 和表 2-5 列出了两种型号阻尼器的测试工况表。

表 2-4　Ⅰ型阻尼器测试工况表

项目	频率 /Hz	位移/频率倍数	位移 /mm	最大速度 /(mm·s⁻¹)	循环数	最大阻尼力/kN	0.85 最大 阻尼力/kN	1.15 最大 阻尼力/kN
极限 位移	0.005	1.0	36.00	1.13	1	0.42	0.35	0.48
阻尼 规律性	1.670	0.1	3.00	31.48	5	1.13	0.96	1.29
		0.2	6.00	62.96		1.39	1.18	1.59
		0.5	15.00	157.39		1.82	1.55	2.10
		0.7	21.00	220.34		2.02	1.72	2.32
		1.0	**30.00**	314.78		2.25	1.91	2.58
		1.2	36.00	377.73		2.37	2.02	2.73

续表

项目	频率/Hz	位移/频率倍数	位移/mm	最大速度/(mm·s⁻¹)	循环数	最大阻尼力/kN	0.85 最大阻尼力/kN	1.15 最大阻尼力/kN
频率相关性	0.668	0.4	**75.00**	314.78	5	2.25	1.91	2.58
	1.169	0.7	42.86	314.78		2.25	1.91	2.58
	1.670	1.0	30.00	314.78		2.25	1.91	2.58
	2.171	1.3	23.08	314.78		2.25	1.91	2.58
	2.672	1.6	18.75	314.78		2.25	1.91	2.58
低速摩擦阻力	0.002	1.0	10.00	0.08	1	0.19	0.16	0.22

表 2-5　Ⅱ型阻尼器测试工况表

项目	频率/Hz	位移/频率倍数	位移/mm	最大速度/(mm·s⁻¹)	循环数	最大阻尼力/kN	0.85 最大阻尼力/kN	1.15 最大阻尼力/kN
极限位移	0.005	1.0	24.00	0.75	1	0.26	0.22	0.30
阻尼规律性	**1.670**	0.1	2.00	20.99	5	1.18	1.00	1.36
		0.2	4.00	41.97		1.61	1.37	1.85
		0.5	10.00	104.93		2.44	2.07	2.80
		0.7	14.00	146.90		2.83	2.41	3.26
		1.0	**20.00**	209.85		3.33	2.83	3.83
		1.2	24.00	251.82		3.61	3.07	4.15
频率相关性	0.668	0.4	**50.00**	209.85	5	3.33	2.83	3.83
	1.169	0.7	28.57	209.85		3.33	2.83	3.83
	1.670	1.0	20.00	209.85		3.33	2.83	3.83
	2.171	1.3	15.38	209.85		3.33	2.83	3.83
	2.672	1.6	12.50	209.85		3.33	2.83	3.83
低速摩擦阻力	0.002	1.0	10.00	0.08	1	0.10	0.08	0.11

注：表 2-4 和表 2-5 中阻尼规律性部分的"粗体"分别表示阻尼器测试的频率及设计位移；频率相关性部分的"粗体"表示该位移值超过阻尼器活塞运动的最大位移，故在测试中省去该工况的测试。

2.3.1　阻尼器出力标定

采用自制应变式拉压力传感器对阻尼器标定的结果见表2-6、表2-7(取第3循环,总共 5 个循环)。

表 2-6　阻尼器标定Ⅰ型的连接杆应变及力传感器出力

幅值 /mm	Ⅰ-1#		Ⅰ-2#		Ⅰ-3#		Ⅰ-4#		Ⅰ-5#	
	应变 /με	力/kN	应变 /με	力/kN	应变 /με	力/kN	应变 /με	力/kN	应变 /με	力/kN
3	177	1.40	92	0.74	128	0.92	153	1.17	134	1.05
	−177	−1.38	−104	−0.77	−122	−0.96	−146	−1.08	−140	−1.02
6	220	1.65	122	1.05	153	1.17	183	1.40	165	1.28
	−214	−1.62	−134	−1.02	−153	−1.20	−183	−1.38	−171	−1.26
15	287	2.14	171	1.40	207	1.53	238	1.77	220	1.65
	−275	−2.11	−177	−1.44	−208	−1.62	−244	−1.86	−226	−1.68
21	305	2.32	201	1.59	226	1.77	269	2.01	238	1.83
	−299	−2.35	−208	−1.56	−226	−1.80	−268	−1.99	−250	−1.86
30	339	2.61	238	1.89	256	2.01	299	2.20	275	2.01
	−336	−2.60	−232	−1.74	−256	−2.05	−299	−2.23	−275	−2.11
36	360	2.74	262	2.14	275	2.14	311	2.32	287	2.14
	−354	−2.72	−256	−1.99	−287	−2.23	−311	−2.35	−299	−2.23

表 2-7 阻尼器标定 II 型的连接杆应变及力传感器出力

幅值 /mm	II-1#		II-2#		II-3#		II-4#		II-5#	
	应变 /με	力/kN	应变 /με	力/kN	应变 /με	力/kN	应变 /με	力/kN	应变 /με	力/kN
2	43	1.05	40	0.95	43	1.17	43	1.05	49	1.11
	−49	−1.08	−34	−0.80	−49	−1.26	−37	−0.90	−49	−1.08
4	67	1.53	70	1.56	67	1.77	61	1.47	79	1.71
	−67	−1.56	−58	−1.53	−73	−1.80	−61	−1.56	−79	−1.68
10	104	2.26	107	2.35	104	2.50	98	2.26	110	2.50
	−104	−2.35	−88	−2.44	−110	−2.60	−98	−2.23	−110	−2.53
14	116	2.55	119	2.59	116	2.80	110	2.44	122	2.74
	−116	−2.66	−107	−2.74	−122	−2.83	−104	−2.47	−122	−2.77
20	134	2.92	137	3.01	134	3.10	128	2.74	134	3.04
	−122	−2.95	−125	−3.05	−140	−3.20	−122	−2.77	−140	−3.07
24	140	3.10	143	3.13	140	3.28	134	3.01	140	3.16
	−140	−3.14	−131	−3.17	−153	−3.38	−128	−3.01	−147	−3.20

　　基于以上两个表格的数据关系,对第二次标定后两种型号的阻尼器出力与连接杆应变之间进行拟合,结果如图 2-9 所示(取第 3 循环)。

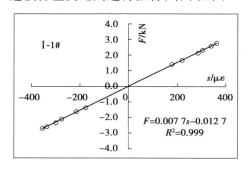
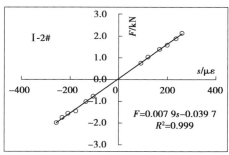

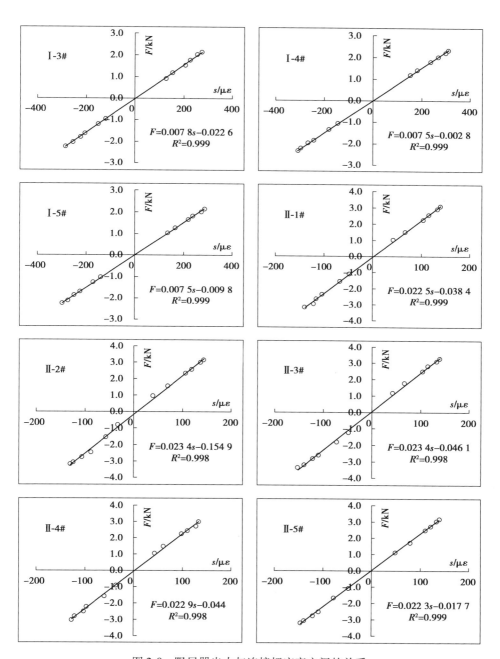

图 2-9　阻尼器出力与连接杆应变之间的关系

2.3.2　阻尼器规律性测试

　　按照规范《建筑消能阻尼器》(JG/T 209—2012)和《建筑消能减震技术规程》(JGJ 297—2013)[6,130]的规定：

　　①采用正弦激励法,用输入位移 $u=u_0\sin(\omega t)$ 来控制试验机的加载系统,其中 u_0 阻尼器设计位移,ω 为结构基频 f_1 对应的圆频率($\omega=2\pi f_1$)；

　　②对阻尼器施加频率为 f_1,输入位移幅值分别为 $0.1u_0$、$0.2u_0$、$0.5u_0$、$0.7u_0$、$1.0u_0$、$1.2u_0$,连续进行 5 个循环,每次均绘制阻尼力-位移滞回曲线,将计算各工况下第 3 个循环所对应的阻尼系数、阻尼指数作为实测值。两种型号共 10 只阻尼器的滞回曲线和阻尼系数、阻尼指数实测值如图 2-10、图 2-11 所示。

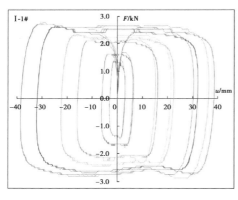
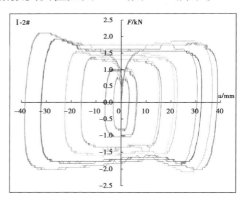
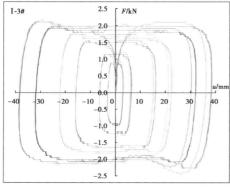
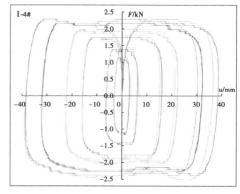

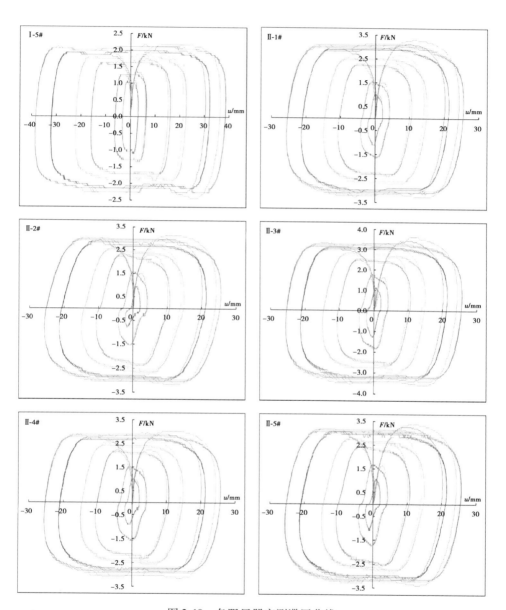

图 2-10　各阻尼器实测滞回曲线

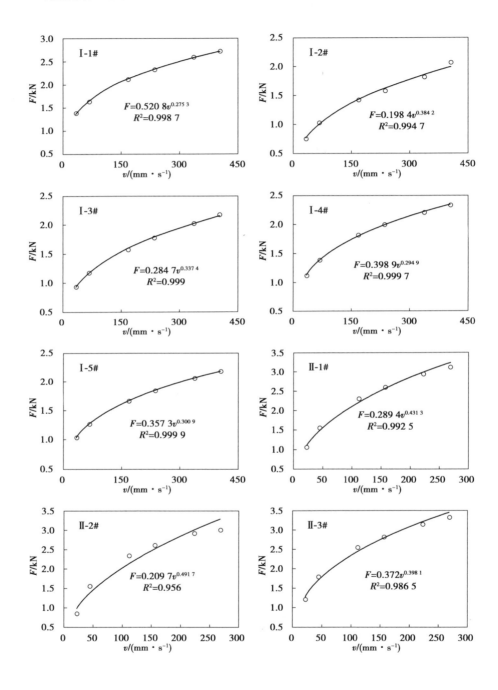

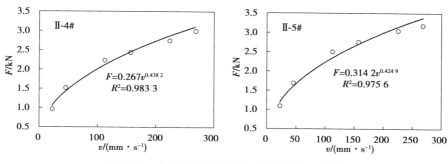

图 2-11　各阻尼器阻尼系数、阻尼指数实测值

2.3.3　阻尼器频率相关性测试

按照规范规定,进行阻尼器频率相关性测试时:采用正弦激励法,测定阻尼器产品在常温下,加载频率 f 分别为 $0.4f_1$、$0.7f_1$、$1.0f_1$、$1.3f_1$、$1.6f_1$,对应输入位移幅值为 $u=f_1u_0/f$ 下的最大阻尼力,并与 f_1 对应的值比较。由于 $0.4f_1$ 对应的位移幅值太大,超过阻尼器的活塞运动的最大位移,故频率相关性仅做了其余 4 组,相应的结果如图 2-12 所示。

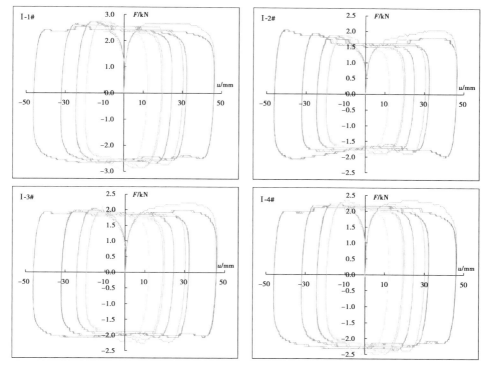

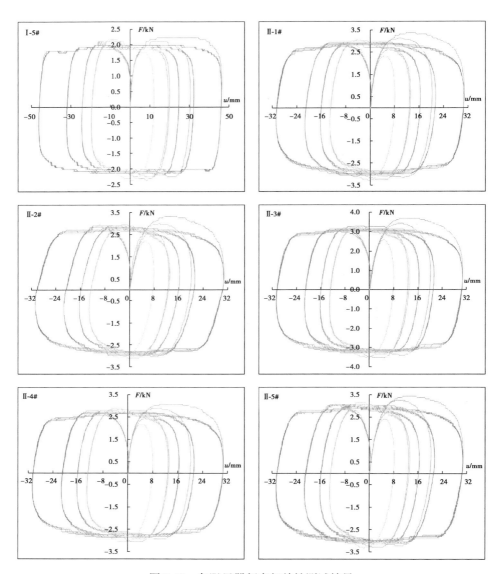

图 2-12　各阻尼器频率相关性测试结果

2.3.4　极限位移与低速摩擦测试

对于极限位移,采用静力加载试验,控制试验机的加载系统使得阻尼器作均匀缓慢运动,记录其伸缩运动的极限位移值。在阻尼器测试工况表中,采用加载频率为 0.005 Hz、阻尼器极限位移进行对应极限位移的慢速试验;采用加载频率为 0.002 Hz、阻尼器位移为 10 mm 进行低速摩擦测试。由于两种型号阻尼器的设计出力均较小,对应的极限位移出力分别为 0.42 kN 和 0.26 kN 也比较小,测试的信号值容易被环境激励等掩盖掉,故测试效果不是太好,如图 2-13 所示;对应的低速摩擦阻力则更小,分别为 0.19 kN 和 0.10 kN,更容易被环境激励、误差等掩盖掉,不能绘制出滞回曲线,但总体上能够看出摩擦阻力很小,如图 2-14 所示(整个时间段 0~510 s 的摩擦阻力与图中 50~80 s 一致);从图 2-14 中可知,阻尼器的摩擦阻力最大值约为 0.08 kN,均小于两种型号阻尼器设计力(2.25 kN,3.33 kN)的 10% ,满足低速摩擦测试的要求,即低速状态下摩擦阻力对阻尼器性能的影响较小。对于大吨位阻尼器的低速摩擦阻力也较大,绘制滞回曲线则较为明显,如图 2-15 所示,其设计出力为 540 kN,设计位移为 29.5 mm。

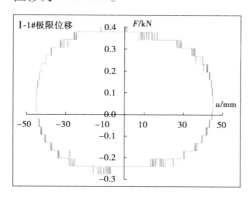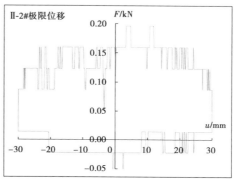

图 2-13　阻尼器极限位移测试结果(示例)

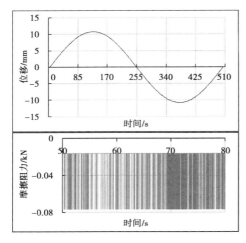
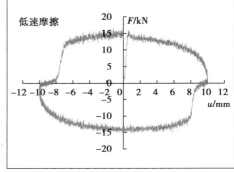

图 2-14 阻尼器低速摩擦测试结果(示例)　　图 2-15 某大吨位阻尼器低速摩擦测试结果

2.4 阻尼器的性能分析

　　黏滞阻尼器是指以黏滞流体为阻尼介质的一种速度相关型阻尼器,通常由缸体、活塞、阻尼孔、阻尼介质、导杆和密封材料等组成,是一种结构简单、耗能效果好、性能稳定的减震产品。但不同厂家的阻尼器在其细部构造、流体介质选取等方面存在差异,研究发现,构造不同的黏滞阻尼器在相同加载工况下呈现的力学性能和构造相同的黏滞阻尼器在不同加载工况下呈现的力学性能都不尽相同[27]。

　　虽然不同类型阻尼器产品的力学性能存在一定的差别,但都有一个共同的特点:随着外荷载的增大,黏滞阻尼器慢慢呈现出刚度特性,阻尼力与位移的曲线将由正椭圆变斜。黄镇等人[27]指出:阻尼介质的弱黏弹性是阻尼器出现刚度的根本原因,即在较大的压强下,阻尼介质出现一定量值的弹性变形,具有刚度特性使得滞回曲线稍微倾斜。一般可将阻尼器的出力分解为弹性力和黏滞力两种,若对黏弹体施加正弦交变位移荷载,其出力和变形的相位角 φ 介于弹性力和黏性力之间,即 $\varphi = 0 \sim \pi/2$。对于线性黏性体系,其反馈力与位移的相位

角为 $\pi/2$，故相位角 φ 越大则材料越具有黏性特性，而相位角 φ 越小则材料越具有弹性特性。

在一标准大气压下，硅油的弹性模量（体积）大约为 1.3×10^4 MPa，而钢材的弹性模量约为 2.06×10^5 MPa，因而所采用硅油的可压缩性为钢材的 15 倍左右[132]。针对试验中两种型号的阻尼器，分别计算其活塞杆（导杆）在阻尼器最大出力下的最大弹性变形，见表 2-8。

表 2-8　黏滞阻尼器活塞杆最大弹性变形/mm

型号	设计荷载/kN	弹性模量/MPa	活塞杆长度/mm	活塞杆直径/mm	活塞杆最大弹性变形/mm
I	2.25	206 000	364	12	0.035
II	3.33	206 000	298	20	0.015

从表 2-8 的计算结果可知，导杆的弹性变形很小，故在阻尼器正常工作时，钢导杆的弹性变形小到可忽略。同理，阻尼器缸筒、活塞等其他钢质构件的弹性变形也很小，几乎可忽略不计。

根据两种型号阻尼器的相应构造尺寸表 2-3 可以推算出，当阻尼器的输出力分别为 2.25 kN 和 3.33 kN 时，阻尼器的内压分别约为 3.8 MPa 和 3.2 MPa，均在 5 MPa 以内（黏滞阻尼器的工作压强通常在 30 MPa 以内）。在 5 MPa 的压强下，阻尼器缸筒内硅油压缩后体积相对变化量约为

$$\frac{\Delta V}{V_0} = -\frac{\Delta p}{K} = -\frac{5}{1.3\times10^4} = -0.038\% \qquad (2\text{-}28)$$

式中，V_0 为黏滞液体初始体积；ΔV 为液体体积缩小量；Δp 为液体压强增大量；K 为液体的体积弹性模量，为液体压缩系数 k 的倒数，$k = -\Delta V/(\Delta p \cdot V_0)$。

通过式（2-20）进行估算可得，受压时阻尼介质沿活塞运动的方向产生的最大位移大约为 $0.038\% \times 65 \times 2 \approx 0.05$ mm 的弹性变形，也是一个比较小的值。

再根据式（2-1）和式（2-21），结合式（2-28）、表 2-3 的基本参数及表 2-8 的活塞杆最大弹性变形计算出阻尼器的自身刚度和动刚度，见表 2-9，且阻尼器自

身刚度和动刚度相比于试验中的单自由度和多自由度试验模型的侧移刚度(表6-6 和表 6-7 所示,仅为 1 ~ 3 kN/mm)要大出许多。

表 2-9　阻尼器自身刚度和动刚度

型号	设计荷载/kN	弹性模量/MPa	活塞杆长度/mm	自身刚度 /(kN·mm^{-1})	动刚度 /(kN·mm^{-1})
I	2.25	206 000	364	63.95	91.09
II	3.33	206 000	298	217.06	227.61

综上所述,在分析黏滞阻尼器的力学性能时,通常假定阻尼介质为不可压缩流体,阻尼器缸筒、活塞和导杆均为刚体,从而忽略阻尼介质和导杆等弹性变形对阻尼器性能的影响,即通常情况下可以忽略黏滞阻尼器自身刚度及动刚度对阻尼器耗能效率的影响。这样的假定是合理的,尤其是在不同厂家的产品性能不一致甚至差别较大的情况下,减震分析时如果将阻尼器刚度(自身刚度、动刚度)一并考虑,同一厂家不同型号、不同厂家相同型号的阻尼器实际参数将会存在差别,从而使得减震分析变得特别复杂。因此,更为实用的办法就是严格控制阻尼器产品自身的性能,不能因为厂家不同或型号不同而使其存在较大的差异(即将阻尼器产品标准化)。

2.5　阻尼器力学模型修正

2.5.1　阻尼力滞后效应

黏滞阻尼器在遭受外荷载作用时,缸筒内的黏滞流体随活塞的运动以一定的速率在活塞阻尼孔道内穿梭,为了分析与计算的方便,一般将黏滞介质的速度转化为阻尼器活塞相对于缸筒的运动速度,以便与减震结构(或称被动控制结构)的速度相联系。第 2.4 节已经提到,黏滞阻尼器因黏滞液体本身以及导杆等的压缩性,具有黏性和弹性的特点,使得阻尼器的输出力不再与速度同步,而滞后于速度一个相位差 $\delta \left[\delta = \dfrac{\pi}{2} - \varphi, \text{阻尼力超前于变形的相位角为 } \varphi \right]$。显然,$\delta$ 值越大,则 φ 值越小,阻尼介质的弹性越突出;反之,δ 值越小,则 φ 值越大,阻尼介质的黏性越突出。黄镇[27]通过对 3 个阻尼介质黏度不同的阻尼器,研究了阻尼器最大出力与最大速度之间的相位差 δ,得到以下结论:当激励频率较低时,黏滞流体的黏度变化对相位差 δ 影响较小,可忽略不计;随着激励频率的增大,不同黏度黏滞流体的阻尼器,其最大出力与最大速度之间的相位差 δ 逐渐增大,且阻尼器中的黏滞流体黏度越高,阻尼器的最大出力与最大速度两者的相位差 δ 也越大。

2.5.2　阻尼器耗能能力

在结构中设置黏滞阻尼器,主要是发挥黏滞阻尼器耗能的作用,用以耗散地震、风等外界环境等激励输入结构中的能量,从而降低结构的响应,以确保结构的安全、舒适等基本使用要求。因此,黏滞阻尼器耗散能量的多少、耗能效率的高低便作为了评价阻尼器性能优劣的重要指标。以现在黏滞阻尼器构造的形式来看,阻尼器的耗能主要为黏滞液体在孔道中的流动损失,按照流体力学该损失主要是指黏滞液体的阻尼损失,包括沿程和局部两种阻力损失。沿程阻力损失是流体在流动过程中为克服黏性力而造成的能量损失,几乎沿整个孔道长度均匀分布;局部阻力损失通常在流体孔道局部产生,孔道断面尺寸、曲率等发生变化的部位流体被迫产生较明显的速度波动甚至改变流向等现象,干扰了原来流体的正常流动,致使局部出现动量交换和旋涡而带来附加阻力,从而形成局部性的流体动能损失。

2.5.3　阻尼器力学模型的修正

正如 2.4 节所述,阻尼器的活塞、导杆等会产生一定的弹性变形,阻尼器内的阻尼介质在较大的压力作用下也将会产生一定的弹性变形,虽然这些变形在通常的分析中可以省略,但在此还是提出考虑这两个因数后的阻尼器修正力学模型。现将第一种变形归结为是由阻尼器自身刚度引起的,与阻尼材料自身的黏性(纯阻尼单元)为并联关系,两种弹性变形的具有相同的值,阻尼器出力为黏性力加上弹性力。第二种变形则是由于阻尼器动刚度的存在,若阻尼介质中混入气体,其性质与阻尼介质的压缩性性质相同,且此时需要考虑混气阻尼介质的压缩性而不能简单地忽略其压缩变形;第二种变形(即阻尼介质的压缩变

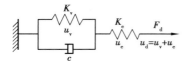

图 2-16　阻尼器修正力学模型

形)与阻尼介质本身的关系可用串联来表示,则它们作用力相等,变形值之和为外荷载位移。考虑了阻尼器自身刚度和动刚度后的力学模型修正如图 2-16 所示。

图 2-16 中,阻尼器的总位移为 u_d,阻尼器活塞、导杆等的弹性变形为 u_v,阻尼介质的压缩弹性变形为 u_e,则有如下位移关系:

$$u_d(t) = u_v(t) + u_e(t) \tag{2-29}$$

阻尼介质的弹性力为

$$F_e = K_e u_e \tag{2-30}$$

阻尼器的输出力为

$$F_v = K'_v u_v + K''_v u_v \tag{2-31}$$

由于黏滞阻尼器的黏性特征,阻尼力与变形之间存在相位差,故式(2-31)为矢量表达式,式中,$K'_v = K_v$,$K''_v = c\omega$。另外,图 2-16 的出力还有以下关系式:

$$F_d = F_e = F_v \tag{2-32}$$

作如下假定:K' 为黏滞阻尼器的储存刚度,K'' 为黏滞阻尼器的损失刚度,则可将阻尼器的出力与位移的关系式表达如下:

$$F_d = K' u_d + K'' u_d \tag{2-33}$$

参照《被动减震结构设计·施工手册》[61]中关于黏弹性阻尼器附加体系储存刚度和损失刚度的推导过程,综合式(2-29)—式(2-32),可得

$$K' = \frac{(K_e + K_v')K_e K_v' + K_e K_v''^2}{(K_e + K_v')^2 + K_v''^2} \quad (2\text{-}34)$$

$$K'' = \frac{K_e^2 K_v''}{(K_e + K_v')^2 + K_v''^2} \quad (2\text{-}35)$$

将式(2-34)和式(2-35)代入式(2-33)就得到黏滞阻尼器考虑活塞、导杆等的弹性变形和阻尼介质压缩性后的修正力学模型。需要注意的是,阻尼介质中混入气体后的压缩性是需要重点考虑的,而不能像阻尼介质的压缩性一样可以简单忽略掉。

2.6　本章小结

本章主要研究了阻尼器自身刚度及其动态刚度对阻尼器耗能效率的影响,通过基本原理的分析并结合实际阻尼器的性能测试试验,进行了较为全面的分析与讨论,主要得到以下结论。

①阻尼器导杆、活塞、缸体等的弹性变形由阻尼器自身刚度引起,阻尼器的动态刚度主要由阻尼介质的压缩性引起;当分别考虑阻尼器自身刚度和动态刚度对其耗能效率的影响时,均可以通过将对应刚度单元与纯阻尼器单元串联来考虑;当同时考虑阻尼器自身刚度和动态刚度时,可采用阻尼器自身刚度与纯阻尼器单元先并联再与动态刚度串联的修正力学模型。

②通过自制应变式拉压力传感器对实际阻尼器的出力进行标定,进而完成了阻尼器规律性、频率相关性、极限位移和低速摩擦等性能测试,得到的各阻尼器滞回曲线均匀饱满、性能稳定,并拟合出阻尼器出力与连接杆应变的函数关系以及各阻尼器出力与其速度的阻尼方程。

③黏滞阻尼器具有黏性和弹性的特点,使得阻尼器的输出力与速度不再同步,而滞后于速度一个相位差 $\delta\left(\delta = \frac{\pi}{2} - \varphi, \text{阻尼力超前于变形的相位角为 } \varphi\right)$;$\delta$

值越大,则 φ 值越小,黏滞流体的弹性越突出;反之,δ 值越小,则 φ 值越大,黏滞流体的黏性越突出。

④黏滞阻尼器耗散能量的多少、耗能效率的高低可作为评价阻尼器性能优劣的重要指标;黏滞阻尼器主要耗散地震、风等外界激励输入结构中的能量,从而降低结构的振动响应,以确保结构的安全、舒适等基本使用要求;阻尼器耗散的能量实质为黏滞液体在孔道中的流动损失,即沿程阻力损失和局部阻力损失。

⑤将关于自身刚度和动态刚度的基本理论代入试验采用的实际阻尼器,计算得到其导杆、活塞、缸体等的弹性变形和阻尼介质的压缩变形均较小,可忽略不计;结合已有研究指出在分析黏滞阻尼器的力学性能时,通常假设黏滞流体为不可压缩流体,且阻尼器缸筒、活塞和导杆等均为刚体是可行的,即导杆、活塞、缸体等的弹性变形和阻尼介质的压缩变形均较小时,可以忽略黏滞阻尼器自身刚度及动刚度对阻尼器耗能效率的影响。

第3章　考虑阻尼器支撑刚度减震结构的动力分析及参数研究

3.1　引言

第2章研究了阻尼器自身刚度及动态刚度对其耗能效率的影响,本章主要研究考虑阻尼器支撑构件刚度后减震结构的动力分析及其最优参数问题,这里的减震结构体系为结构线性且附加线性阻尼或等效线性阻尼。通过减震体系位移响应等输出量的拉普拉斯变换与输入量的拉普拉斯变换之比(传递函数),求解对应函数的最优解问题。首先,基于传统减震体系、简化减震体系的力学模型进行动力分析及最优阻尼参数研究,建立三种实用减震体系的力学模型,并完成传递函数的推导及其动力分析,得到三种实用减震体系的最优阻尼参数。然后,通过体系的频率响应曲线对其动力响应进行研究,针对不同阻尼比和不同支撑刚度系数的幅频响应和相频响应曲线进行分析,得到阻尼比和支撑刚度系数对结构响应的影响规律,减震体系最优阻尼参数主要通过研究频率响应曲线中的定点获得;指出简化减震以及三种实用减震与传统减震在不同阻尼比和支撑刚度系数下结构响应规律的一致性。最后,对减震体系中的非线性阻尼等效为线性阻尼的两种等效线性化方法进行了详细的阐述,即能量等效法、当量刚度系数与当量阻尼系数法。

3.2　基本原理

减震体系的运动微分方程是一个线性二阶微分方程(考虑结构黏滞阻尼和附加线性阻尼),对其采用积分运算:拉普拉斯变换(拉氏变换)和傅里叶变换(傅氏变换),进而导出体系的传递函数和频率特性。频率特性的幅值能够表示体系传递振动的能力,故可用于评价减震体系的减震效率。

3.2.1　拉普拉斯变换及傅里叶变换

积分变换是将一些较难分析的问题先映射到其他域内的表达式后再进行分析的技术。法国数学家拉普拉斯(1749—1827)引入的积分变换(拉氏变换)可以方便地将一般的常系数微分方程映射成代数方程,为电路分析、自动控制原理等很多领域的数学模型分析奠定了基础。拉普拉斯变换可以将时域内的函数通过映射变换成复域内的函数,以将时域内函数的微分方程映射成复域内的多项式代数方程,使原微分方程在稳定性、解析解求解等诸多方面更便于分析,现在很多人都在应用计算机数学语言 MATLAB 求解拉普拉斯变换及其反变换[133]。拉普拉斯变换求解线性微分方程的基本思路如图3-1所示。

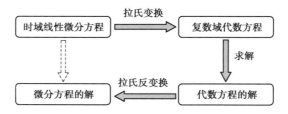

图 3-1　拉普拉斯变换求解线性微分方程基本思路

(1)拉普拉斯变换及其反变换

一个时域函数 $f(t)$ 的拉普拉斯变换可以定义为:

$$L[f(t)] = \int_0^\infty f(t)\mathrm{e}^{-st}\mathrm{d}t = F(s) \qquad (3\text{-}1)$$

式中广义积分要求收敛,该积分的宗量为 $s = \sigma + j\omega$ 的复变函数。其中复指数函数 e^{-st} 为在半无限平面内对函数 $f(t)$ 进行加权积分的权函数。$F(s)$ 通常被称为 $f(t)$ 的象函数,而 $f(t)$ 被称为 $F(s)$ 的原函数。

拉氏变换常用的几个基本定理:

①线性定理。

若 a_1 和 a_2 为任意常数,任意函数 $f_1(t)$、$f_2(t)$ 的象函数分别为 $F_1(s)$、$F_2(s)$,则有

$$L[a_1 f_1(t) + a_2 f_2(t)] = a_1 F_1(s) + a_2 F_2(s) \tag{3-2}$$

②微分定理。

若 $F(s) = L[f(t)]$,函数 $f(t)$ 的一阶导数为 $f'(t)$,则有

$$L[f'(t)] = sF(s) - f(0^+) \tag{3-3}$$

③延迟定理。

若 $L[f(t)] = F(s)$,且当 $t < 0$ 时,$f(t) = 0$,则有

$$L[f(t - \tau)] = e^{-\tau s} F(s) \tag{3-4}$$

④终值定理。

若 $f(t)$ 及其导数的拉普拉斯变换存在,$\lim\limits_{t \to \infty} f(t)$ 也存在,则有

$$\lim_{t \to \infty} f(t) = \lim_{s \to 0} sF(s) \tag{3-5}$$

如果已知函数 $f(t)$ 的拉普拉斯变换表达式为 $F(s)$,则可通过下式反变换公式反演求出其拉普拉斯反变换:

$$f(t) = L^{-1}[F(s)] = \frac{1}{2\pi j} \int_{\sigma - j\infty}^{\sigma + j\infty} F(s) e^{st} ds = \lim_{\omega \to \infty} \frac{1}{2\pi j} \int_{\sigma - j\omega}^{\sigma + j\omega} F(s) e^{st} ds \tag{3-6}$$

式中 $f(t)$ 便是 $F(s)$ 的拉普拉斯反变换,拉氏反变换将象函数变换成它的原函数,拉氏变换与拉氏反变换互为逆运算。

（2）傅里叶变换及其反变换

当式(3-1)中的宗量 s 仅保留虚部时,即令 $s = j\omega$,相当于用 $e^{-j\omega t}$ 作为加权积分的权函数。这种特殊的拉普拉斯变换被称为傅里叶变换(傅氏变换),记为

$F(j\omega)$。

按照式(3-1)可以写出傅里叶变换的定义式：

$$F(j\omega) = \int_0^\infty f(t)\,e^{-j\omega t}\,dt \tag{3-7}$$

按照式(3-6)可以写出傅里叶反变换的定义式：

$$f(t) = \frac{1}{2\pi}\int_{-\infty}^\infty F(j\omega)\,e^{j\omega t}\,d\omega \tag{3-8}$$

由此可知,傅里叶变换仅为特殊条件下$(s=j\omega)$的拉普拉斯变换,因而两者有着相似的性质。

3.2.2 传递函数

传递函数是指线性定常系统在零初始条件下,输出量的拉普拉斯变换与输入量的拉普拉斯变换之比。其数学模型是线性动力学系统的运动方程,拉氏变换只是一种数学运算,故该方程经过拉氏变换求出的传递函数也是线性动力学系统的数学模型。下面给出几个简单线性系统传递函数的数学表达式推导过程。

（1）单级积极隔振系统

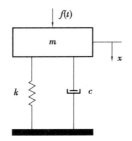

图 3-2 单级积极隔振系统
的力学模型

图 3-2 为单级积极隔振系统的力学模型,输入量为外加激励 $f(t)$,输出量为隔振系统给基础的扰动力,设为 $n(t)$。则单级积极隔振系统力学模型的运动方程为

$$m\ddot{x} + c\dot{x} + kx = f(t) \tag{3-9}$$

基础扰动力的数学表达式为

$$n(t) = c\dot{x} + kx \tag{3-10}$$

将以上两式作拉普拉斯变换,得到

$$\begin{cases} (ms^2 + cs + k)X(s) = F(s) \\ N(s) = (cs + k)X(s) \end{cases} \tag{3-11}$$

式中,隔振体质心位移 $x(t)$、激励力 $f(t)$ 和基础扰动力 $n(t)$ 的象函数分别为

$$X(s) = L[x(t)], F(s) = L[f(t)], N(s) = L[n(t)]$$

从式(3-11)中消去象函数 $X(s)$,导出该系统基础扰动力对激励力的传递函数的解析表达式为

$$G_1(s) = \frac{N(s)}{F(s)} = \frac{cs + k}{ms^2 + cs + k} \tag{3-12}$$

（2）单级消极隔振系统（输出量：隔振系统位移）

图 3-3 为单级消极隔振系统的力学模型,输入量为支座位移 $u(t)$,输出量为隔振系统的位移 $x(t)$。根据经典力学的动量定理,建立单级积极隔振系统的运动方程为

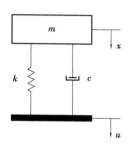

$$m\ddot{x} + c\dot{x} + kx = c\dot{u} + ku \tag{3-13}$$ 图 3-3　单级消极隔振系统的力学模型

对上式进行拉普拉斯变换,得到

$$(ms^2 + cs + k)X(s) = (cs + k)U(s) \tag{3-14}$$

式中,隔振体系统位移 $x(t)$、支座 $u(t)$ 的象函数分别为

$$X(s) = L[x(t)], U(s) = L[u(t)]$$

从式(3-14)可导出隔振系统位移对支座位移的传递函数的解析表达式为

$$G_2(s) = \frac{X(s)}{U(s)} = \frac{cs + k}{ms^2 + cs + k} \tag{3-15}$$

对比式(3-12)和式(3-15),两个传递函数 $G_1(s)$ 和 $G_2(s)$ 的数学表达式完全相同。但是二者的物理意义却完全不同,它们分别是不同输出量与不同输入量象函数的比值。

（3）单级消极隔振系统（输出量：相对位移）

图 3-3 的单级消极隔振系统力学模型,若用隔振体与支座间的相对位移 $\delta(t)$ 作为它的输出量,输入量仍然为支座位移 $u(t)$。则有相对位移 $\delta(t)$ 的表达式为

$$\delta(t) = x(t) - u(t) \tag{3-16}$$

将式(3-16)代入式(3-13),可得

$$m\ddot{\delta} + c\dot{\delta} + k\delta = - m\ddot{u} \tag{3-17}$$

通常按照下列式子定义系统的无阻尼固有频率、临界阻尼系数 c_c 和阻尼比 ζ:

$$\omega_n = \sqrt{\frac{k}{m}}, c_c = 2m\omega_n = 2\sqrt{km}, \zeta = \frac{c}{c_c} \tag{3-18}$$

故式(3-17)可写成

$$\ddot{\delta} + 2\zeta\omega_n\dot{\delta} + \omega_n^2\delta = - \ddot{u} \tag{3-19}$$

对上式进行拉普拉斯变换,得到

$$(s^2 + 2\zeta\omega_n s + \omega_n^2)\Delta(s) = - s^2 U(s) \tag{3-20}$$

式中,隔振体与支座间的相对位移 $\delta(t)$、支座 $u(t)$ 的象函数分别为

$$\Delta(s) = L[\delta(t)], U(s) = L[u(t)]$$

由式(3-20)可得单级消极隔振系统的隔振体位移与支座相对位移 $\delta(t)$ 对支座位移 $u(t)$ 的传递函数的解析表达式为

$$G_3(s) = \frac{\Delta(s)}{U(s)} = \frac{- s^2}{s^2 + 2\zeta\omega_n s + \omega_n^2} \tag{3-21}$$

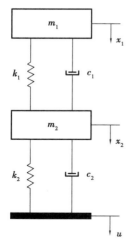

对比式(3-15)和式(3-21)可以清晰地看到,即便对于同一个动力学系统,其输入量也相同,但当输出量不同时,也会得到截然不同的传递函数。由此可见,给定一个线性动力学系统后,必须明确它的输出量和输入量之后,才能确定相应的传递函数,且不同的输入量或输出量将会代表不同的物理意义。

(4)两级消极隔振系统

图 3-4 为两级消极隔振系统的力学模型,其输入量为支座位移 $u(t)$,其输出量有两个,分别是隔振体位移 $x_1(t)$ 和中间质量体位移 $x_2(t)$。根据经

图 3-4 两级消极隔振系统的力学模型

典力学的动量定理,建立隔振体和中间质量体的运动方程为

$$\begin{cases} m_1\ddot{x}_1 + c_1\dot{x}_1 + k_1x_1 - c_1\dot{x}_2 - k_1x_2 = 0 \\ -c_1\dot{x}_1 - k_1x_1 + m_2\ddot{x}_2 + (c_1 + c_2)\dot{x}_2 + (k_1 + k_2)x_2 = c_2\dot{u} + k_2u \end{cases} \quad (3\text{-}22)$$

对上式进行拉普拉斯变换,消去象函数 $X_2(s)$ 可以导出隔振体位移 $x_1(t)$ 对支座位移 $u(t)$ 的传递函数 $G_4(s)$,消去象函数 $X_1(s)$ 可以导出中间质量体位移 $x_2(t)$ 对支座位移 $u(t)$ 的传递函数 $G_5(s)$,分别如下所示

$$G_4(s) = \frac{(c_1s + k_1)(c_2s + k_2)}{(m_1s^2 + c_1s + k_1)[m_2s^2 + (c_1 + c_2)s + k_1 + k_2] - (c_1s + k_1)^2}$$

$$(3\text{-}23)$$

$$G_5(s) = \frac{(c_2s + k_2)(m_1s^2 + c_1s + k_1)}{(m_1s^2 + c_1s + k_1)[m_2s^2 + (c_1 + c_2)s + k_1 + k_2] - (c_1s + k_1)^2}$$

$$(3\text{-}24)$$

以上表示的是一个输入、两个输出的系统,故可以得出两个单独的传递函数。而对于一个多输入多输出的动力学系统,其中的每个输出量对每个输入量都将会有一个传递函数,若将这些传递函数作为矩阵的元素,便能形成一个矩阵,称之为动力学系统的传递函数矩阵记为 $\boldsymbol{H}[s]$。例如,对于两输入(如两点激励)和两输出的动力学系统,其传递函数矩阵可表示为

$$\boldsymbol{H}[s] = \begin{bmatrix} H_{11}(s) & H_{12}(s) \\ H_{21}(s) & H_{22}(s) \end{bmatrix} \quad (3\text{-}25)$$

3.2.3　频率特性

与运动微分方程和传递函数一样,频率特性也是线性动力学的一种数学模型,是研究线性动力学系统特性非常有效的工具,可以直接用它计算线性振动系统在简谐荷载作用下的稳态响应。一旦得到线性动力学系统某输出量对某输入量的传递函数 $G(s)$,只需将宗量 s 用虚变量 $\mathrm{j}\omega$ 代替,得到的 $G(\mathrm{j}\omega)$ 就是该系统给定输出量对给定输入量的频率特性。因此,频率特性也可直接定义为线

性动力学系统某个输出量的傅氏变换与某个输入量的傅氏变换的比值。

按照上述定义,可以直接写出前面几个简单线性系统的频率特性数学表达式:

①根据图 3-2 所示的单级积极隔振系统的传递函数式(3-12),可以写出该系统给予基础的扰动力 $n(t)$ 对激励力 $f(t)$ 的频率特性为

$$G_1(j\omega) = \frac{c\omega j + k}{k - m\omega^2 + c\omega j} \tag{3-26}$$

②根据图 3-3 所示的单级消极隔振系统的传递函数式(3-15),可以写出该系统隔振体位移 $x(t)$ 对支座位移 $u(t)$ 的频率特性表达式为

$$G_2(j\omega) = \frac{c\omega j + k}{k - m\omega^2 + c\omega j} \tag{3-27}$$

由于传递函数式(3-12)和式(3-15)有着相同的表达式,故其频率特性的表达式也相同。

③根据图 3-3 所示的单级消极隔振系统的传递函数式(3-21),可以写出该系统隔振体与支座间相对位移 $\delta(t)$ 对支座位移 $u(t)$ 的频率特性表达式为

$$G_3(j\omega) = \frac{\omega^2}{\omega_n^2 - \omega^2 + 2\zeta\omega_n\omega j} \tag{3-28}$$

④对于多输入、多输出系统类似,例如传递矩阵式(3-25)的两输入、两输出系统的频率特性矩阵为

$$\boldsymbol{H}[j\omega] = \begin{bmatrix} H_{11}(j\omega) & H_{12}(j\omega) \\ H_{21}(j\omega) & H_{22}(j\omega) \end{bmatrix} \tag{3-29}$$

必须指出,有关振动理论的著作中常常把频率特性称为传递函数,主要原因还是频率特性是在传递函数中将宗量 s 用虚变量 $j\omega$ 代替后求得,实质上都是利用拉普拉斯变换求出的。

若将式(3-26)—式(3-28)的分子分母均将实部和虚部分开来写,可以得到如下的通用表达式

$$G(j\omega) = \frac{A(\omega) + jB(\omega)}{C(\omega) + jD(\omega)} \qquad (3\text{-}30)$$

将式（3-30）的分子分母同时乘以 $C(\omega) - jD(\omega)$，进行分母实数化，则有

$$G(j\omega) = U_0(\omega) + jV_0(\omega) \qquad (3\text{-}31)$$

式中，

$$\begin{cases} U_0(\omega) = \dfrac{A(\omega)C(\omega) + B(\omega)D(\omega)}{C^2(\omega) + D^2(\omega)} \\[3mm] V_0(\omega) = \dfrac{B(\omega)C(\omega) - A(\omega)D(\omega)}{C^2(\omega) + D^2(\omega)} \end{cases}$$

频率特性 $G(j\omega)$ 的实部 $U_0(\omega)$ 是 ω 的偶函数，称为系统的实频特性；虚部 $V_0(\omega)$ 是 ω 的奇函数，称为系统的虚频特性。

此外，还可以利用极坐标来表示系统的频率特性 $G(j\omega)$，按照式（3-31）可以得出用极坐标表示的频率特性为

$$G(j\omega) = R(\omega)e^{j\theta(\omega)} \qquad (3\text{-}32)$$

式中，$\begin{cases} R(\omega) = \left[U_0^2(\omega) + V_0^2(\omega) \right]^{\frac{1}{2}} = \left[\dfrac{A^2(\omega) + B^2(\omega)}{C^2(\omega) + D^2(\omega)} \right]^{\frac{1}{2}} \\[4mm] \theta(\omega) = \arctan\left[\dfrac{V_0(\omega)}{U_0(\omega)} \right] = \arctan\left[\dfrac{B(\omega)C(\omega) - A(\omega)D(\omega)}{A(\omega)C(\omega) + B(\omega)D(\omega)} \right] \end{cases}$

其中，$R(\omega)$ 为频率特性 $G(j\omega)$ 的幅值，是 ω 的偶函数，称为系统的幅频特性；$\theta(\omega)$ 为频率特性 $G(j\omega)$ 的相位角，是 ω 的奇函数，称为系统的相频特性。

当线性振动系统持续受简谐激励作用时，其稳态振动的幅值和激励幅值的比值是一个随着激励频率变化的函数，称为系统的幅频特性；而其稳态振动与激励的相位差也是一个随激励频率变化的函数，称为系统的相频特性。

3.3　传统减震体系动力分析及参数研究

传统减震体系的力学模型如图 3-5 所示，图中减震体的质量为 m，刚度系数

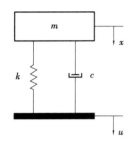

图 3-5 传统减震体系
的力学模型

为 k,阻尼系数为 c,减震体质心位移为 x,支座位移为 u。现有的研究(目前桥梁上居多)几乎都是忽略了阻尼器刚度(阻尼器自身刚度和动态刚度)和支撑刚度后的结果,经过第 2 章的分析与研究发现,通常情况下阻尼器刚度在实际工程应用中是可以忽略的。本节先考虑忽略支撑刚度对体系减震效果的影响,实际上即为将阻尼器的支撑刚度视为无穷大(∞),这便是图 3-5 所示的力学模型——传统减震体系。

3.3.1　传统减震体系绝对传递率

结合图 3-5 和前面的力学模型条件,传统减震体系与单级消极隔振系统有着相同的力学模型。故其传递函数如式(3-15)所示,其频率特性如式(3-27)所示,利用式(3-30)—式(3-32)可知,传统减震体系频率特性的相关参数如下:

$$A_1(\omega) = k, B_1(\omega) = c\omega, C_1(\omega) = k - m\omega^2, D_1(\omega) = c\omega \tag{3-33}$$

将上式代入式(3-31),可得

$$\begin{cases} U_1(\omega) = \dfrac{k(k - m\omega^2) + c^2\omega^2}{(k - m\omega^2)^2 + c^2\omega^2} \\[4mm] V_1(\omega) = \dfrac{c\omega(k - m\omega^2) - kc\omega}{(k - m\omega^2)^2 + c^2\omega^2} \end{cases} \tag{3-34}$$

联立式(3-32)、式(3-34)以及式(3-18),可得传统减震体系的幅频特性 $R(\omega)$ 和相频特性 $\theta(\omega)$ 分别为

$$R_{\mathrm{a}}(\omega) = \left[\frac{\omega_{\mathrm{n}}^2(\omega_{\mathrm{n}}^2 + 4\zeta^2\omega^2)}{(\omega_{\mathrm{n}}^2 - \omega^2)^2 + 4\zeta^2\omega_{\mathrm{n}}^2\omega^2} \right]^{\frac{1}{2}} \tag{3-35}$$

$$\theta_{\mathrm{a}}(\omega) = \arctan\left[\frac{-2\zeta\omega_{\mathrm{n}}\omega^3}{\omega_{\mathrm{n}}^2(\omega_{\mathrm{n}}^2 - \omega^2) + 4\zeta^2\omega_{\mathrm{n}}^2\omega^2} \right] \tag{3-36}$$

将激励频率 ω 与减震体系的固有频率 ω_{n} 的比值定义为频率比 β,记为

$$\beta = \frac{\omega}{\omega_{\mathrm{n}}} \tag{3-37}$$

则改用频率比 β 作为式(3-35)、式(3-36)的宗量,便可得到传统减震体系的绝对传递率的解析表达式

$$T_{\mathrm{a}}(\beta,\zeta) = \left[\frac{1 + 4\zeta^2\beta^2}{(1 - \beta^2)^2 + 4\zeta^2\beta^2}\right]^{\frac{1}{2}} \tag{3-38}$$

对应的相频特性的表达式为

$$\theta_{\mathrm{a}}(\beta,\zeta) = \arctan\left[\frac{-2\zeta\beta^3}{(1 - \beta^2) + 4\zeta^2\beta^2}\right] \tag{3-39}$$

接下来,给定系统其余参数,选择不同的阻尼比($\zeta=0,0.05,0.1,0.2,0.5,1.0$),分别按照式(3-38)和式(3-39)绘制传统减震体系的关于频率比的绝对传递率曲线,分别如图 3-6 所示的幅频响应曲线、图 3-7 所示的相频响应曲线。

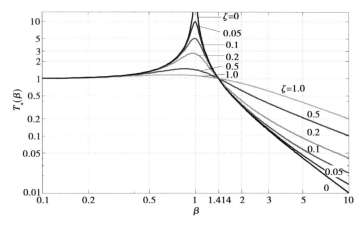

图 3-6　传统减震体系绝对传递率幅频响应曲线

因为本节所研究的传统减震体系与单级消极隔振系统有着相同的力学模型,故对于图 3-6 和图 3-7 的理解,可以从以下两个方面进行理解:

①对于单级消极隔振系统而言:图 3-6 表明,当频率比 $\beta > \sqrt{2}$ 时,绝对传递率 $T_{\mathrm{a}}(\beta)$ 才会是小于 1 的值,即系统的位移输出量幅值小于位移输入量幅值,此时的隔振系统才体现出隔振能力;随着频率比 β 值的增加,幅频响应曲线不断下降,系统的隔振能力随之提高;随着阻尼比的增大,幅频响应曲线下降的程度变

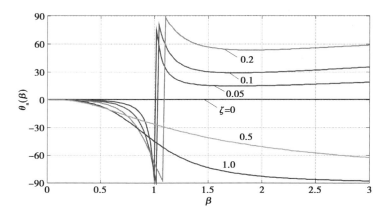

图 3-7　传统减震体系绝对传递率相频响应曲线

注：根据式(3-32)计算的表达式(3-39)绘图，相位角为−90°～90°。

缓，系统隔振能力随之减弱。图 3-7 表明，在频率比为 1 附近，系统相频特性所表示的相位差接近 180°；当系统的阻尼比为零时，其相位差也为零，随着阻尼比的增大，系统的相位差越来越大。

②对于传统减震体系而言：图 3-6 表明，当频率比 $\beta \ll 1$ 时，体系的幅频响应也接近于 1，表明体系的位移输出量接近于位移输入量；在频率比为 1 附近且 $\beta < \sqrt{2}$ 时，体系将会发生共振反应，体系的幅频响应值将会远大于 1；随着阻尼比的增大，体系的幅频响应值逐渐减小，即体系位移输出量幅值相比于输入量幅值的放大效应在逐渐减小。有关的相频特性与隔振系统相似。

仔细观察图 3-6，可以看出不同阻尼比下的幅频响应曲线均会通过一个固定的点 $(\sqrt{2}, 1.0)$。事实上，我们可以近似将频率比 $\beta = \sqrt{2}$ 作为采用隔震或减震设计的一个界限。因为对于采用隔震设计的结构，其周期明显变大，使得体系的频率比容易达到大于 $\sqrt{2}$ 的范围；而对于采用减震设计的结构，其周期不变或变化较小，使得体系的频率比主要还是在小于 $\sqrt{2}$ 的范围。

3.3.2　传统减震体系相对传递率

在图 3-5 中，若考虑隔振体与支座间的相对位移 $\delta(t)$ 作为它的输出量，输入

量仍然为支座位移 $u(t)$ 时,其传递函数如式(3-21)所示,频率特性如式(3-28)所示,采用式(3-30)—式(3-32)可得,相应传统减震体系频率特性的相关参数如下:

$$A_2(\omega) = \omega^2, B_2(\omega) = 0, C_2(\omega) = \omega_n^2 - \omega^2, D_2(\omega) = 2\zeta\omega_n\omega \qquad (3\text{-}40)$$

将上式代入式(3-31),可得

$$\begin{cases} U_2(\omega) = \dfrac{\omega^2(\omega_n^2 - \omega^2)}{(\omega_n^2 - \omega^2)^2 + 4\zeta^2\omega_n^2\omega^2} \\[4mm] V_2(\omega) = \dfrac{-2\xi\omega_n\omega^3}{(\omega_n^2 - \omega^2)^2 + 4\zeta^2\omega_n^2\omega^2} \end{cases} \qquad (3\text{-}41)$$

联立式(3-32)、式(3-41)以及式(3-18),可得传统减震体系的幅频特性 $R(\omega)$ 和相频特性 $\theta(\omega)$ 分别为

$$R_r(\omega) = \dfrac{[\omega^4(\omega_n^2 - \omega^2)^2 + 4\zeta^2\omega_n^2\omega^6]^{\frac{1}{2}}}{(\omega_n^2 - \omega^2)^2 + 4\zeta^2\omega_n^2\omega^2} \qquad (3\text{-}42)$$

$$\theta_r(\omega) = \arctan\left[\dfrac{-2\zeta\omega_n\omega^3}{\omega^2(\omega_n^2 - \omega^2)}\right] \qquad (3\text{-}43)$$

则改用频率比 β 作为式(3-42)、式(3-43)的宗量,便可得到传统减震体系的相对传递率的解析表达式

$$T_r(\beta, \zeta) = \dfrac{[\beta^4(1 - \beta^2)^2 + 4\zeta^2\beta^6]^{\frac{1}{2}}}{(1 - \beta^2)^2 + 4\zeta^2\beta^2} \qquad (3\text{-}44)$$

对应的相频特性的表达式为

$$\theta_r(\beta, \zeta) = \arctan\left[\dfrac{-2\zeta\beta^3}{\beta^2(1 - \beta^2)}\right] = \arctan\left(\dfrac{-2\zeta\beta}{1 - \beta^2}\right) \qquad (3\text{-}45)$$

接下来,给定系统其余参数,选择不同的阻尼比($\zeta = 0, 0.05, 0.1, 0.2, 0.5, 1.0$),分别按照式(3-44)和式(3-45)绘制传统减震体系的关于频率比的相对传递率曲线,分别如图 3-8 所示的相对传递率幅频响应曲线、图 3-9 所示的相对传递率相频响应曲线。

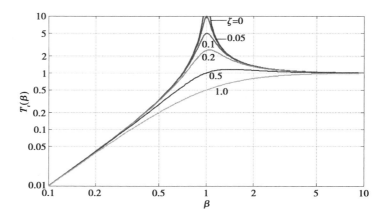

图 3-8　传统减震体系相对传递率幅频响应曲线

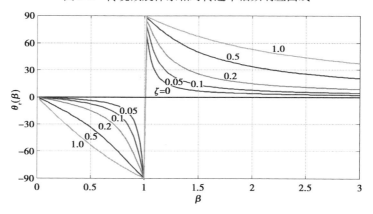

图 3-9　传统减震体系相对传递率相频响应曲线

注:根据式(3-32)计算的表达式(3-45)绘图,相位角为-90°~90°。

对于图 3-8 和图 3-9 的理解,仍然可以从以下两个方面进行理解。

①对于单级消极隔振系统而言:图 3-8 表明,当频率比 β 比较大时,相对传递率 $\theta_a(\beta)$ 趋近于 1.0,其力学意义是指当外荷载激励频率足够高时隔振系统中不会产生相对运动。图 3-9 表明,在频率比为 1 附近,系统相频特性所表示的相位差接近 180°;当系统的阻尼比为零时,其相位差也为零,随着阻尼比的增大,系统的相位差越来越大。

②对于传统减震体系而言:图 3-8 表明,当频率比 $\beta<<1$ 时,体系相对传递

率的幅频响应也远小于 1,表明体系的相对位移输出量远小于相对位移输入量；在频率比为 1 附近,体系仍然会发生共振反应,体系的幅频响应值将会远大于 1；随着阻尼比的增大,体系的幅频响应值逐渐减小,即体系相对位移输出量幅值相比于输入量幅值的放大效应在逐渐减小。有关的相频特性也与隔振系统相似。

3.4　简化减震体系动力分析及参数研究

3.4.1　简化减震体系力学模型与运动方程

在实际工程中,阻尼器与消能子结构之间常常通过支撑等连接件来进行连接。传统减震体系是将支撑的刚度视为无穷大来建立基本力学模型的,事实上,更为合适的减震体系中阻尼器与主体结构之间还需要支撑来连接。因此,研究支撑刚度对体系减震效果的影响是十分必要的。

根据减震体系力与位移的基本关系,将支撑构件与阻尼器串联起来,再放置于减震体和支座之间,便能得到图 3-10 所示的更合适的减震体系简化力学模型,该力学模型有的学者称之为松弛型减震体系[134]或 1.5 自由度体系[135]。图中用 Nk 表示支撑刚度(支撑刚度系数 N 表示阻尼器支撑刚度与体系侧移刚度的比值),减震体的质量为 m,刚度为 k,

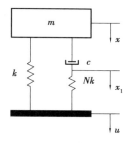

图 3-10　减震体系简化力学模型

阻尼器的阻尼系数为 c,减震体质心位移为 x,支座位移为 u,阻尼器与支撑构件连接点的位移为 x_1。根据达朗贝尔的动平衡原理,建立图 3-10 简化减震体系的运动方程:

$$\begin{cases} m\ddot{x} + c\dot{x} + kx - c\dot{x}_1 = ku \\ c\dot{x} - c\dot{x}_1 - Nkx_1 = -Nku \end{cases} \tag{3-46}$$

3.4.2　简化减震体系频率响应曲线

为了求得减震体质心位移 $x(t)$、阻尼器与支撑构件连接点位移 $x_1(t)$ 对支座位移 $u(t)$ 的传递函数,选取零初始条件,将方程组式(3-46)进行拉普拉斯变换,得到以下代数方程组

$$\begin{cases} (ms^2 + cs + k)X(s) - csX_1(s) = kU(s) \\ csX(s) - (cs + Nk)X_1(s) = -NkU(s) \end{cases} \tag{3-47}$$

式中,减震体质心位移 $x(t)$、阻尼器与支撑构件连接点位移 $x_1(t)$ 和支座位移 $u(t)$ 经拉普拉斯变换后的象函数分别为

$$X(s) = L[x(t)], X_1(s) = L[x_1(t)], U(s) = L[u(t)]$$

从代数方程组式(3-47)中消去 $X_1(s)$,得到 $x(t)$ 对 $u(t)$ 的传递函数

$$G(s) = \frac{X(s)}{U(s)} = \frac{ck(1 + N)s + Nk^2}{mcs^3 + Nmks^2 + ck(1 + N)s + Nk^2} \tag{3-48}$$

同理,从代数方程组式(3-47)中消去 $X(s)$,可得到阻尼器与支撑构件连接点位移 $x_1(t)$ 对支座位移 $u(t)$ 的传递函数

$$G_1(s) = \frac{X_1(s)}{U(s)} = \frac{Nmks^2 + ck(1 + N)s + Nk^2}{mcs^3 + Nmks^2 + ck(1 + N)s + Nk^2} \tag{3-49}$$

在上式中将宗量 s 用虚变量 $j\omega$ 代替,分别得到 $x(t)$ 和 $x_1(t)$ 对 $u(t)$ 的频率特性

$$G(j\omega) = \frac{Nk^2 + ck\omega(1 + N)j}{Nk^2 - Nmk\omega^2 + [ck\omega(1 + N) - mc\omega^3]j} \tag{3-50}$$

$$G_1(j\omega) = \frac{Nk^2 - Nmk\omega^2 + ck\omega(1 + N)j}{Nk^2 - Nmk\omega^2 + [ck\omega(1 + N) - mc\omega^3]j} \tag{3-51}$$

利用式(3-31)、式(3-32),可导出 $x(t)$ 对 $u(t)$ 的幅频特性,再利用式(3-18)

和式(3-37)定义频率比 β,得到简化减震体系减震体质心位移 $x(t)$ 对支座位移 $u(t)$ 幅频特性的解析表达式

$$T(\beta,\zeta,N) = \left[\frac{1 + 4\zeta^2\beta^2\left(\dfrac{1+N}{N}\right)^2}{(1-\beta^2)^2 + 4\zeta^2\beta^2\left(\dfrac{N+1-\beta^2}{N}\right)^2} \right]^{\frac{1}{2}} \qquad (3\text{-}52)$$

对应的相频特性的解析表达式为

$$\theta(\beta,\zeta,N) = \arctan\left[\frac{-2\zeta\beta^3}{(1-\beta^2) + 4\zeta^2\beta^2\left(\dfrac{1+N}{N}\right)\left(\dfrac{1+N-\beta^2}{N}\right)} \right] \qquad (3\text{-}53)$$

同理,可求得简化减震体系中阻尼器与支撑构件连接点位移 $x_1(t)$ 对支座位移 $u(t)$ 幅频特性的解析表达式

$$T_1(\beta,\zeta,N) = \left[\frac{(1-\beta^2)^2 + 4\zeta^2\beta^2\left(\dfrac{1+N}{N}\right)^2}{(1-\beta^2)^2 + 4\zeta^2\beta^2\left(\dfrac{N+1-\beta^2}{N}\right)^2} \right]^{\frac{1}{2}} \qquad (3\text{-}54)$$

对应的相频特性的解析表达式为

$$\theta_1(\beta,\zeta,N) = \arctan\left[\frac{\dfrac{2}{N}\zeta\beta^3(1-\beta^2)}{(1-\beta^2)^2 + 4\zeta^2\beta^2\left(\dfrac{1+N}{N}\right)\left(\dfrac{1+N-\beta^2}{N}\right)} \right] \qquad (3\text{-}55)$$

从图 3-5 和图 3-10 中可知,传统减震体系是简化减震体系的特殊形式,即当简化体系中的支撑刚度系数 $N\to\infty$ 时(支撑刚度无穷大),便是传统减震体系的力学模型。对比式(3-38)和式(3-52),便能明确得出前面的结论。为了从直观上充分了解简化减震体系的减震机理,特对不同阻尼比 ζ 和不同支撑刚度系数 N 下简化减震体系减震体质心位移 $x(t)$ 对支座位移 $u(t)$ 的幅频响应曲线、相频响应曲线进行对比分析,具体情况如下。

当阻尼比 ζ 相同支撑刚度系数 N 不同时,简化减震体系的幅频响应曲线如图 3-11 所示。

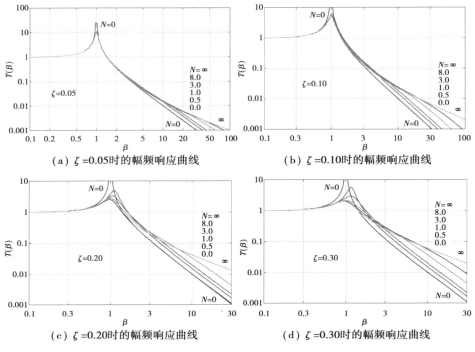

图 3-11　不同阻尼比 ζ 下的幅频响应曲线

图 3-11(a)、(b)、(c)、(d)显示了在不同阻尼比 ζ 下对应不同支撑刚度系数 N 的四组幅频响应曲线,故对于该简化减震体系可以得到如下结论。

①不同的支撑刚度系数 N 代表了简化减震体系的不同情形。其中,$N=0$ 的幅频曲线代表无阻尼体系的情形,此时的幅频曲线峰值为无穷大;$N=\infty$ 的幅频曲线代表传统减震体系的情形;而简化减震体系则适用于支撑刚度系数 $N\neq 0$ 的情形。

②在不同频率比下简化减震体系的幅频响应情形不同。当频率比较低时,无论阻尼比和支撑刚度系数如何变化,体系的幅频响应值几乎不受影响,总是接近于 1.0;当频率比接近于 1.0 时,随着阻尼比的增大、支撑刚度系数的增加,体系的幅频响应峰值在不断减小,最终都趋于某一极限值;当频率比较高时,随着阻尼比的增大、支撑刚度系数的增加,体系的幅频响应值逐渐增大,但其响应值却始终远小于 1.0。

③对于简化减震体系的幅频响应峰值,在较大阻尼比(如 $\zeta=0.20$、0.30)的

情况下,随着支撑刚度系数 N 的增加,减震体系的幅频响应峰值逐渐减小,但当支撑刚度系数达到一定值(约为 $N>3$ 时)后其峰值响应几乎不再减小。

图 3-12(a)、(b)、(c)、(d)显示了在不同阻尼比 ζ 下对应频率比 β 和支撑刚度系数 N 的四组幅频响应曲面图。

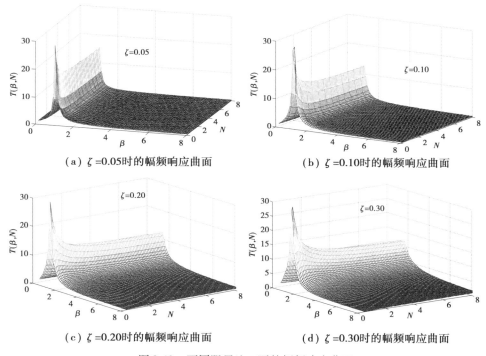

（a）ζ =0.05时的幅频响应曲面　　　　（b）ζ =0.10时的幅频响应曲面

（c）ζ =0.20时的幅频响应曲面　　　　（d）ζ =0.30时的幅频响应曲面

图 3-12　不同阻尼比 ζ 下的幅频响应曲面

当阻尼比 ζ 相同支撑刚度系数 N 不同时,简化减震体系的相频响应曲线如图 3-13(a)、(b)所示。

图 3-13(a)、(b)显示了在不同阻尼比 ζ 下对应不同支撑刚度系数 N 的两组相频响应曲线,可以得到如下结论:

①当减震体系阻尼比 ζ 较小时,相频响应曲线在频率比为 1.0 时的相位差为 $180°$;当减震体系阻尼比 ζ 较大时,相频响应曲线相位差为 $180°$ 对应的频率比大于 1.0,如图 3-12(b)中所示约为 1.3,即随着阻尼比的增大,相频响应曲线相位差为 $180°$ 对应的频率比也在增加。

②当减震体系阻尼比 ζ 较小时,不同支撑刚度系数 N 下相频响应曲线的相

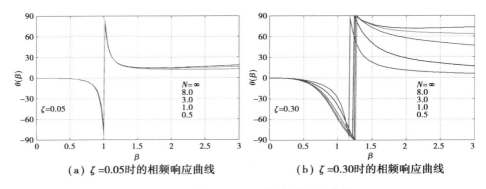

（a）ζ=0.05时的相频响应曲线　　　　（b）ζ=0.30时的相频响应曲线

图 3-13　不同阻尼比 ζ 下的相频响应曲线

注：根据式（3-32）计算的表达式（3-53）绘图，相位角为-90°～90°。

位差相差较小；当减震体系阻尼比 ζ 较大时，随着支撑刚度系数 N 的增加，相频响应曲线的相位差越来越大。

当支撑刚度系数 N 相同而阻尼比 ζ 不同时，简化减震体系的幅频响应曲线如图 3-14（a）、（b）、（c）、（d）所示。

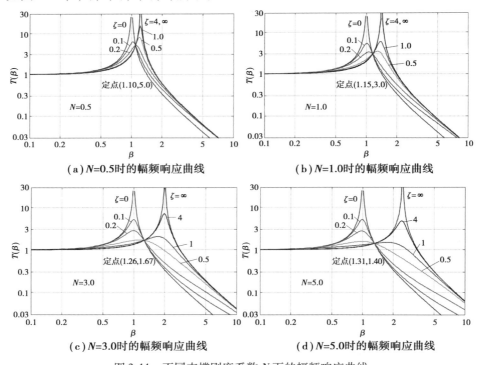

（a）N=0.5时的幅频响应曲线　　　　（b）N=1.0时的幅频响应曲线

（c）N=3.0时的幅频响应曲线　　　　（d）N=5.0时的幅频响应曲线

图 3-14　不同支撑刚度系数 N 下的幅频响应曲线

图 3-14(a)、(b)、(c)、(d)显示了在不同支撑刚度系数 N 下对应不同阻尼比 ζ 的四组幅频响应曲线,可以得到如下结论:

①不论支撑刚度系数 N 取何值,幅频响应曲线中均存在一个与阻尼比 ζ 无关的定点;且该定点随着支撑刚度系数 N 的增大,对应的横坐标(频率比)值在增加,纵坐标(幅频响应曲线峰值)值在减小。

②对于不同支撑刚度系数 N 的减震体系存在不同的最优阻尼比 ζ_{opt}。当体系的阻尼比小于最优阻尼比时,随着阻尼比的增加体系的幅频响应曲线峰值在减小;当体系的阻尼比大于最优阻尼比时,随着阻尼比的增加体系的幅频响应曲线峰值也在增加;当体系的阻尼比等于最优阻尼比时,体系幅频响应曲线中的定点便是该曲线的峰值,为体系幅频响应曲线峰值能够达到的理论最低点。

图 3-15(a)、(b)、(c)、(d)显示了在不同支撑刚度系数 N 下对应频率比 β 和阻尼比 ζ 的四组幅频响应曲面图。

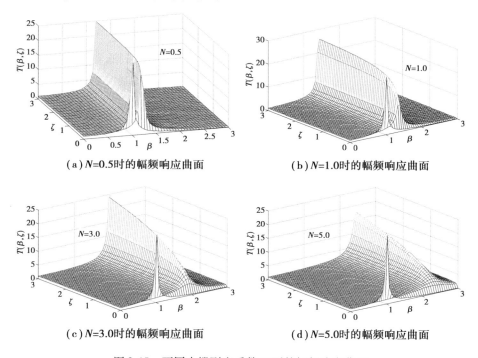

（a）$N=0.5$时的幅频响应曲面　　　　（b）$N=1.0$时的幅频响应曲面

（c）$N=3.0$时的幅频响应曲面　　　　（d）$N=5.0$时的幅频响应曲面

图 3-15　不同支撑刚度系数 N 下的幅频响应曲面

当支撑刚度系数 N 相同而阻尼比 ζ 不同时,简化减震体系的相频响应曲线如图 3-16(a)、(b)所示。

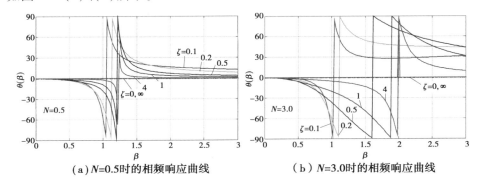

（a）N=0.5时的相频响应曲线　　　（b）N=3.0时的相频响应曲线

图 3-16　不同支撑刚度系数 N 下的相频响应曲线

注:根据式(3-32)计算的表达式(3-53)绘图,相位角为$-90°\sim90°$。

通过图 3-16 在不同支撑刚度系数 N 下对应不同阻尼比 ζ 的两组相频响应曲线,可知:

①当减震体系支撑刚度系数 N 较小时,相频响应曲线在频率比为 1.0 附近的相位差为 180°;当减震体系支撑刚度系数 N 较小较大时,随着阻尼比 ζ 的增大,相频响应曲线相位差为 180°对应的频率比也在明显增加。

②当减震体系支撑刚度系数 N 较小时,不同阻尼比 ζ 下相频响应曲线的相位差相差较小;当减震体系支撑刚度系数 N 较大时,随着阻尼比 ζ 的增加,相频响应曲线的相位差相差越来越大。

另外,阻尼器与支撑构件连接点位移 $x_1(t)$ 对支座位移 $u(t)$ 的幅频响应曲线也进行简单对比分析如下。当阻尼比 ζ 相同支撑刚度系数 N 不同时,简化减震体系的幅频响应曲线如图 3-17(a)、(b)、(c)、(d)所示,当支撑刚度系数 N 相同阻尼比 ζ 不同时,其幅频响应曲线如图 3-18(a)、(b)、(c)、(d)所示。

从图 3-17 中可知,随着阻尼比 ζ 的增加,阻尼器与支撑构件连接点位移 $x_1(t)$ 对支座位移 $u(t)$ 的幅频响应曲线峰值有所增加,但峰值均不是很大(仅为 3 左右);过了峰值后随着频率的增加,减震体系的幅频响应迅速降低,且响应值远小于 1.0。从图 3-18 中可知，随着支撑刚度系数 N 的增加，不同阻尼比下的峰值均在减小；当较小阻尼比时，其峰值在频率比为 1.0 附近；当阻尼比较大时，其峰值点对应的频率比大于 1.0，且随着支撑刚度系数 N 的增加，峰值点对应的频率比越来越大，即对短周期体系的作用明显增强。

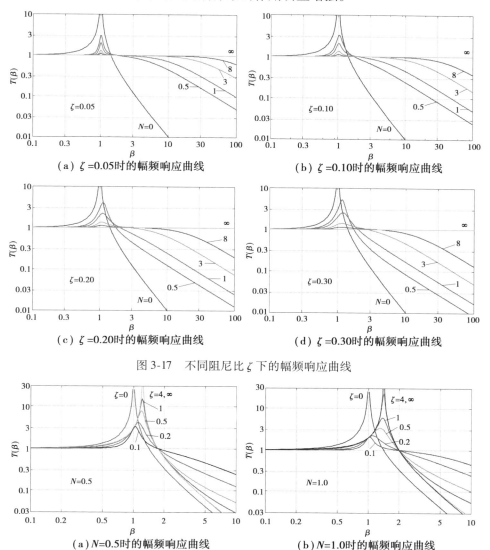

（a）ζ =0.05时的幅频响应曲线　　　（b）ζ =0.10时的幅频响应曲线

（c）ζ =0.20时的幅频响应曲线　　　（d）ζ =0.30时的幅频响应曲线

图 3-17　不同阻尼比 ζ 下的幅频响应曲线

（a）N=0.5时的幅频响应曲线　　　（b）N=1.0时的幅频响应曲线

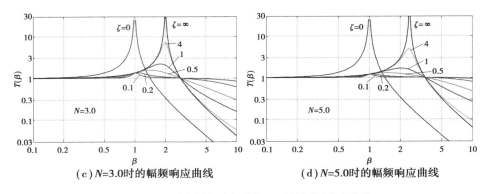

图 3-18　不同支撑刚度系数 N 下的幅频响应曲线

3.4.3　频率响应曲线中的定点理论

　　减震体系中阻尼器的设计常常是以定点理论为基础进行的最优设计方法。该方法最早是由 Den Hartog 在 1924 年提出的,当时的主要目的是得到动力吸振器的最佳设计[135]。而这样的定点在 3.4.2 节中频率响应曲线的幅频特性中是绝对存在的,因而将定点理论引入简化减震体系的动力分析及参数研究是一个不错的选择。定点理论可表示为:对于有阻尼振动系统的频率响应曲线上,与阻尼比取值大小无关的特定点,并以该点所对应的纵坐标值作为频率响应最大值来进行减震装置最优设计的减震理论。

　　参照式(3-15)、式(3-48)的传递函数和式(3-38)、式(3-52)的绝对传递率(幅频响应特性),可以写出一个更为一般的传递函数,其表达式为

$$G(\omega) = \frac{A(\omega) + \alpha B(\omega)}{C(\omega) + \alpha D(\omega)} \tag{3-56}$$

式中,$G(\omega)$ 为变化之后的与传递函数相关的函数,即式(3-38)中的 $T^2(\beta,\zeta)$ 和式(3-52)中的 $T^2(\beta,\zeta,N)$;α 为与阻尼比相关的系数(在此为阻尼比的平方 ζ^2);$A(\omega)$、$B(\omega)$、$C(\omega)$、$D(\omega)$ 为关于激励频率 ω 的函数。现对 α 作以下考虑:

　　①当 $\alpha=0$ 时,频率传递函数

$$G(\omega)\mid_{\alpha=0} = \frac{A(\omega)}{C(\omega)} \tag{3-57}$$

②当 $\alpha = \infty$ 时,频率传递函数

$$G(\omega)\mid_{\alpha=\infty} = \frac{B(\omega)}{D(\omega)} \tag{3-58}$$

③而相对 α 独立的频率传递函数

$$G(\omega)\mid_{\alpha=任意} = \frac{B(\omega)}{D(\omega)}\left(\frac{\dfrac{A(\omega)}{B(\omega)}+\alpha}{\dfrac{C(\omega)}{D(\omega)}+\alpha}\right) = \frac{B(\omega)}{D(\omega)} \tag{3-59}$$

当 $\alpha=0$ 和 $\alpha=\infty$（即 $\zeta=0$ 和 $\zeta=\infty$）时,频率响应曲线的交点与 α 无关,该交点就应该是频响曲线中的定点,为任意阻尼比下频率响应曲线均应通过的点,对应所确定的 α 值作为体系的最佳阻尼值。因此,定点的求解可由下式决定

$$G(\omega)\mid_{\alpha=0} = G(\omega)\mid_{\alpha=\infty} \quad 或 \quad \frac{A(\omega)}{C(\omega)} = \frac{B(\omega)}{D(\omega)} \tag{3-60}$$

从 3.4.2 节各频率响应曲线图中可以看到,某减震体系在一个特定的阻尼比下,定点是频率响应曲线峰值能够达到的理论最低点,这个特定的阻尼比称为最优阻尼比。因此,定点理论是以定点作为频率响应最大值的减震设计最优理论。

3.4.4　简化减震体系最优参数

在进行简化减震体系的设计时,可以先选定合适的支撑刚度系数 N（即选定合适的支撑刚度 Nk）,再重点讨论减震体质心位移 $x(t)$ 对支座位移 $u(t)$ 幅频特性,这是简化减震体系输出位移与输入位移的比值关系,是减震分析所重点关注的内容。对式（3-52）利用定点理论,用以研究简化减震体系最优阻尼比、频响曲线峰值最低点等参数的计算方法。

先把式（3-52）写成以阻尼比 ζ 为唯一变量的分式形式,如下所示

$$T^2(\beta,\zeta,N) = \frac{A(\beta,N) + \zeta^2 B(\beta,N)}{C(\beta,N) + \zeta^2 D(\beta,N)} \tag{3-61}$$

式中，

$$A(\beta,N) = 1 \qquad B(\beta,N) = 4\beta^2\left(\frac{1+N}{N}\right)^2$$

$$C(\beta,N) = (1-\beta^2)^2 \qquad D(\beta,N) = 4\beta^2\left(\frac{N+1-\beta^2}{N}\right)^2$$

按照 3.4.3 节中定点理论的式(3-60)，式(3-61)中的 $T^2(\beta,\zeta,N)$ 与阻尼比 ζ 无关的充要条件，便是与参数 β 和 N 相关的系数函数满足如下关系

$$\frac{A(\beta,N)}{C(\beta,N)} = \frac{B(\beta,N)}{D(\beta,N)} \tag{3-62}$$

若将式(3-62)中的支撑刚度系数 N 视为已知量，则该式仅为频率比 β 的函数，代入式(3-61)中的 $A(\beta,N)$、$B(\beta,N)$、$C(\beta,N)$ 和 $D(\beta,N)$，求解该方程满足频率比物理意义的正实数根 β_A，其值便为频率响应曲线中定点 A 的横坐标，可得实根 β_A 仅与参数 N 相关，如下所示

$$\beta_A = \left[\frac{2(N+1)}{N+2}\right]^{\frac{1}{2}} \tag{3-63}$$

另一方面，为了确定频响曲线的峰值点纵坐标的值，将式(3-61)对频率比 β 求导，并令其导数等于零，得到如下参数方程：

$$\frac{\partial T(\beta,\zeta,N)}{\partial \beta} = 0 \tag{3-64}$$

将式(3-63)确定的定点横坐标 β_A 代入方程(3-64)中，消去方程中的 β 变量，便得到频率响应曲线峰值点与定点重合时的参数 ζ 和 N 的关系式。该式确定的阻尼比，能使频响曲线峰值点位于曲线必须经过的定点，这样就保证了曲线峰值点是频响曲线可能达到的理论最低点。这个阻尼比当然就是定点理论对应的简化减震体系的最优阻尼比，可以写成 ζ_{opt}。

结合上述分析，得到简化减震体系最优阻尼比的计算公式如下

$$\zeta_{opt} = \frac{N\sqrt{2(N+2)}}{4(1+N)} \tag{3-65}$$

将式（3-63）中所确定的 β_A 和式（3-65）中所确定的 ζ_{opt} 一同代入式（3-52），就能推导出该简化减震体系频响曲线的最低峰值 T_{opt} 与支撑刚度系数 N 的关系式：

$$T_{opt} = 1 + \frac{2}{N} \tag{3-66}$$

如图 3-19 所示，当支撑刚度系数 N 取 1.0 时，频率响应曲线中定点 A 的横坐标为 $\beta_A = 1.15$，纵坐标为 $T_{opt} = 3.0$[即定点 A 的坐标为（1.15，3.0）]，更多支撑刚度系数 N 取值下的定点参见图 3-14。

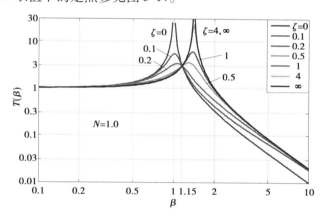

图 3-19　支撑刚度系数 $N = 1.0$ 时幅频响应曲线的定点

值得注意的是：当体系的阻尼比 $\zeta > \zeta_{opt}$ 时，体系的反应将会随着阻尼比的增加而增大，这也充分说明定点是频响曲线峰值点可能达到的理论最低点这一论点。接下来，在表 3-1 中给出常见范围内的支撑刚度系数值 N 所对应的减震体系最优阻尼比 ζ_{opt} 及其对应的频响曲线最低峰值 T_{opt}。

表 3-1　常见支撑刚度系数 N 所对应的最优参数

支撑刚度系数 N	0.5	1.0	2.0	3.0	4.0	5.0	6.0	7.0	8.0
最优阻尼比 ζ_{opt}	0.19	0.31	0.47	0.59	0.69	0.78	0.86	0.93	0.99
最低峰值 T_{opt}	5.0	3.0	2.0	1.67	1.50	1.40	1.33	1.29	1.25

续表

支撑刚度系数 N	0.5	1.0	2.0	3.0	4.0	5.0	6.0	7.0	8.0
最优阻尼比比值	1.00	1.63	1.52	1.26	1.17	1.13	1.10	1.08	1.06
最低峰值比值	1.00	0.60	0.67	0.84	0.90	0.93	0.95	0.97	0.97

从表 3-1 中可知,随着支撑刚度系数 N 的增加,最优阻尼比也在明显增加,但前后两个 N 对应的最优阻尼比比值在减小。当 $N=8.0$ 时,按照式(3-65)计算得到的最优阻尼比为 0.99,近似等于临界阻尼比 1.0;当 $3<N<8$ 时,最优阻尼比比值从较小的 1.26 逐渐趋于 1。以上分析表明支撑刚度系数 N 的取值范围可取 $N>3$,再结合最低峰值比值可知,支撑刚度系数 N 更优的取值范围应该是 $N>6$,此时最优阻尼比的增加幅度和最低峰值的降低幅度都是比较有限的,分别控制在 10% 和 5% 以内。

综上所述:在简化减震体系中,根据已知结构体系的质量 m、支座激励频率 ω 和体系绝对传递率(频响曲线)容许达到的最大峰值(定点),利用已导出的式(3-52)、式(3-63)、式(3-65)和式(3-66),便能求出使频响曲线峰值最小的 k、c 和 N 等参数的最优值,供设计简化减震体系所采用。

3.4.5　简化减震体系与传统减震体系的一致性

正如第 3.4.2 节所言,当支撑刚度系数 $N \to 0$ 时即为无阻尼结构体系,当 $N \to \infty$ 时即为图 3-5 所示的传统减震体系。故传统减震体系与简化减震体系之间是一致的,可从以下两个方面来看:

①对式(3-63)进行分析可得

$$\lim_{N \to 0} \beta_A = 1, \quad \lim_{N \to \infty} \beta_A = \sqrt{2} \tag{3-67}$$

即频响曲线中定点的横坐标(频率比)范围为 $(1, \sqrt{2})$。在简化减震体系中,当 $N \to \infty$ 时,频率比为 $\sqrt{2}$,与传统减震体系中的频率比一致,如图 3-6 所示。

②对于式（3-65）和式（3-66），随着支撑刚度系数 N 逐渐增大，减震体系的最优阻尼比逐渐增大直至趋于 ∞，频响曲线的最低峰值逐渐减小直至趋于 1.0。极限状态时有如下关系式

$$\lim_{N\to\infty} \zeta_{opt} = \infty , \quad \lim_{N\to\infty} T_{opt} = 1 \tag{3-68}$$

正如图 3-6 所示一样，对于支撑刚度系数趋于 ∞ 的传统减震体系，当阻尼比越来越大时，其频响曲线的峰值响应则越来越趋近于 1.0。

故本节提出的简化减震体系实质上是更为一般的减震体系，而传统减震体系则是当支撑刚度系数 N 趋于无穷大（∞）时的特殊减震体系。

3.5　实用减震体系动力分析及参数研究

3.5.1　实用减震体系一

（1）减震体系力学模型与运动方程

第 3.4 节图 3-10 的简化减震体系中，可以理解为将原体系的阻尼忽略，仅考虑阻尼器附加给体系的附加阻尼，待求出附加阻尼比之后可以直接再加上体系自身的阻尼比即为体系的总阻尼比。在图 3-20 中，实用减震体系一的力学模型直接将体系自

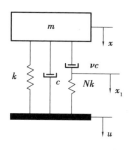

图 3-20　实用减震体系一

身阻尼 c 考虑进模型中，vc 为阻尼器附加给体系的附加阻尼；图中用 Nk 仍然表示支撑刚度（支撑刚度系数 N 表示支撑刚度与体系刚度的比值），减震体的质量为 m，刚度为 k，减震体质心位移为 x，支座位移为 u，阻尼器与支撑构件连接点的位移为 x_1。根据达朗贝尔的动平衡原理，建立图 3-20 所示的实用减震体系一的运动学方程

$$\begin{cases} m\ddot{x} + c\dot{x} + \nu c(\dot{x} - \dot{x}_1) + kx = c\dot{u} + ku \\ c(\dot{x} - \dot{x}_1) - Nkx_1 = -Nku \end{cases} \tag{3-69}$$

（2）减震体系频率响应曲线

接下来求解减震体质心位移 $x(t)$、阻尼器与支撑构件连接点位移 $x_1(t)$ 分别对支座位移 $u(t)$ 的传递函数,选取零初始条件,将方程组式(3-69)进行拉氏变换,得到以下代数方程组

$$\begin{cases} (ms^2 + cs + \nu cs + k)X(s) - \nu cs X_1(s) = (cs + k)U(s) \\ csX(s) - (cs + Nk)X_1(s) = -NkU(s) \end{cases} \tag{3-70}$$

式(3-70)中,减震体质心位移 $x(t)$、阻尼器与支撑构件连接点位移 $x_1(t)$ 和支座位移 $u(t)$ 经拉普拉斯变换后的象函数分别为

$$X(s) = L[x(t)], X_1(s) = L[x_1(t)], U(s) = L[u(t)]$$

从代数方程组式(3-70)中消去 $X_1(s)$,得到减震体质心位移 $x(t)$ 对支座位移 $u(t)$ 的传递函数

$$G(s) = \frac{X(s)}{U(s)} = \frac{\nu c^2 s^2 + ck(\nu + N + \nu N)s + Nk^2}{m\nu cs^3 + (\nu c^2 + Nmk)s^2 + ck(\nu + N + \nu N)s + Nk^2} \tag{3-71}$$

同理,从方程组式(3-70)中消去 $X(s)$,可得到阻尼器与支撑构件连接点位移 $x_1(t)$ 对支座位移 $u(t)$ 的传递函数

$$G_1(s) = \frac{X_1(s)}{U(s)} = \frac{(\nu c^2 + Nmk)s^2 + ck(\nu + N + \nu N)s + Nk^2}{m\nu cs^3 + (\nu c^2 + Nmk)s^2 + ck(\nu + N + \nu N)s + Nk^2} \tag{3-72}$$

将式(3-71)和式(3-72)中的宗量 s 用虚变量 $j\omega$ 代替,分别得到 $x(t)$ 和 $x_1(t)$ 对 $u(t)$ 的频率特性

$$G(j\omega) = \frac{Nk^2 - \nu c^2 \omega^2 + ck\omega(\nu + N + \nu N)j}{Nk^2 - (\nu c^2 + Nmk)\omega^2 + [ck\omega(\nu + N + \nu N) - m\nu c\omega^3]j} \tag{3-73}$$

$$G_1(j\omega) = \frac{Nk^2 - (\nu c^2 + Nmk)\omega^2 + ck\omega(\nu + N + \nu N)j}{Nk^2 - (\nu c^2 + Nmk)\omega^2 + [ck\omega(\nu + N + \nu N) - m\nu c\omega^3]j} \tag{3-74}$$

联立式（3-31）、式（3-32），可导出 $x(t)$ 对 $u(t)$ 的幅频特性，再联合式（3-18）和式（3-37）的频率比 β，能够求解出实用减震体系一中减震体质心位移 $x(t)$ 对支座位移 $u(t)$ 幅频特性（传递函数）的解析表达式

$$T(\beta,\zeta,\nu,N) = \left[\frac{\left(1 - \dfrac{4\nu}{N}\zeta^2\beta^2\right)^2 + 4\zeta^2\beta^2\left(\dfrac{\nu + N + \nu N}{N}\right)^2}{\left(1 - \beta^2 - \dfrac{4\nu}{N}\zeta^2\beta^2\right)^2 + 4\zeta^2\beta^2\left(\dfrac{\nu + N + \nu N - \nu\beta^2}{N}\right)^2} \right]^{\frac{1}{2}}$$

（3-75）

相应的相频特性的解析表达式

$$\theta(\beta,\zeta,\nu,N) = \arctan\left[\frac{-2\zeta\beta^3\left(1+\nu+\dfrac{4\nu^2}{N^2}\zeta^2\beta^2\right)}{\left(1-\dfrac{4\nu}{N}\zeta^2\beta^2\right)\left(1-\dfrac{4\nu}{N}\zeta^2\beta^2-\beta^2\right)+4\zeta^2\beta^2\left(\dfrac{\nu+N+\nu N}{N}\right)\left(\dfrac{\nu+N+\nu N-\nu\beta^2}{N}\right)} \right]$$

（3-76）

同理，可求解实用减震体系一中阻尼器与支撑构件连接点位移 $x_1(t)$ 对支座位移 $u(t)$ 幅频特性的解析表达式

$$T_1(\beta,\zeta,\nu,N) = \left[\frac{\left(1 - \beta^2 - \dfrac{4\nu}{N}\zeta^2\beta^2\right)^2 + 4\zeta^2\beta^2\left(\dfrac{\nu + N + \nu N}{N}\right)^2}{\left(1 - \beta^2 - \dfrac{4\nu}{N}\zeta^2\beta^2\right)^2 + 4\zeta^2\beta^2\left(\dfrac{\nu + N + \nu N - \nu\beta^2}{N}\right)^2} \right]^{\frac{1}{2}}$$

（3-77）

相应的相频特性的解析表达式

$$\theta_1(\beta,\zeta,\nu,N) = \arctan\left[\frac{\dfrac{2\nu}{N}\zeta\beta^3\left(1-\beta^2-\dfrac{4\nu}{N}\zeta^2\beta^2\right)}{\left(1-\beta^2-\dfrac{4\nu}{N}\zeta^2\beta^2\right)^2+4\zeta^2\beta^2\left(\dfrac{\nu+N+\nu N}{N}\right)\left(\dfrac{\nu+N+\nu N-\nu\beta^2}{N}\right)} \right]$$

（3-78）

当附加阻尼系数 $\nu=1.0$ 时，且当连接阻尼器的支撑刚度为无穷大（∞）时，实用减震体系一的阻尼比即为无阻尼器体系阻尼比的两倍；以此类推，实用减

震体系一的阻尼比是无阻尼器体系的$(\nu+1)$倍。故取附加阻尼系数$\nu=1.0$时，当阻尼比ζ相同支撑刚度系数N不同时，实用减震体系一的幅频响应曲线如图3-21（a）、（b）、（c）、（d）所示。

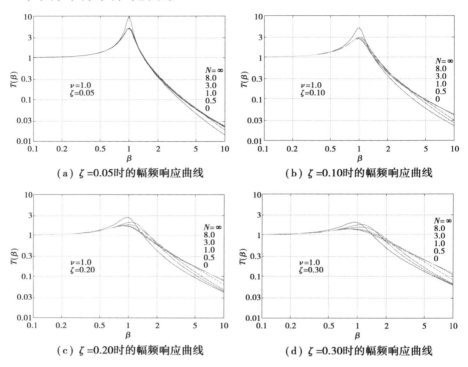

（a）$\zeta=0.05$时的幅频响应曲线 （b）$\zeta=0.10$时的幅频响应曲线

（c）$\zeta=0.20$时的幅频响应曲线 （d）$\zeta=0.30$时的幅频响应曲线

图3-21　不同阻尼比ζ下的幅频响应曲线

在图3-21中，即便是支撑刚度系数$N=0$时，体系为不附加阻尼器的结构，仍有自身阻尼系数c，故幅频响应曲线峰值不再是简化减震体系中图3-11中出现的很大的峰值，且随着阻尼比ζ的增大，实用减震体系一幅频响应曲线的峰值也在明显减小，向着1.0靠近。

接下来图3-22（a）、（b）、（c）、（d）显示了当附加阻尼系数$\nu=1.0$时，在不同阻尼比ζ下对应频率比β和支撑刚度系数N（$\beta>0.05$和$N>0.05$）的四组幅频响应曲面图。

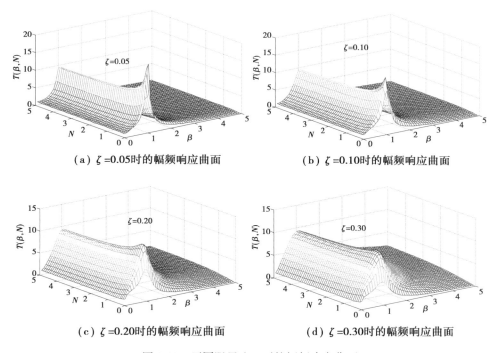

（a）ζ =0.05时的幅频响应曲面　　　　　（b）ζ =0.10时的幅频响应曲面

（c）ζ =0.20的幅频响应曲面　　　　　（d）ζ =0.30的幅频响应曲面

图 3-22　不同阻尼比 ζ 下的幅频响应曲面

同理,取附加阻尼系数 $\nu = 2.0$ 时,当支撑刚度系数 N 相同而阻尼比 ζ 不同时,实用减震体系一的幅频响应曲线如图 3-23（a）、（b）、（c）、（d）所示。

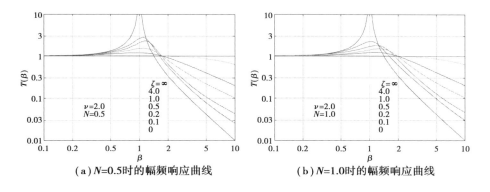

（a）N=0.5时的幅频响应曲线　　　　　（b）N=1.0时的幅频响应曲线

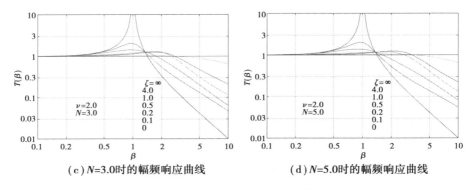

（c）N=3.0时的幅频响应曲线　　　　（d）N=5.0时的幅频响应曲线

图 3-23　不同支撑刚度系数 N 下的幅频响应曲线

　　然后给出图 3-24（a）、（b）、（c）、（d），显示了当附加阻尼系数 $\nu=2.0$ 时，在不同支撑刚度系数 N 下对应频率比 β 和阻尼比 ζ（$\beta>0.05$，$\zeta>0.05$）的四组幅频响应曲面图。

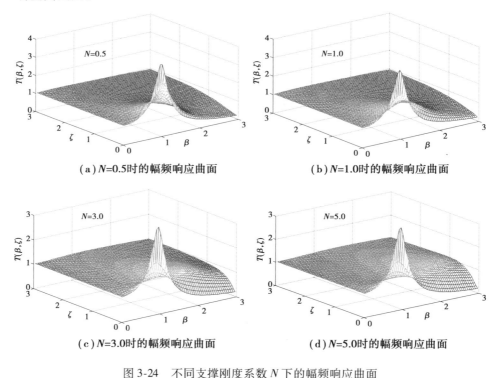

（a）N=0.5时的幅频响应曲面　　　　（b）N=1.0时的幅频响应曲面

（c）N=3.0时的幅频响应曲面　　　　（d）N=5.0时的幅频响应曲面

图 3-24　不同支撑刚度系数 N 下的幅频响应曲面

　　对比简化减震体系的图 3-14 和图 3-15 可知，实用减震体系一中，当附加阻

尼系数 $\nu = 2.0$ 时,图 3-23 仍然存在定点,但过定点之后幅频响应并未随着阻尼比 ζ 的增大而明显增加;当频率比 $\beta > 0.05$ 和阻尼比 $\zeta > 0.05$ 的范围时,图 3-24 中也不像图 3-15 一样,能够在幅频响应曲面上明显地看到定点位置;事实上,图 3-24 说明:当频率比 $\beta > 0.05$ 和阻尼比 $\zeta > 0.05$ 的范围时,随着频率比和阻尼比的增加,体系的幅频响应峰值迅速地减小并趋于 1.0。

（3）减震体系最优参数

按照 3.4.3 节中的定点理论式(3-60),以及 3.4.4 节式(3-61)中的 $T^2(\beta,\zeta,N)$ 与阻尼比 ζ 无关的充要条件,即与频率比 β 和附加阻尼系数 ν、支撑刚度系数 N 相关的系数函数满足如下关系

$$\frac{A(\beta,\nu,N)}{C(\beta,\nu,N)} = \frac{B(\beta,\nu,N)}{D(\beta,\nu,N)} \tag{3-79}$$

将式(3-75)反复应用定点理论式(3-60),可得

$$A(\beta,\nu,N) = 1 \quad B(\beta,\nu,N) = 4\beta^2\left(\frac{\nu + N + \nu N}{N}\right)^2$$

$$C(\beta,\nu,N) = (1 - \beta^2)^2 D(\beta,\nu,N) = 4\beta^2\left(\frac{\nu + N + \nu N - \nu\beta^2}{N}\right)^2$$

若将式(3-79)中的支撑刚度系数 N 和附加阻尼系数 ν 视为已知量,则该式仅为频率比 β 的函数,求解该方程满足频率比物理意义的正实数根 β_A,其值便为频率响应曲线中定点 A 的横坐标,可得实根 β_A 与支撑刚度系数 N 和附加阻尼系数 ν 相关,其表达式如下

$$\beta_A = \left[\frac{2(\nu + N + \nu N)}{2\nu + N + \nu N}\right]^{\frac{1}{2}} \tag{3-80}$$

另外,将式(3-75)对频率比 β 求偏导数,并令其导数等于零,不能求得关于阻尼比 ζ 的正实数根,故未给出实用减震体系一的最优阻尼比计算表达式。

根据定点理论中的定点为任意阻尼比下频率响应曲线均应通过的点,故对式(3-75)取阻尼比 $\zeta = 0$ 时的幅频响应曲线必过定点,再代入其横坐标 β_A,就能推导出实用减震体系一的频响曲线最低峰值 T_{opt} 与支撑刚度系数 N 和附加阻尼系数 ν 的关系式:

$$T_{\text{opt}} = 1 + \frac{2\nu}{N + \nu N} \tag{3-81}$$

3.5.2 实用减震体系二

（1）减震体系力学模型与运动方程

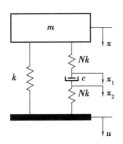

图 3-25 实用减震体系二

本章第 3.4 节图 3-10 的简化减震体系，可以理解为将原体系的阻尼忽略，仅考虑阻尼器附加给体系的附加阻尼，图中用一个支撑刚度 Nk 表示支撑阻尼器的构件的刚度。而在图 3-25 所示的实用减震体系二中，则考虑了用两个支撑刚度 Nk 分别表示支撑阻尼器的上下支撑构件的刚度，附加阻尼器的阻尼系数仍为 c，减震体的质量为 m，刚度为 k，减震体质心位移为 x，支座位移为 u，阻尼器与上支撑构件连接点的位移为 x_1，与下支撑构件连接点的位移为 x_2。根据达朗贝尔原理，建立图 3-25 实用减震体系二的运动微分方程如下：

$$\begin{cases} m\ddot{x} + kx + Nkx = ku + Nkx_1 \\ Nk(x - x_1) = c(\dot{x}_1 - \dot{x}_2) \\ c(\dot{x}_1 - \dot{x}_2) = Nk(x_2 - u) \end{cases} \tag{3-82}$$

（2）减震体系频率响应曲线

求解减震体质心位移 $x(t)$、阻尼器与上支撑构件连接点位移 $x_1(t)$、阻尼器与下支撑构件连接点位移 $x_2(t)$ 分别对支座位移 $u(t)$ 的传递函数，选取零初始条件，将方程组式（3-82）进行拉氏变换，将得到以下代数方程组

$$\begin{cases} (ms^2 + k + Nk)X(s) = kU(s) + NkX_1(s) \\ Nk[X(s) - X_1(s)] = cs[X_1(s) - X_2(s)] \\ cs[X_1(s) - X_2(s)] = Nk[X_2(s) - U(s)] \end{cases} \tag{3-83}$$

式中，减震体质心位移 $x(t)$、阻尼器与上下支撑构件连接点位移 $x_1(t)$、$x_2(t)$ 和

支座位移 $u(t)$ 经拉普拉斯变换后的象函数分别为

$$X(s) = L[x(t)], X_1(s) = L[x_1(t)], X_2(s) = L[x_2(t)], U(s) = L[u(t)]$$

从代数方程组式(3-83)中消去 $X_1(s)$、$X_2(s)$，得到减震体质心位移 $x(t)$ 对支座位移 $u(t)$ 的传递函数

$$G(s) = \frac{X(s)}{U(s)} = \frac{(N+2)kcs + Nk^2}{2mcs^3 + Nmks^2 + (N+2)kcs + Nk^2} \tag{3-84}$$

同理，从方程组式(3-83)中消去 $X(s)$、$X_2(s)$，可得到阻尼器与上支撑构件连接点位移 $x_1(t)$ 对支座位移 $u(t)$ 的传递函数

$$G_1(s) = \frac{X_1(s)}{U(s)} = \frac{2mc^2s^4 + Nmkcs^3 + 2(N+2)kc^2s^2 + (N+4)Nk^2cs + N^2k^3}{4mc^2s^4 + 4Nmkcs^3 + [N^2k^2m + 2(N+2)kc^2]s^2 + (N+4)Nk^2cs + N^2k^3} \tag{3-85}$$

从方程组式(3-83)中消去 $X(s)$、$X_1(s)$，可得到阻尼器与下支撑构件连接点位移 $x_2(t)$ 对支座位移 $u(t)$ 的传递函数

$$G_2(s) = \frac{X_2(s)}{U(s)} = \frac{2mc^2s^4 + 3Nmkcs^3 + [N^2k^2m + 2(N+2)kc^2]s^2 + (N+4)Nk^2cs + N^2k^3}{4mc^2s^4 + 4Nmkcs^3 + [N^2k^2m + 2(N+2)kc^2]s^2 + (N+4)Nk^2cs + N^2k^3} \tag{3-86}$$

将式(3-84)中的宗量 s 用虚变量 $j\omega$ 替换，则可得到减震体质心位移 $x(t)$ 对支座位移 $u(t)$ 的频率特性

$$G(j\omega) = \frac{Nk^2 + ck\omega(N+2)j}{Nk^2 - Nmk\omega^2 + [ck\omega(N+2) - 2mc\omega^3]j} \tag{3-87}$$

联立式(3-31)、式(3-32)，可导出 $x(t)$ 对 $u(t)$ 的幅频特性，再联合式(3-18)和式(3-37)的频率比 β，便能求解出实用减震体系二中减震体质心位移 $x(t)$ 对支座位移 $u(t)$ 幅频特性(传递函数)的解析表达式

$$T(\beta, \zeta, N) = \left[\frac{1 + 4\zeta^2\beta^2\left(\dfrac{N+2}{N}\right)^2}{(1-\beta^2)^2 + 4\zeta^2\beta^2\left(\dfrac{N+2-2\beta^2}{N}\right)^2}\right]^{\frac{1}{2}} \tag{3-88}$$

而对应的相频特性的解析表达式为

$$\theta(\beta,\zeta,N) = \arctan\left[\frac{-2\zeta\beta^3}{(1-\beta^2)^2 + 4\zeta^2\beta^2\left(\dfrac{N+2}{N}\right)\left(\dfrac{N+2-2\beta^2}{N}\right)}\right] \quad (3\text{-}89)$$

图 3-10 的简化减震体系与本节图 3-25 的实用减震体系二有着相似的力学模型,若将图 3-25 中的连接阻尼器的上下支撑刚度均变为 $2Nk$,则上下支撑刚度的串联刚度为 Nk,与图 3-10 中的简化减震体系便能够对应上。因此,若将式(3-88)和式(3-89)中的 N 用 $2N$ 替换,便能得到简化减震体系对应的幅频特性式(3-52)和相频特性式(3-53)。

为了从直观上充分了解实用减震体系二的减震机理,对不同阻尼比 ζ 和不同支撑刚度系数 N 下体系减震体质心位移 $x(t)$ 对支座位移 $u(t)$ 的幅频响应曲线、幅频响应曲面进行对比,具体情况如下:当阻尼比 ζ 相同支撑刚度系数 N 不同时,实用减震体系二的幅频响应曲线如图 3-26(a)、(b)、(c)、(d)所示。

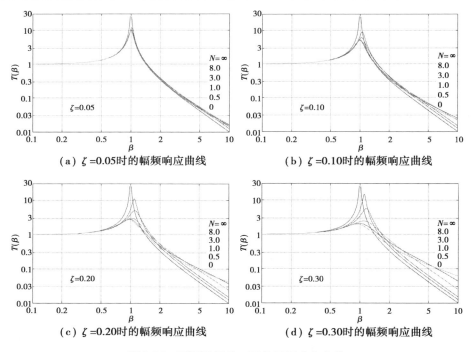

（a）ζ =0.05时的幅频响应曲线 （b）ζ =0.10时的幅频响应曲线

（c）ζ =0.20时的幅频响应曲线 （d）ζ =0.30时的幅频响应曲线

图 3-26　不同阻尼比 ζ 下的幅频响应曲线

图 3-26(a)、(b)、(c)、(d)显示了在不同阻尼比 ζ 下对应不同支撑刚度系

数 N 的四组幅频响应曲线,对实用减震体系二可以得到如下结论:

①不同的支撑刚度系数 N 代表了实用减震体系二的不同情形。支撑刚度系数 N=0 时的幅频曲线代表无阻尼体系的情形,此时的幅频曲线峰值为无穷大;N=∞ 的幅频曲线代表传统减震体系的情形;实用减震体系二适用于支撑刚度系数 N≠0 的情形。

②在不同频率比下实用减震体系二的幅频响应情形不同。当频率比较低时,无论阻尼比和支撑刚度系数如何变化,体系的幅频响应值几乎不受影响,总是接近于 1.0;当频率比较高时,随着阻尼比的增大、支撑刚度系数的增加,体系的幅频响应值逐渐增大,但其值响应值却始终远小于 1.0。

③当频率比接近于 1.0、阻尼比较小时,随着支撑刚度系数的增加,体系的幅频响应峰值在不断减小;当频率比接近于 1.0、但阻尼比较大(如 ζ=0.20、0.30)时,支撑刚度系数 N=0.5 时体系的幅频响应峰值增大,支撑刚度系数 N=1.0 时体系的幅频响应峰值几乎不变,说明体系的支撑刚度系数不能太小,否则减震效果会较差。

④实用减震体系二的幅频响应峰值,随着支撑刚度系数 N 的增加,减震体系的响应峰值逐渐减小。对于较小阻尼比的情况,当但当 N>3(对应简化减震体系中为 N>1.5)时,其峰值响应几乎不再减小;对于较大阻尼比的情况,当但当 N>8(对应简化减震体系中为 N>4,3.4 节中为 N>3 时,因本节未绘制 N>6 的情形)时,其峰值响应几乎不再减小。

图 3-27(a)、(b)、(c)、(d)绘制了在不同阻尼比 ζ 下对应频率比 β 和支撑刚度系数 N 的四组幅频响应曲面图。

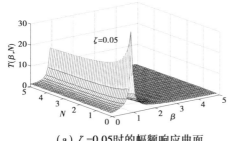

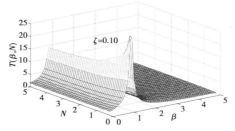

(a) ζ=0.05时的幅频响应曲面   (b) ζ=0.10时的幅频响应曲面

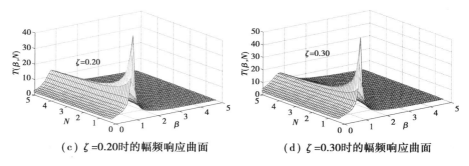

（c）ζ=0.20时的幅频响应曲面　　　　（d）ζ=0.30时的幅频响应曲面

图 3-27　不同阻尼比 ζ 下的幅频响应曲面

当支撑刚度系数 N 相同而阻尼比 ζ 不同时，实用减震体系二的幅频响应曲线如图 3-28（a）、（b）、（c）、（d）所示，可以得到如下结论：

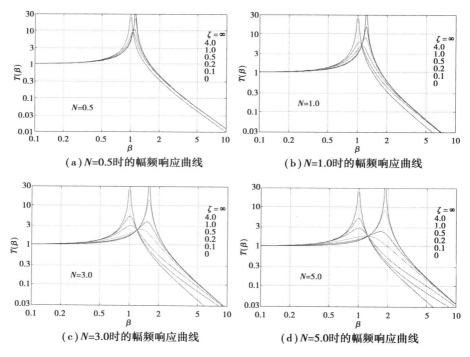

（a）N=0.5时的幅频响应曲线　　　　（b）N=1.0时的幅频响应曲线

（c）N=3.0时的幅频响应曲线　　　　（d）N=5.0时的幅频响应曲线

图 3-28　不同支撑刚度系数 N 下的幅频响应曲线

①不论支撑刚度系数 N 取何值，幅频响应曲线中均存在一个与阻尼比 ζ 无关的定点，且该定点随着支撑刚度系数 N 的增大，对应的横坐标（频率比）值在增加，纵坐标（幅频响应曲线峰值）值在减小。

②对于不同支撑刚度系数 N 的减震体系存在不同的最优阻尼比 ζ_{opt}。当体系的阻尼比小于最优阻尼比时,随着阻尼比的增加体系的幅频响应曲线峰值在减小;当体系的阻尼比大于最优阻尼比时,随着阻尼比的增加体系的幅频响应曲线峰值也在增加。

③当体系的阻尼比等于最优阻尼比时,体系幅频响应曲线中的定点便是该曲线的峰值,为实用减震体系二幅频响应曲线峰值能够达到的理论最低点。

图 3-29(a)、(b)、(c)、(d)绘制了在不同支撑刚度系数 N 下对应频率比 β 和阻尼比 ζ 的四组幅频响应曲面图。

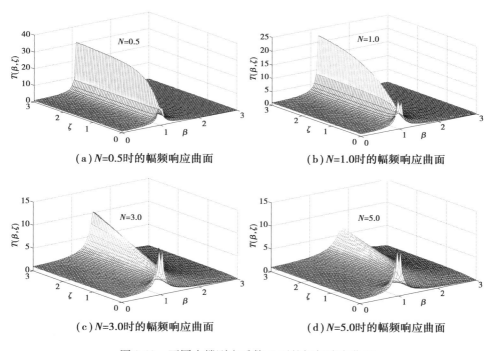

（a）N=0.5时的幅频响应曲面　　　　（b）N=1.0时的幅频响应曲面

（c）N=3.0时的幅频响应曲面　　　　（d）N=5.0时的幅频响应曲面

图 3-29　不同支撑刚度系数 N 下的幅频响应曲面

（3）减震体系最优参数

根据 3.4.3 节中的定点理论式(3-60),以及 3.4.4 节式(3-61)中的 $T^2(\beta,\zeta,N)$ 与阻尼比 ζ 无关的充要条件,故与频率比 β 和支撑刚度系数 N 相关的系数函数满足如下关系

$$\frac{A(\beta,N)}{C(\beta,N)} = \frac{B(\beta,N)}{D(\beta,N)} \tag{3-90}$$

将式(3-75)反复应用定点理论式(3-60),可得

$$A(\beta,N) = 1 \quad B(\beta,N) = 4\beta^2\left(\frac{N+2}{N}\right)^2$$

$$C(\beta,N) = (1-\beta^2)^2 \quad D(\beta,N) = 4\beta^2\left(\frac{N+2-2\beta^2}{N}\right)^2$$

若将式(3-90)中的支撑刚度系数 N 视为已知量,则该式仅为频率比 β 的函数,求解该方程满足频率比物理意义的正实数根 β_A,其值便为频率响应曲线中定点 A 的横坐标,可得实根 β_A 与支撑刚度系数 N 相关,其表达式如下

$$\beta_A = \left[\frac{2(N+2)}{N+4}\right]^{\frac{1}{2}} \tag{3-91}$$

另外,将式(3-88)对频率比 β 求偏导数,并令其导数等于零,得到如下参数方程:

$$\frac{\partial T(\beta,\zeta,N)}{\partial \beta} = 0 \tag{3-92}$$

将式(3-91)确定的定点横坐标 β_A 代入方程(3-92)中,消去方程中的 β 变量,便得到频率响应曲线峰值点与定点重合时的参数 ζ 和 N 的关系式。由 3.4.4 节的分析知,该式确定的阻尼比就是定点理论对应的实用减震体系二的最优阻尼比,求解方程可得最优阻尼比的计算表达式如下:

$$\zeta_{\text{opt}} = \frac{N\sqrt{N+4}}{4(N+2)} \tag{3-93}$$

根据定点理论中的定点为任意阻尼比下频率响应曲线均应通过的点,故对式(3-88)取阻尼比 $\zeta=0$ 时的幅频响应曲线必过定点,再代入其横坐标 β_A,就能推导出实用减震体系二的频响曲线最低峰值 T_{opt} 与支撑刚度系数 N 关系式;另外,将式(3-91)中所确定的 β_A 和式(3-93)中所确定的 ζ_{opt} 一同代入式(3-88),也能推导出实用减震体系二频响曲线的最低峰值 T_{opt} 与支撑刚度系数 N 的关系式,如下所示

$$T_{\text{opt}} = 1 + \frac{4}{N} \tag{3-94}$$

若将实用减震体系二的阻尼器上下支撑刚度系数由 N 变为 $2N$,则与简化减震体系一致,式(3-94)也将与式(3-66)一致。

3.5.3　实用减震体系三

（1）减震体系力学模型与运动方程

本章第 3.4 节图 3-10 的简化减震体系,可以理解为将原体系的阻尼忽略,仅考虑阻尼器附加给体系的附加阻尼。而第 3.5.1 节中的图 3-20 相比于图 3-10,考虑了体系自身的阻尼 $c,\nu c$ 则为阻尼器附加给体系的附加阻尼。在实用减震体系三的图 3-30 中,也像实用减震体系二中图 3-25 所示,用两个支撑刚度 Nk 分别表示支撑阻尼器的上下构件的刚度;体系自身的阻尼为 $c,\nu c$ 仍为阻尼器附加给体系的附加阻尼;减震体的质量为 m,刚度为 k,减震体质心位移为 x,支座位移为 u,阻尼器与上支撑构件连接点的位移为 x_1,与下支撑构件连接点的位移为 x_2。根据达朗贝尔原理,建立图 3-30 实用减震体系三的运动微分方程:

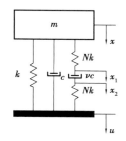

图 3-30　实用减震体系三

$$\begin{cases} m\ddot{x} + c\dot{x} + kx + Nkx = c\dot{u} + ku + Nkx_1 \\ Nk(x - x_1) = \nu c(\dot{x}_1 - \dot{x}_2) \\ \nu c(\dot{x}_1 - \dot{x}_2) = Nk(x_2 - u) \end{cases} \tag{3-95}$$

（2）减震体系频率响应曲线

然后求解减震体质心位移 $x(t)$、阻尼器与上下支撑构件连接点位移 $x_1(t)$、$x_2(t)$ 分别对支座位移 $u(t)$ 的传递函数,选取零初始条件,将方程组式(3-95)进行拉氏变换,将得到以下代数方程组

$$
\begin{cases}
(ms^2 + cs + k + Nk)X(s) = (cs + k)U(s) + NkX_1(s) \\
Nk[X(s) - X_1(s)] = \nu cs[X_1(s) - X_2(s)] \\
\nu cs[X_1(s) - X_2(s)] = Nk[X_2(s) - U(s)]
\end{cases}
\tag{3-96}
$$

式中,减震体质心位移 $x(t)$、阻尼器与上下支撑构件连接点位移 $x_1(t)$、$x_2(t)$ 和支座位移 $u(t)$ 经拉氏变换后的象函数分别为

$$
X(s) = L[x(t)], X_1(s) = L[x_1(t)], X_2(s) = L[x_2(t)], U(s) = L[u(t)]
$$

从代数方程组式(3-96)中消去 $X_1(s)$、$X_2(s)$,将得到减震体质心位移 $x(t)$ 对支座位移 $u(t)$ 的传递函数

$$
G(s) = \frac{X(s)}{U(s)} = \frac{2\nu c^2 s^2 + 2\nu + N + \nu Nkcs + Nk^2}{2m\nu cs^3 + (Nmk + 2\nu c^2)s^2 + 2\nu + N + \nu Nkcs + Nk^2}
$$

$$
\tag{3-97}
$$

同理,从方程组式(3-96)中消去 $X(s)$、$X_2(s)$,得到阻尼器与上支撑构件连接点位移 $x_1(t)$ 对支座位移 $u(t)$ 的传递函数

$$
G_1(s) = \frac{X_1(s)}{U(s)} = \frac{2m\nu^2 c^2 s^4 + \nu c(Nmk + 4\nu c^2)s^3 + 2\nu kc^2(2\nu + 2N + \nu N)s^2 + Nk^2 c(4\nu + N + \nu N)s + N^2 k^3}{4m\nu^2 c^2 s^4 + 4\nu c(Nmk + \nu c^2)s^3 + [N^2 k^2 m + 2\nu kc^2(2\nu + 2N + \nu N)]s^2 + Nk^2 c(4\nu + N + \nu N)s + N^2 k^3}
$$

$$
\tag{3-98}
$$

从方程组式(3-96)中消去 $X(s)$、$X_1(s)$,得到阻尼器与下支撑构件连接点位移 $x_2(t)$ 对支座位移 $u(t)$ 的传递函数

$$
G_2(s) = \frac{X_2(s)}{U(s)} = \frac{2m\nu^2 c^2 s^4 + \nu c(Nmk + 4\nu c^2)s^3 + 2\nu kc^2 2\nu + N + \nu Ns^2 + 2\nu Nk^2 cs}{4m\nu^2 c^2 s^4 + 4\nu c(Nmk + \nu c^2)s^3 + [N^2 k^2 m + 2\nu kc^2(2\nu + 2N + \nu N)]s^2 + Nk^2 c(4\nu + N + \nu N)s + N^2 k^3}
$$

$$
\tag{3-99}
$$

将式(3-97)中的宗量 s 用虚变量 $j\omega$ 替换,则可求出减震体质心位移 $x(t)$ 对支座位移 $u(t)$ 的频率特性

$$
G(j\omega) = \frac{Nk^2 - 2\nu c^2 \omega^2 + ck\omega 2\nu + N + \nu Nj}{Nk^2 - (Nmk + 2\nu c^2)\omega^2 + [ck\omega 2\nu + N + \nu N - 2m\nu c\omega^3]j}
$$

$$
\tag{3-100}
$$

联立式（3-31）、式（3-32），可导出 $x(t)$ 对 $u(t)$ 的幅频特性，再联合式（3-18）和式（3-37）的频率比 β，即可求解出实用减震体系三中减震体质心位移 $x(t)$ 对支座位移 $u(t)$ 幅频特性（传递函数）的解析表达式

$$T(\beta,\zeta,\nu,N) = \left[\frac{\left(1 - \dfrac{8\nu}{N}\zeta^2\beta^2\right)^2 + 4\zeta^2\beta^2\left(\dfrac{2\nu + N + \nu N}{N}\right)^2}{\left(1 - \beta^2 - \dfrac{8\nu}{N}\zeta^2\beta^2\right)^2 + 4\zeta^2\beta^2\left(\dfrac{2\nu + N + \nu N - 2\nu\beta^2}{N}\right)^2}\right]^{\frac{1}{2}}$$

（3-101）

以及对应的相频特性的解析表达式为

$$\theta(\beta,\zeta,\nu,N) = \arctan\left[\frac{-2\zeta\beta^3\left(1 + \nu + \dfrac{16\nu^2}{N^2}\zeta^2\beta^2\right)}{\left(1 - \dfrac{8\nu}{N}\zeta^2\beta^2\right)\left(1 - \dfrac{8\nu}{N}\zeta^2\beta^2 - \beta^2\right) + 4\zeta^2\beta^2\left(\dfrac{2\nu + N + \nu N}{N}\right)\left(\dfrac{2\nu + N + \nu N - 2\nu\beta^2}{N}\right)}\right]$$

（3-102）

当附加阻尼系数 $\nu = 1.0$ 时，且当连接阻尼器的上下支撑刚度均为无穷大（ ∞ ）时，实用减震体系三的阻尼比即为无阻尼器体系阻尼比的两倍；以此类推，实用减震体系三的阻尼比是无阻尼器体系的（ $\nu + 1$ ）倍。现取附加阻尼系数 $\nu = 1.0$ 时，当阻尼比 ζ 相同支撑刚度系数 N 不同时，实用减震体系三的幅频响应曲线如图 3-31（a）、（b）、（c）、（d）所示。

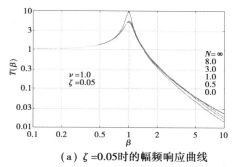

（a）$\zeta = 0.05$时的幅频响应曲线

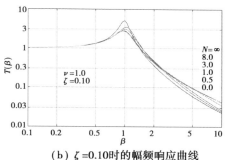

（b）$\zeta = 0.10$时的幅频响应曲线

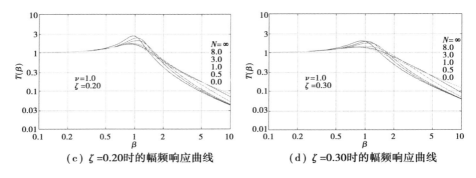

（c）ζ=0.20时的幅频响应曲线　　　　（d）ζ=0.30时的幅频响应曲线

图3-31　不同阻尼比ζ下的幅频响应曲线

接下来图3-32（a）、（b）、（c）、（d）中绘制了当附加阻尼系数ν=1.0时，在不同阻尼比ζ下对应频率比β和支撑刚度系数N（β>0.05和N>0.05）的四组幅频响应曲面图。

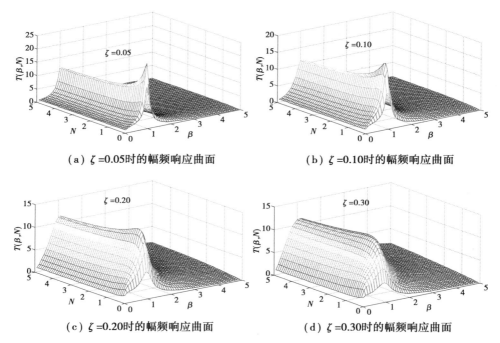

（a）ζ=0.05时的幅频响应曲面　　　　（b）ζ=0.10时的幅频响应曲面

（c）ζ=0.20时的幅频响应曲面　　　　（d）ζ=0.30时的幅频响应曲面

图3-32　不同阻尼比ζ下的幅频响应曲面

现在取附加阻尼系数ν=2.0时，当支撑刚度系数N相同而阻尼比ζ不同时，实用减震体系三的幅频响应曲线如图3-33（a）、（b）、（c）、（d）所示。

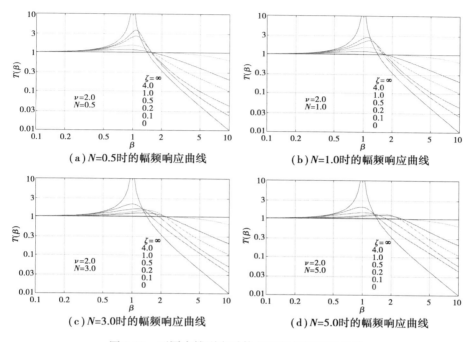

图 3-33　不同支撑刚度系数 N 下的幅频响应曲线

然后绘制出图 3-34（a）、（b）、（c）、（d），为当附加阻尼系数 $\nu = 2.0$ 时，在不同支撑刚度系数 N 下对应频率比 β 和阻尼比 ζ（$\beta > 0.05$，$\zeta > 0.05$）的四组幅频响应曲面图。

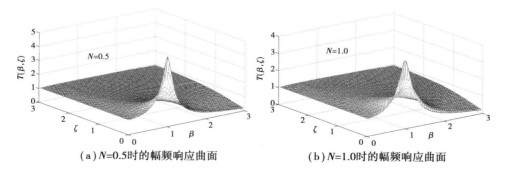

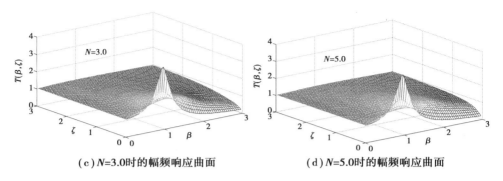

（c）N=3.0时的幅频响应曲面　　　　（d）N=5.0时的幅频响应曲面

图 3-34　不同支撑刚度系数 N 下的幅频响应曲面

对比实用减震体系一的图 3-23 和图 3-24 可知,实用减震体系三中,当频率比 $\beta > 0.05$ 和阻尼比 $\zeta > 0.05$ 的范围时,图 3-34 中与图 3-24 一样,不能够在幅频响应曲面上明显地看到定点位置;当然,图 3-34 也说明了:当频率比 $\beta > 0.05$ 和阻尼比 $\zeta > 0.05$ 的范围时,随着频率比和阻尼比的增加,体系的幅频响应峰值也在迅速地减小并趋于 1.0;但事实上,图 3-34 中幅频响应峰值减小的速度要缓于图 3-24,因为实用减震体系三的阻尼器上下支撑刚度均为 Nk,其串联刚度仅为 $Nk/2$,故实用减震体系三的支撑刚度的增长速度仅为实用减震体系一的一半。

（3）减震体系最优参数

按照 3.4.3 节中的定点理论式（3-60）,以及 3.4.4 节式（3-61）中的 $T^2(\beta,\zeta,N)$ 与阻尼比 ζ 无关的充要条件,即与频率比 β 和附加阻尼系数 ν、支撑刚度系数 N 相关的系数函数满足如下关系

$$\frac{A(\beta,\nu,N)}{C(\beta,\nu,N)} = \frac{B(\beta,\nu,N)}{D(\beta,\nu,N)} \tag{3-103}$$

将式（3-101）反复应用定点理论式（3-60）两次,可得

$$A(\beta,\nu,N) = 1 \qquad B(\beta,\nu,N) = 4\beta^2\left(\frac{2\nu + N + \nu N}{N}\right)^2$$

$$C(\beta,\nu,N) = (1 - \beta^2)^2 \qquad D(\beta,\nu,N) = 4\beta^2\left(\frac{2\nu + N + \nu N - 2\nu\beta^2}{N}\right)^2$$

现将式(3-103)中的支撑刚度系数 N 和附加阻尼系数 ν 视为已知量,则该式仅为频率比 β 的函数,求解该方程满足频率比物理意义的正实数根 β_A,其值便为频率响应曲线中定点 A 的横坐标,可得实根 β_A 与支撑刚度系数 N 和附加阻尼系数 ν 相关,其解析表达式如下

$$\beta_A = \left[\frac{22\nu + N + \nu N}{4\nu + N + \nu N} \right]^{\frac{1}{2}} \tag{3-104}$$

另外,将式(3-101)对频率比 β 求偏导数,并令其导数等于零,不能求得关于阻尼比 ζ 的正实数根,故未给出实用减震体系三的最优阻尼比计算表达式。

但是,根据定点理论中的定点为任意阻尼比下频率响应曲线均应通过的点,对式(3-101)取阻尼比 $\zeta=0$ 时对应的幅频响应曲线必过定点,再代入其横坐标 β_A,同样能够推导出实用减震体系三的频响曲线最低峰值 T_{opt} 与支撑刚度系数 N 和附加阻尼系数 ν 的关系式如下

$$T_{\text{opt}} = 1 + \frac{4\nu}{N + \nu N} \tag{3-105}$$

参照 3.4.5 节,对传统减震体系、简化减震体系以及三种实用减震体系的最优阻尼参数的进行比较。传统减震体系则是其他减震体系当支撑刚度系数 N 趋于无穷大(∞)时的特殊情况,故各减震体系本质上是一致的。简化减震体系是在传统减震体系的基础上考虑了阻尼器支撑构件刚度的影响;实用减震体系一是在简化减震体系的基础上专门考虑了附加阻尼系数的影响;实用减震体系二和实用减震体系三则是分别在简化减震体系和实用减震体系一的基础上细化考虑了阻尼器上、下支撑构件刚度对减震体系的影响。

3.6　减震体系中的等效线性化

"阻尼"一词是用来表示能量耗散性能的,它是使振动的振幅减小的一种作用。从力学性能上主要分为干摩擦阻尼和黏滞摩擦阻尼。若按阻尼的来源可

分为内阻尼和外阻尼两类,内阻尼又称材料阻尼或滞回阻尼(也叫内摩擦);外阻尼主要指所研究的系统与其外部液体、气体或电磁场等的相互作用而引起的能量耗散[1]。在一个实际振动建筑中,内摩擦包括钢筋连接中的摩擦、混凝土微裂缝的张开与闭合、结构自身与填充墙等非结构构件之间的摩擦等。目前,想要识别或用数学手段描述每一项能量耗散的机理几乎是不可能的。

所以实际结构中的阻尼常常是采用理想化的方法来描述。出于力学模型和数学计算上简单方便等多种目的,通过众多学者所进行的理论与试验研究发现[12,13],单自由度体系的真实阻尼可理想化为一个线性黏滞阻尼器。选择阻尼系数,转化为所耗散的振动能量与结构中所有阻尼机理组合后的能量耗散相等,我们称为等效黏滞阻尼。这是最为常见的能量等效的方法,计算体系的当量阻尼系数是另外一种较为常见的等效线性化方法,或许我们也可以通过选取适当的试函数而采用加权余量法直接进行动力方程的近似求解[136]。

3.6.1 能量等效法

(1)Γ 函数和 B 函数的基本知识

我们称以 p,q 为参量的广义积分

$$\int_0^1 x^{p-1}(1-x)^{q-1}\mathrm{d}x \tag{3-106}$$

为第一类欧拉积分[137]。当 $p>0,q>0$ 时,该积分是收敛的,由它所确定的函数,称为 p,q 的 B 函数,记为

$$\mathrm{B}(p,q)=\int_0^1 x^{p-1}(1-x)^{q-1}\mathrm{d}x \tag{3-107}$$

在上式中,令 $x=\sin^2\theta$,便可将 $\mathrm{B}(p,q)$ 改写成对三角函数积分的形式

$$\mathrm{B}(p,q)=2\int_0^{\frac{\pi}{2}}\sin^{2p-1}\theta\cdot\cos^{2q-1}\theta\mathrm{d}\theta \tag{3-108}$$

我们称以 p 为参量的广义积分

$$\int_0^\infty \mathrm{e}^{-x}x^{p-1}\mathrm{d}x \tag{3-109}$$

为第二类欧拉积分[137]。当 $p>0$ 时该积分收敛,由它所确定的函数,称为 p 的 Γ 函数,记为

$$\Gamma(p) = \int_0^\infty \mathrm{e}^{-x} x^{p-1} \mathrm{d}x \qquad (3\text{-}110)$$

在上式中,令 $x = t^2$,便可将函数 $\Gamma(p)$ 改写成如下的形式

$$\Gamma(p) = 2\int_0^\infty \mathrm{e}^{-t^2} t^{2p-1} \mathrm{d}t \qquad (3\text{-}111)$$

接下来建立 Γ 函数和 B 函数的关系,先计算乘积 $\Gamma(p)\Gamma(q)$ 的结果,分别以 ξ,η 为积分变量

$$\Gamma(p)\Gamma(q) = 4\int_0^\infty \int_0^\infty \mathrm{e}^{-(\xi^2+\eta^2)} \xi^{2p-1} \eta^{2q-1} \mathrm{d}\xi \mathrm{d}\eta \qquad (3\text{-}112)$$

利用极坐标法中的极坐标系 (ρ,θ) 来简化上式的积分形式,分别令 $\xi=\rho\cos\theta$, $\eta=\rho\sin\theta$,则有

$$\Gamma(p)\Gamma(q) = 4\int_0^\infty \int_0^{\frac{\pi}{2}} \mathrm{e}^{-\rho^2} \rho^{2(p+q)-1} \sin^{2p-1}\theta\cos^{2q-1}\theta \mathrm{d}\theta \mathrm{d}\rho$$

$$= 2\int_0^\infty \mathrm{e}^{-\rho^2} \rho^{2(p+q)-1} \mathrm{d}\rho \cdot 2\int_0^{\frac{\pi}{2}} \sin^{2p-1}\theta\cos^{2q-1}\theta \mathrm{d}\theta$$

$$= \Gamma(p+q)\mathrm{B}(p,q) \qquad (3\text{-}113)$$

上式中 Γ 函数和 B 函数的关系也可以写成如下表达式

$$\mathrm{B}(p,q) = \frac{\Gamma(p)\Gamma(q)}{\Gamma(p+q)} \qquad (3\text{-}114)$$

上式中的这一关系式通常被称为欧拉定理。从欧拉定理中可知,对于 Γ 函数和 B 函数这两类函数,只需弄清楚其中一类函数的性质,那么另一类函数的性质也可得到。

接下来,我们简单给出 Γ 函数一些基本性质:

①递推公式。

$$\Gamma(p+1) = p\Gamma(p) \qquad (3\text{-}115)$$

重复利用该式,则有

$$\Gamma(p) = (p-1)\Gamma(p-1) = (p-1)(p-2)\Gamma(p-2)$$
$$= (p-1)(p-2)\cdots(p-m)\Gamma(p-m) \tag{3-116}$$

当 p 是正整数时，有如下关系式成立

$$\Gamma(p+1) = p(p-1)\cdots 2 \cdot 1 \cdot \Gamma(1) = p! \tag{3-117}$$

注意式中的 $\Gamma(1) = \int_0^\infty e^{-x}dx = 1$。

②三角函数公式。

当 $0<p<1$ 时，

$$\Gamma(p)\Gamma(1-p) = \frac{\pi}{\sin p\pi} \tag{3-118}$$

对于该式，在特殊情况下，当 $p = \dfrac{1}{2}$ 时，代入上式可得

$$\Gamma^2\left(\frac{1}{2}\right) = \pi \quad \text{或} \quad \Gamma\left(\frac{1}{2}\right) = \sqrt{\pi} \tag{3-119}$$

（2）线性黏滞阻尼器耗能

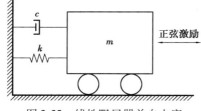

图 3-35　线性阻尼器单自由度
模型受正弦激励作用

假设附设线性黏滞阻尼器的单自由度结构体系受一正弦位移荷载的激励，如图 3-35 所示。其位移和力随时间变化的函数如下[3,11]：

$$u = u_0\sin(\omega t) \tag{3-120}$$
$$p = p_0\sin(\omega t + \delta) \tag{3-121}$$

以上两式中，u_0 为位移振幅；p_0 为外力振幅；ω 为外力频率；δ 为位移反应与外力的相位角。

对于线性黏滞阻尼器，其满足的阻尼方程如下

$$F_d = c\dot{u} \tag{3-122}$$

则线性阻尼器循环一周所耗散的能量为

$$W_d = \int F_d du = \int c\dot{u}\,du = \int_0^{\frac{2\pi}{\omega}} c\dot{u}^2 dt = cu_0^2\omega\int_0^{2\pi}\cos^2\omega t\,d(\omega t) = \pi c u_0^2\omega \tag{3-123}$$

式中，c 为线性阻尼器的阻尼系数，其定义见式（3-18）。

（3）非线性黏滞阻尼器耗能计算

同理，仍考虑一单自由度体系，其位移和力随时间变化的函数分别如式（3-120）、式（3-121）所示。对于非线性黏滞阻尼器，其满足的阻尼方程如下

$$F_d = c\dot{u}^\alpha \tag{3-124}$$

式中，α 为非线性阻尼器阻尼指数，通常为 0.15 ~ 2；当 $\alpha = 1$ 时即为线性阻尼器。

则非线性阻尼器循环一周所耗散的能量为

$$W_d = \int F_d du = \int_0^{\frac{2\pi}{\omega}} |c\dot{u}^{1+\alpha}| dt = c(u_0\omega)^{1+\alpha} \int_0^{\frac{2\pi}{\omega}} |\sin^{1+\alpha}\omega t| dt \tag{3-125}$$

对上式进行变量代换，令 $\omega t = 2\theta$，则 $dt = (2/\omega)d\theta$，再联合本节第一部分的式（3-108）和式（3-114）两式，可得

$$W_d = c(u_0\omega)^{1+\alpha} \frac{2}{\omega} \int_0^\pi |\sin^{1+\alpha}2\theta| d\theta = 2^{2+\alpha}c\omega^\alpha u_0^{1+\alpha} \int_0^{\frac{\pi}{2}} 2\sin^{1+\alpha}\theta\cos^{1+\alpha}\theta d\theta$$

$$= 2^{2+\alpha}c\omega^\alpha u_0^{1+\alpha} \frac{\Gamma^2\left(1 + \frac{\alpha}{2}\right)}{\Gamma(2 + \alpha)} \tag{3-126}$$

式中，Γ 为伽玛函数，为了表达简洁，现令

$$\lambda = 2^{2+\alpha} \frac{\Gamma^2\left(1 + \frac{\alpha}{2}\right)}{\Gamma(2 + \alpha)} \tag{3-127}$$

则式（3-126）可简洁地写为

$$W_d = \lambda c\omega^\alpha u_0^{1+\alpha} \tag{3-128}$$

其中，λ 可以根据 FEMA273[138] 或者《建筑消能减震技术规程》（JGJ 297—2013）[6] 中提供的数据查询。式（3-128）还可以改写为

$$W_d = \lambda c\omega^\alpha u_0^{1+\alpha} = \lambda \cdot c(\omega u_0)^\alpha \cdot u_0 = \lambda F_{d0} u_0 \tag{3-129}$$

式中，F_{d0} 为阻尼器位移为零（速度最大）时对应的阻尼力，即最大阻尼力。

事实上，按照式（3-127）进行计算，可得到不同阻尼指数 α 时对应的 λ 值，我们常将 λ 称为折减系数，常用的与非线性阻尼器阻尼指数 α 相关的折减系数

λ 见表 3-2,折减系数 λ 随阻尼指数 α 的变化曲线如图 3-36 所示。

表 3-2　阻尼指数 α 与折减系数 λ 的关系

阻尼指数 α	折减系数 λ	阻尼指数 α	折减系数 λ
0	4.0	0.60	3.416
0.15	3.827	0.65	3.378
0.20	3.774	0.70	3.341
0.25	3.723	0.75	3.305
0.30	3.675	0.80	3.270
0.35	3.627	1.0	π
0.40	3.582	1.20	3.027
0.45	3.538	1.50	2.876
0.50	3.496	1.80	2.745
0.55	3.455	2.0	2.667

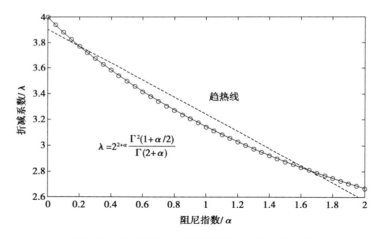

图 3-36　折减系数 λ 随阻尼指数 α 的变化曲线

（4）等效线性阻尼

由于黏滞阻尼器非线性理论公式在计算及工程应用中比较复杂,不便于工程师的理解与掌握。所以,一般情况下都利用能量相等原理将其转化为等效线

性阻尼系数[11,83,84]，即阻尼方程为

$$F_{eq} = C_{eq}\dot{u} \tag{3-130}$$

式中，F_{eq} 为等效线性黏滞阻尼力，C_{eq} 为等效线性黏滞阻尼系数。

根据能量等效原理，将上式与式（3-123）和式（3-126）相联合，可得如下表达式

$$W_d = 2^{2+\alpha} C_\alpha \omega^\alpha u_0^{1+\alpha} \frac{\Gamma^2\left(1 + \dfrac{\alpha}{2}\right)}{\Gamma(2 + \alpha)} = \pi C_1 \omega u_0^2 \tag{3-131}$$

进一步推导出如下公式

$$C_{eq} = C_1 = \frac{\lambda}{\pi(\omega u_0)^{1-\alpha}} C_\alpha \tag{3-132}$$

式中，C_{eq} 为等效线性黏滞阻尼系数，C_α 为阻尼指数 α 为对应的阻尼系数，λ 为式（3-127）中的折减系数。

上式说明，当采用非线性黏滞阻尼器时，先将其耗能与线性阻尼器等效，便可求出非线性阻尼器的等效线性黏滞阻尼系数 C_{eq}；然后再按照线性阻尼器的方式进行分析与求解，进而求出结构的附加阻尼比 ζ_d。

3.6.2　非线性阻尼器的当量刚度系数与当量阻尼系数

我们知道，线性阻尼器的力-位移曲线为一椭圆，而当阻尼指数为零时的力-位移曲线为一矩形，当阻尼指数大于零而小于 1 时，力-位移曲线为在椭圆与矩形之间的封闭曲线，且不能用单值函数来表示，使得包含此种非线性特性的振动系统的运动规律十分复杂，成为非线性动力学研究的难题。为了取得比较理想的结果，在此采用分段直线近似描述非线性阻尼器当阻尼指数为零时的特性曲线，当阻尼指数不为零时采用折减系数 λ 对阻尼指数为零时的特性曲线进行折减。为此，提出以下两个简化假设[134]：

①选择两两平行的四条直线，其中的上下两条平行直线与横坐标轴平行，左右两条平行直线与坐标轴斜交，形成一个关于坐标原点对称的菱形；

②该菱形的高度和宽度,都与激励的幅值 A 成正比,且左右两条直线的斜率与激励强度无关。

基于以上两个假设,非线性阻尼器的特性曲线简化为图 3-37 中的一个菱形,利用这个菱形可以确定阻尼器与减震体系之间的相互作用力。其数学基础是利用非线性自动控制理论的描述函数法,导出一种计算非线性阻尼器等效参数的简便算法。

（1）菱形特性的特征参数

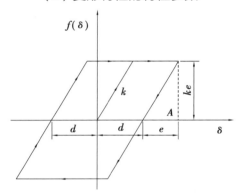

图 3-37　非线性阻尼器的简化特性曲线

针对图 3-37 中的菱形,需要三个参数才能确定它的形状及性质,分别为菱形两平行斜边的斜率、菱形的宽度和高度,分别取为 k、$2d$、$2ke$。通过阻尼器测试试验表明[134],菱形的外轮廓大小与激励的幅值有关。当激励为简谐振动时,阻尼器和减震体之间的相对位移 δ 是简谐函数,可定义为下式的形式

$$\delta = A\sin \omega t \tag{3-133}$$

式中,A 为简谐外激励的振幅;ω 为外激励频率。此时,图 3-37 中简化特性曲线的参数取决于外激励的振幅,存在如下关系

$$A = d + e \tag{3-134}$$

更确切地说,阻尼器的简化特性曲线取决于四个参数:k、d、e 和 A,我们将其中的前三个参数称为非线性阻尼器的特性参数。根据第 2 章的测试及其他的大量实验结果表明[27,134],随着阻尼器和减震体间相对位移振幅 A 的增大,图 3-37 中特性曲线的宽度和高度随着增加。以此为据,假设参数 d 和 e 都与 A 成正比,则存在以下两个关系式

$$d = d_0 A, \quad e = e_0 A \tag{3-135}$$

式中,d_0 和 e_0 两个参数是通过对阻尼器的测试实验来确定的。

（2）简化特性曲线的分段线性函数

图 3-37 所示非线性阻尼器的简化特性曲线由四段直线组成，并形成闭合曲线。因此，可以采用四个线性的函数分别描述这四条直线，其数学表达式为

$$f(\delta) = \begin{cases} k(\delta + d), & \dot{\delta} > 0, & -(d+e) < \delta < e - d \\[2mm] ke, & \dot{\delta} = 0, & e - d < \delta < e + d \\[2mm] k(\delta - d), & \dot{\delta} < 0, & d - e < \delta < e + d \\[2mm] -ke, & \dot{\delta} = 0, & -(d+e) < \delta < d - e \end{cases} \qquad (3\text{-}136)$$

（3）阻尼器作用力的一次谐波分量

当支座作简谐运动时，阻尼器给予减震体的力 $f(\delta)$ 称为阻尼器作用力。显然，阻尼器作用力为周期变化的力，但又不是简谐变化的函数，与支座简谐运动之间的关系可以通过某一传递函数实现。但更为简单直接的处理方法是：将其展开为傅里叶级数形式，如下

$$y(t) = f(\delta) = f(A\sin \omega t) = \sum_{i=1}^{\infty} (A_i \sin i\omega t + B_i \sin i\omega t) \qquad (3\text{-}137)$$

上式中的各个谐波系数，可以用下列积分式进行计算

$$\begin{cases} A_i = \dfrac{1}{2\pi} \displaystyle\int_0^{2\pi} y(t) \sin i\omega t \, \mathrm{d}(\omega t) \\[4mm] B_i = \dfrac{1}{2\pi} \displaystyle\int_0^{2\pi} y(t) \cos i\omega t \, \mathrm{d}(\omega t) \end{cases} \qquad (3\text{-}138)$$

采用谐波线性化方法，将菱形非线性特性作线性化处理，与此相应，只需要计算其中的一次谐波系数 A_1、B_1 两个值[139,140]

$$\begin{cases} A_1 = \dfrac{k}{\pi} \left\{ \dfrac{\pi}{2} + \arcsin(e - d) + (e - d)\left[1 - (e - d)^2 \right]^{\frac{1}{2}} \right\} \\[4mm] B_1 = 4kde \end{cases} \qquad (3\text{-}139)$$

现用两个一次谐波系数近似表示阻尼器的作用力 $y(t)$，则式（3-137）可简

写如下

$$y(t) \approx A_1 \sin \omega t + B_1 \sin \omega t \tag{3-140}$$

（4）当量刚度系数与当量阻尼系数

式（3-133）对时间求导数，可得其相对位移 δ 的变化率 $\dot{\delta}$，如下所示

$$\dot{\delta} = A\omega \cos \omega t \tag{3-141}$$

分别由式（3-133）和式（3-141）可以求出 $\sin \omega t$ 和 $\cos \omega t$，表达式如下

$$\sin \omega t = \frac{\delta}{A}, \quad \cos \omega t = \frac{\dot{\delta}}{A\omega} \tag{3-142}$$

将式（3-142）代入式（3-140）可得

$$f(\delta) = y(t) = \frac{A_1}{A}\delta + \frac{B_1}{A\omega}\dot{\delta} \tag{3-143}$$

引入两个常系数，将阻尼器作用在减震体上的力写成标准形式，则有

$$f(\delta) = k_{eq}\delta + c_{eq}\dot{\delta} \tag{3-144}$$

式（3-144）中的两个系数 k_{eq} 和 c_{eq} 分别称为当量刚度系数和当量阻尼系数。再联立式（3-135）、式（3-139）、式（3-143）和式（3-144），经过整理即可导出计算当量刚度系数 k_{eq} 和当量阻尼系数 c_{eq} 与菱形特性参数间的函数关系式

$$k_{eq} = \frac{k}{\pi}\left\{\frac{\pi}{2A} + \arcsin(e_0 - d_0) + (e_0 - d_0)\left[1 - (e_0 - d_0)^2 A^2\right]^{\frac{1}{2}}\right\} \tag{3-145}$$

$$c_{eq} = \frac{4d_0 e_0 kA}{\omega} \tag{3-146}$$

首先，以上两式确定了当量刚度系数和当量阻尼系数与支座振动频率和振幅之间的函数关系。主要表现在以下两方面：

①式（3-145）表明，非线性阻尼器的当量刚度系数 k_{eq} 与支座振动频率 ω 无关；随着支座振动位移振幅 A 的增大，当量刚度系数 k_{eq} 会减小。

②式（3-146）表明，非线性阻尼器的当量阻尼系数 c_{eq} 与支座振动位移幅值

A 成正比,与支座振动频率 ω 成反比。

其次,以上两式确定了当量刚度系数和当量阻尼系数与阻尼器菱形特性曲线参数间的函数关系。主要体现在以下两方面:

①式(3-145)表明,非线性阻尼器的当量刚度系数 k_{eq} 与其特性曲线的斜率 k 成正比;随着非线性阻尼器特性曲线宽度参数 d_0 的增大,当量刚度系数 k_{eq} 会稍许减小;随着非线性阻尼器特性曲线高度参数 e_0 的增大,当量刚度系数 k_{eq} 会稍许增加。

②式(3-146)表明,非线性阻尼器的当量阻尼系数 c_{eq} 与其特性曲线的斜率 k、宽度参数 d_0 和高度参数 e_0 都成正比。

(5)非线性阻尼器的等效线性化

当采用非线性阻尼器进行减震体系的设计时,同线性阻尼器一样,需要计算减震体系输出响应与输入激励的比值(即传递率)。为此,需要求解非线性微分方程,但这是一项艰巨的任务。若采用前面建立的线性化方法,即关系式(3-144)给出的阻尼器作用力 $f(\delta)$ 与相对位移和相对速度的线性关系,可以建立非线性减震体系的线性运动方程。因此,在设计非线性减震体系时,只需用当量刚度系数 k_{eq} 和当量阻尼系数 c_{eq} 分别代替传统减震体系、简化减震体系或者实用减震体系中的刚度系数 k 和阻尼系数 c,便可以将其作为非线性减震体系的运动方程。该运动方程为一个线性二阶微分方程,经过拉普拉斯变换和初等运算,便能求出非线性减震体系的绝对传递率,并可将其作为减震效果的评价指标。

通过前面的分析,在设计单级非线性减震体系时,只要对所有的阻尼器进行试验,测出其非线性特性曲线,进而确定分段线性的菱形特性曲线;再计算出相应的当量刚度系数以及当量阻尼系数;此时,非线性减震体系的非线性微分方程就被简化成线性减震体系的线性微分方程了,接下来便可采用前面简化减震体系或者实用减震体系的设计方法进行减震体系的动力分析及最优参数研究。

3.7 本章小结

本章主要基于对传统减震体系的研究,发展出简化减震体系和三种实用减震体系的力学模型,在分析频率响应曲线及其定点后得出了相应减震体系的最优阻尼参数。主要结论如下:

①对于传统减震体系,当频率比 $\beta \ll 1.0$ 时,体系的幅频响应值接近 1.0,表明体系位移的输出量接近输入量;在频率比为 1.0 附近且 $\beta < \sqrt{2}$ 时,体系将会发生共振反应,体系的幅频响应值将会远大于 1.0;随着阻尼比的增大,体系的幅频响应峰值逐渐减小;不同阻尼比下的幅频响应曲线通过的定点坐标为($\sqrt{2}$,1.0)。

②对于简化减震体系和三种实用减震体系,当频率比较低时,无论阻尼比和支撑刚度系数如何变化,体系的幅频响应值几乎不受影响,总是接近于 1.0;当频率比接近于 1.0 时,随着阻尼比的增大、支撑刚度系数的增加,体系的幅频响应峰值明显减小,最终会趋于某一最优值;当频率比较高时,随着阻尼比的增大、支撑刚度系数的增加,体系的幅频响应值反而逐渐增大,但其响应值始终远小于 1.0。

③对于不同 N 的减震体系存在不同的最优阻尼比 ζ_{opt};当体系的阻尼比小于最优阻尼比时,随着阻尼比的增加体系的幅频响应曲线峰值减小;当体系的阻尼比大于最优阻尼比后,随着阻尼比的增加体系的幅频响应曲线峰值也在增加;当体系的阻尼比等于最优阻尼比时,体系幅频响应曲线中的定点便是该曲线的峰值,为该曲线峰值能够达到的理论最低点。指出基于定点理论能够计算出各减震体系的理论最优阻尼比和频响曲线峰值最低点,可作为消能减震结构最优设计的重要指导思想。

④随着 N 的增加,单自由度体系的最优阻尼比明显增加,当 $N = 8.0$ 时,最

优阻尼比为 0.99,近似等于临界阻尼比 1.0;一般情况下,N 的取值范围可取 $N>$ 3,而 N 更优的取值范围则是 $N>6$,此时最优阻尼比的增加幅度和最低峰值的降低幅度都将很有限,分别能够控制在 10% 和 5% 以内。

⑤非线性阻尼器等效线性化方法主要有两种:一种是基于能量等效的方法,将阻尼器所耗散的振动能量理想化为与真实结构中所有阻尼机理组合后能量耗散相当的等效黏滞阻尼法;另一种是计算出体系当量刚度系数和当量阻尼系数的等效线性化方法。

第4章 考虑阻尼器支撑刚度减震结构的随机振动响应及参数研究

4.1 引言

第3章主要研究了考虑阻尼器支撑构件刚度后线性减震结构的动力分析（简谐激励）及其最优参数问题。事实上，自然界的随机振动非常普遍，地震波作用在建筑物上的力、地脉动给设备基础的力等都是随机变化的力，飞行器承受的气动力、舰船承受的波浪力等也都含有随机力的成分；在随机力激励下，结构体系将会产生随机振动，其响应也将是随机响应；与简谐振动激励相比，随机振动激励的研究更为复杂。

由于系统在非平稳随机过程下较难得到规律性的结论，故本章首先考虑基于随机振动理论得到线性振动系统平稳随机响应的均方值，在此基础上推出方差的计算式，并将方差作为品质指标对减小随机振动能力进行评价。然后，对各减震体系在随机振动下的相对位移方差、绝对加速度方差分别进行计算，并推出各减震体系的最优阻尼比；考虑到影响减震体系、减震效果的因素常常不唯一，且对减震体系采用不同的性能指标，得到的最优参数也会有一定差别，故考虑将相对位移方差与绝对加速度方差两个指标的影响联合起来，文中采用直接将两者进行线性组合来作为评价减震体系的性能目标。最后，阐述了非线性减震体系中随机响应的近似算法，结合性能目标函数，主要采用当量刚度系数和当量阻尼系数来考虑非线性减震体系的最优阻尼参数。

4.2　基本原理

　　本节在介绍随机过程统计特性及线性振动系统平稳随机响应的基础上,利用随机振动理论推导了振动系统随机响应的均方值和方差等的计算式,并作为品质指标对其减小随机振动能力进行评价,分析了减震体系中随机振动的基本原理。

4.2.1　随机过程的统计特性

　　概率论的研究对象是随机数序列,它是一个数集,其中的每一个元素都是一个数值。当每个元素不再是一个数值,而是随机变化的不确定函数时,我们将这种随机的、不确定的时变函数构成的函数集合称之为随机过程。实际上,随机过程在现实世界中随处可见。例如,在科学和工程试验中,每一次试验得到的结果都不可能完全相同,它们都是随机过程。而研究随机过程的数学结构及其演变规律的理论称之为随机过程理论;即随机过程理论是概率论的拓展,而概率论是随机过程理论的基础。

　　随机过程理论虽然比概率论复杂,但它是以时间为唯一变量的一元随机函数的函数集,只是多元随机函数理论的一个基本分支。随机过程的每个样本函数都是随时间 t 变化的连续函数,因而很难对其进行定量研究,分析随机过程的规律只能通过它的“统计特性”进行;矩函数和相关函数是随机过程常用的统计特性。

　　在随机振动分析中,当研究平稳随机过程和各态历经过程时,采用矩函数表示其统计特性十分方便。只要求出平稳随机过程(也称平稳高斯过程)的一阶和二阶矩函数,便无需再作积分运算,就能导出其余的高阶矩函数。因此,求得了平稳高斯过程的一阶和二阶矩函数,就能完全地确定该随机过程的统计特性。

(1)随机过程常用的 5 种矩函数

①均值。

统计意义下随机过程的平均值称为随机过程的均值,通常记作 $E\{X(t)\}$,其定义式为

$$E\{X(t)\} = \int_{-\infty}^{\infty} xf(x)\,\mathrm{d}x = \mu \tag{4-1}$$

式中,μ 为常数,表明平稳随机过程的均值是一个常数。

②均方值。

均方值是样本函数平方值的统计平均值,通常记作 $E\{X^2(t)\}$,其定义式为

$$E\{X^2(t)\} = \int_{-\infty}^{\infty} x^2 f(x)\,\mathrm{d}x = \alpha^2 > 0 \tag{4-2}$$

式(4-2)表明任何平稳随机过程的均方值都将是一个正直常数。

③方差。

方差是样本函数与均值之差的平方值的统计平均值,通常记作 $E\{[X(t) - \mu]^2\}$,其定义式为

$$E\{[X(t) - \mu]^2\} = \int_{-\infty}^{\infty} [x - \mu]^2 f(x)\,\mathrm{d}x = \sigma^2 \tag{4-3}$$

式中,μ 为随机过程的均值。式(4-3)表明任何平稳随机过程的方差也是一个正直常数。方差的数值表示随机过程围绕均值 μ 的"振荡"强度,有时也称为二阶中心距。

④(自)相关函数。

平稳随机过程的 $X(t)$ 的相关函数是利用二阶概率密度函数构成的二阶联合矩,通常记作 $R(\tau)$,其定义式为

$$R(\tau) = E\{X(t_1)X(t_2)\} = \int_{-\infty}^{\infty} \int_{-\infty}^{\infty} x_1 x_2 f(x_1, x_2, \tau)\,\mathrm{d}x_1 \mathrm{d}x_2 \tag{4-4}$$

式中,x_1,x_2 分别为瞬时时刻 t_1 和 t_2 的样本函数值,宗量 $\tau = t_2 - t_1$。相关函数又称为自相关函数,用它表示同一平稳随机过程不同瞬时采样值的相关程度。

⑤互相关函数。

两个平稳随机过程的 $X(t)$ 和 $Y(t)$ 的互相关函数,是利用它们的二阶联合概率密度函数构成的二阶联合矩,通常记作 $R_{XY}(\tau)$,其定义式为

$$R_{XY}(\tau) = E\{X(t_1)Y(t_2)\} = \int_{-\infty}^{\infty}\int_{-\infty}^{\infty} x_1 y_2 f(x_1, y_2, \tau)\,\mathrm{d}x_1\mathrm{d}y_2 \qquad (4\text{-}5)$$

式中,宗量 $\tau = t_2 - t_1$;x_1 和 y_2 分别为瞬时时刻 t_1 和 t_2 不同随机过程的两个样本函数 $x^{(i)}(t)$ 和 $y^{(i)}(t)$ 的采样值。互相关函数表示两个不同平稳随机过程不同瞬时采样值的相关程度。

另外,利用概率论的基本知识进行简单推导,可得平稳随机过程的相关函数具有下列性质:

a. 相关函数 $R(\tau)$ 是偶函数,即满足 $R(\tau) = R(-\tau)$;

b. 相关函数 $R(\tau)$ 的最大值为 $R(0)$,即满足 $R(0) \geq R(\tau)$;

c. 当宗量 $\tau = 0$ 时,相关函数 $R(\tau)$ 的值就是它的均方值,即满足 $R(0) = E\{X^2(t)\}$。

式(4-1)—式(4-5)的定义式表明,平稳随机过程的矩函数都是样本函数幂函数的加权积分,而采用的权函数便是随机过程的概率密度函数。也就是说,确定平稳随机过程的矩函数,是以概率密度函数作为权函数,样本函数取不同的幂函数进行加权积分来求得的。

（2）各态历经矩函数的另一种计算方法

至于各态历经过程,它的任意一个样本函数,都能采用均匀分布的瞬时时刻作为随机过程的初始观测时刻,形成一个次生的样本函数集合,而其概率密度函数与原始样本函数集合的概率密度函数相同。由此可知,各态历经过程样本函数幂函数的集合平均与其中某个样本函数的时间平均相等。故而各态历经过程的一阶和二阶矩函数还可以有另外一种计算方法,如下所示。

①均值。

$$E\{X(t)\} = \lim_{T \to \infty}\frac{1}{2T}\int_{-T}^{T} x(t)\,\mathrm{d}t = \mu \qquad (4\text{-}6)$$

②均方值。

$$E\{X^2(t)\} = \lim_{T \to \infty} \frac{1}{2T} \int_{-T}^{T} x^2(t) \, dt = \alpha^2 \tag{4-7}$$

③方差。

$$E\{[X(t) - \mu]^2\} = \lim_{T \to \infty} \frac{1}{2T} \int_{-T}^{T} [x(t) - \mu]^2 dt \tag{4-8}$$

④(自)相关函数。

$$R(\tau) = \lim_{T \to \infty} \frac{1}{2T} \int_{-T}^{T} x(t) x(t + \tau) \, dt \tag{4-9}$$

⑤互相关函数。

$$\begin{cases} R_{XY}(\tau) = \lim_{T \to \infty} \frac{1}{2T} \int_{-T}^{T} x(t) y(t + \tau) \, dt \\ R_{YX}(\tau) = \lim_{T \to \infty} \frac{1}{2T} \int_{-T}^{T} x(t + \tau) y(t) \, dt \end{cases} \tag{4-10}$$

式(4-10)中的两式表明,各态历经过程 $X(t)$ 和 $Y(t)$ 的两个互相关函数之间存在如下严格的数学关系

$$R_{XY}(\tau) = R_{YX}(-\tau) \tag{4-11}$$

接下来对相关函数和互相关函数进行傅里叶变换,前提是它们的傅氏变换的象函数存在,按照傅氏变换理论,要求相关函数和互相关函数在无穷区间上绝对可积;因此,只要各态历经过程 $X(t)$ 的相关函数满足前面的数学条件,便能将式(4-9)定义的相关函数 $R(\tau)$ 进行傅里叶变换。其变换式如下

$$\int_{-\infty}^{\infty} R(\tau) e^{-j\omega\tau} \, d\tau = \lim_{T \to \infty} \frac{1}{2T} \int_{-\infty}^{\infty} e^{-j\omega\tau} \int_{-T}^{T} x(t) x(t + \tau) \, dt \, d\tau$$

$$= \lim_{T \to \infty} \frac{1}{2T} \int_{-T}^{T} x(t) e^{j\omega t} \, dt \int_{-\infty}^{\infty} x(t + \tau) e^{-j\omega(t+\tau)} \, d\tau \tag{4-12}$$

在上式中令 $t+\tau=\lambda$ 进行变量代换,考虑到傅氏变换,并经过积分后得到

$$\int_{-\infty}^{\infty} R(\tau) e^{-j\omega\tau} \, d\tau = \lim_{T \to \infty} \frac{1}{2T} X(-j\omega) X(j\omega) = S(\omega) \tag{4-13}$$

式(4-13)中,$X(j\omega)$ 是样本函数 $x(t)$ 的傅氏变换的象函数。因 $X(-j\omega)$ 和

$X(j\omega)$互为共轭函数,所以$S(\omega)$是ω的偶函数,也是一个正定的实函数。通常将$S(\omega)$定义为随机过程$X(t)$的频谱密度函数,简记为频谱密度。

同理,将式(4-10)定义的互相关函数$R_{XY}(\tau)$、$R_{YX}(\tau)$进行傅里叶变换,便能得到各态历经过程$X(t)$和$Y(t)$的两个互频谱密度,如下式所示

$$\begin{cases} S_{XY}(\omega) = \int_{-\infty}^{\infty} R_{XY}(\tau)\,e^{-j\omega\tau}d\tau \\[3mm] S_{YX}(\omega) = \int_{-\infty}^{\infty} R_{YX}(\tau)\,e^{-j\omega\tau}d\tau \end{cases} \tag{4-14}$$

由前面的推导可知,频谱密度和互频谱密度分别是相关函数和互相关函数傅氏变换的象函数,则相关函数和互相关函数便是频谱密度和互频谱密度对应的傅氏反变换的原函数,即有

$$R(\tau) = \frac{1}{2\pi}\int_{-\infty}^{\infty} S(\omega)\,e^{j\omega\tau}d\omega \tag{4-15}$$

$$\begin{cases} R_{XY}(\tau) = \frac{1}{2\pi}\int_{-\infty}^{\infty} S_{XY}(\omega)\,e^{j\omega\tau}d\omega \\[3mm] R_{YX}(\tau) = \frac{1}{2\pi}\int_{-\infty}^{\infty} S_{YX}(\omega)\,e^{j\omega\tau}d\omega \end{cases} \tag{4-16}$$

注意,由式(4-13)和式(4-15)组成的傅氏变换对,在随机过程理论中被称为维纳-辛钦公式。

（3）白噪声相关函数和频谱密度

下面主要介绍结构试验中普遍应用的随机过程(白噪声)的相关函数和频谱密度。

①白噪声。

相关函数为脉冲函数时的随机过程称为白噪声。根据相关函数式(4-9),白噪声的样本函数$x(t)$满足如下方程

$$\lim_{T\to\infty}\frac{1}{2T}\int_{-T}^{T} x(t)x(t+\tau)dt = S_0\delta(\tau) \tag{4-17}$$

式中,$\delta(\tau)$是脉冲函数,S_0为表示随机过程强度的常数。表明白噪声在瞬时时

刻 t_1 的采样值与邻近时刻 $t<t_1$ 和 $t>t_1$ 的采样值统计无关。其物理意义:白噪声对其过去状态毫无"记忆"能力,对其未来也毫无"预测"能力。也就是说,白噪声是具有"绝对随机性"的随机过程。

将白噪声的相关函数 $\delta(\tau)$ 代入频谱密度的定义式(4-13),便可以得到白噪声的频谱密度为

$$S(\omega) = \int_{-\infty}^{\infty} S_0 \delta(\tau) \mathrm{e}^{-\mathrm{j}\omega\tau} \mathrm{d}\tau = S_0 \qquad (4-18)$$

②低通白噪声。

低通白噪声的频谱密度为

$$S(\omega) = \begin{cases} S_0, & |\omega| \leqslant \omega_1 \\ 0, & |\omega| \geqslant \omega_1 \end{cases} \qquad (4-19)$$

按照定义式(4-13)的频谱密度,可导出低通白噪声的相关函数为

$$R(\tau) = \int_{-\infty}^{\infty} S(\omega) \mathrm{e}^{\mathrm{j}\omega\tau} \mathrm{d}\omega = 2S_0 \left(\frac{\sin \omega_1 \tau}{\tau} \right) \qquad (4-20)$$

③有限带宽白噪声。

有限带宽白噪声既不包含低频随机分量,又不包含高频随机分量,其频谱密度函数为

$$S(\omega) = \begin{cases} S_0, & \omega_1 \leqslant |\omega| \leqslant \omega_2 \\ 0, & |\omega| \leqslant \omega_1, \quad |\omega| \geqslant \omega_2 \end{cases} \qquad (4-21)$$

4.2.2　线性振动系统平稳随机响应

对于某一给定的动力系统受到随机激励后,其响应是一个与随机激励不同的随机过程。经过许多数学家的长期研究,发现后者可以通过随机激励演变而来(即通过求解传递函数)。通过将著名的 Fokker-Plank-Kolmugelov 偏微分方程与动力系统的运动微分方程联立,即可求得该系统的随机响应[141]。但上述方程组为混合型的微分方程组,一般不能得到解析解,通常只能求得问题的数

值解。因此,即便计算低阶动力学系统的随机响应的方差都是一件比较难的工作;故在工程实践中必须寻找较为简便的计算方法,从而求得动力学系统随机响应的近似解。

在文献[134]中推导了动力学系统平稳随机响应的计算表达式。此项推导主要分为三个步骤:首先,导出线性振动系统受单位脉冲激励时动态响应的算式;其次,应用线性叠加原理,导出线性振动系统受任意激励时动态响应的算式;最后,推导线性振动系统随机响应频谱密度的算式。

(1)线性振动系统的单位脉冲响应

线性振动系统受单位脉冲激励的动态响应,称为该系统的单位脉冲响应。单位脉冲函数一般用 $\delta(t)$ 表示,单位脉冲响应则用 $g(t)$ 表示,且单位脉冲函数 $\delta(t)$ 的拉普拉斯变换的象函数是单位数"1"。根据线性动力学系统的传递函数定义式,得线性动力学系统单位脉冲响应 $g(t)$ 的拉氏变换象函数为

$$L[g(t)] = G(s)L[\delta(t)] = G(s) \tag{4-22}$$

上式表明,线性动力学系统的单位脉冲响应拉氏变换的象函数,即为给定单位脉冲函数后该系统动态响应的传递函数。

将式(4-22)进行拉氏反变换,可得该系统对单位脉冲函数激励的响应

$$g(t) = L^{-1}[G(s)] \tag{4-23}$$

(2)线性振动系统的一般响应

当线性系统受到随时间 t 任意变化的力 $f(t)$ 作用时,可将它在时间轴上分割成狭窄的等宽脉冲,分割时间为 $t_i(i=1,2,\cdots)$,这些脉冲的高度为 $f(t_i)$,宽度均为 Δt(为一个较小量),脉冲的强度则为 $f(t_i)\Delta t\delta(t-t_i)$。

按照线性叠加原理,线性振动系统受到任意力 $f(t)$ 作用后的响应等于所有分段脉冲响应之和,即为

$$x(t) = \lim_{\Delta t \to 0} \sum_{i=0}^{\infty} f(t_i)\Delta t g(t-t_i) = \int_{t_0'}^{t} g(t-t')f(t')\,\mathrm{d}t' \tag{4-24}$$

式中,t' 为脉冲作用的时间坐标;t_0' 为脉冲作用的初始时间;t 为观测线性振动系

统响应的时间节点。

若取观测系统响应的时间与脉冲作用时间的差值为 τ，即令 $\tau = t - t'$，进行变量代换。则利用 τ 作为新的时间坐标，可将式(4-24)的积分式写成

$$x(t) = -\int_{t-t_0'}^{0} g(\tau)f(t-\tau)\,\mathrm{d}\tau = \int_{0}^{t-t_0'} g(\tau)f(t-\tau)\,\mathrm{d}\tau \qquad (4-25)$$

对于式(4-24)和式(4-25)中的脉冲作用时间坐标起点，可以任意选择。若以激励起始时间 t_0' 作为时间坐标原点，也就是令 $t_0' = 0$。可将式(4-25)改写如下

$$x(t) = \int_{0}^{t} g(\tau)f(t-\tau)\,\mathrm{d}\tau \qquad (4-26)$$

上式表明，线性动力学系统的响应是以单位脉冲响应为权函数的加权积分。

根据振动理论，真实的线性振动系统存在一定的阻尼，激励开始作用后，经过足够长的时间，系统动态响应中的瞬态响应分量会衰减殆尽，系统的动态响应就只剩下强迫振动响应分量。因此，令式(4-25)中激励起始时间 $t_0' = -\infty$，则可得到线性系统的强迫振动分量的积分式为

$$x(t) = \int_{0}^{\infty} g(\tau)f(t-\tau)\,\mathrm{d}\tau \qquad (4-27)$$

（3）线性振动系统随机响应的频谱密度函数

假设线性振动系统的激励 $f(t)$ 是一个随机过程，且属于各态历经过程，因而可以利用式(4-9)计算激励的相关函数，如下

$$R_f(\tau) = \lim_{T\to\infty}\frac{1}{2T}\int_{-T}^{T} f(t+\tau)f(t)\,\mathrm{d}t \qquad (4-28)$$

根据随机过程理论，受各态历经过程激励的线性动力学系统，其稳态响应也是各态历经过程。故式(4-9)也能用于计算线性动力学系统稳态响应的相关函数，如下式所示

$$R_x(\tau) = \lim_{T\to\infty}\frac{1}{2T}\int_{-T}^{T} x(t+\tau)x(t)\,\mathrm{d}t \qquad (4-29)$$

将强迫振动分量的积分式(4-27)代入式(4-29)，进而得到线性动力学系统

稳态响应的相关函数为

$$R_x(\tau) = \lim_{T\to\infty}\frac{1}{2T}\int_{-T}^{T}\left[\int_{-\infty}^{\infty}f(t+\tau-\eta)g(\eta)\mathrm{d}\eta \cdot \int_{-\infty}^{\infty}f(t-\lambda)g(\lambda)\mathrm{d}\lambda\right]\mathrm{d}t$$

$$= \int_{-\infty}^{\infty}g(\lambda)\mathrm{d}\lambda \cdot \int_{-\infty}^{\infty}g(\eta)\mathrm{d}\eta\left[\lim_{T\to\infty}\frac{1}{2T}\int_{-T}^{T}f(t+\tau-\eta)f(t-\lambda)\mathrm{d}t\right]$$

$$= \int_{-\infty}^{\infty}g(\lambda)\mathrm{d}\lambda \cdot \int_{-\infty}^{\infty}R_f(\lambda+\tau-\eta)g(\eta)\mathrm{d}\eta \qquad (4-30)$$

再将上式代入式(4-13),便能导出受各态历经过程激励的线性振动系统稳态响应的频谱密度函数为

$$S_x(\omega) = \int_{-\infty}^{\infty}R_x(\tau)\mathrm{e}^{-\mathrm{j}\omega\tau}\mathrm{d}\tau$$

$$= \int_{-\infty}^{\infty}\mathrm{e}^{-\mathrm{j}\omega\tau}\left[\int_{-\infty}^{\infty}g(\lambda)\mathrm{d}\lambda \cdot \int_{-\infty}^{\infty}R_f(\lambda+\tau-\eta)g(\eta)\mathrm{d}\eta\right]\mathrm{d}\tau$$

$$= \int_{-\infty}^{\infty}g(\lambda)\mathrm{e}^{\mathrm{j}\omega\lambda}\mathrm{d}\lambda \cdot \int_{-\infty}^{\infty}g(\eta)\mathrm{e}^{-\mathrm{j}\omega\eta}\mathrm{d}\eta \cdot \int_{-\infty}^{\infty}R_f(\lambda+\tau-\eta)\mathrm{e}^{-\mathrm{j}\omega(\lambda+\tau-\eta)}\mathrm{d}\tau$$

$$= G(-\mathrm{j}\omega)G(\mathrm{j}\omega)S_f(\omega) = |G(\mathrm{j}\omega)|^2 S_f(\omega) = R^2(\omega)S_f(\omega) \qquad (4-31)$$

上式表明,定常线性振动系统随机响应的频谱密度函数,等于系统幅频特性的平方与激励的频谱密度函数的乘积。

按照随机过程理论,平稳随机过程激励的定常线性系统,其特征值都有负实部,故其动态响应的瞬态响应分量会逐渐衰减,最终消失,从而保证积分的收敛性。因此,平稳随机响应频谱密度的计算式(4-31)成立。

（4）线性振动系统对白噪声的响应

通常将白噪声的频谱密度假定为常数 S_0,那么,线性振动系统在白噪声激励下的稳态响应的频谱密度函数为

$$S_x(\omega) = S_0 R^2(\omega) \qquad (4-32)$$

式中,$R(\omega)$ 为线性振动系统稳态响应的幅频特性。按照第 3.2 节中式(3-32)定义的线性系统的幅频特性,其数学表达式是以 ω^2 为宗量的有理分式。因而,对于具有 n 自由度的线性振动系统,有理分式的分母是频率 ω 的 $2n$ 次多项式。

式(4-32)表明,线性振动系统的频谱密度可以表示为有理分式的随机过程,可将其称为有色噪声。更进一步说,受白噪声激励的线性振动系统,它们的响应都是有色噪声;其频谱密度等于系统幅频特性的平方与白噪声的频谱密度 S_0 的乘积。

4.2.3 振动系统随机响应的均方值和方差

振动系统随机响应的均方值一般用来描述平稳随机过程的平均强度,用方差来描述平稳随机过程相对于均值的振荡强度。

在随机过程的相关函数定义式中,若令宗量 $\tau = 0$,则随机过程相关函数就成了它的均方值,即有

$$E\{X^2(t)\} = R(0) \tag{4-33}$$

根据如下的平稳随机过程的维纳-辛钦公式(傅氏变换对)

$$R(\tau) = \frac{1}{2\pi}\int_{-\infty}^{\infty} S(\omega)\,\mathrm{e}^{\mathrm{j}\omega\tau}\,\mathrm{d}\omega \tag{4-34}$$

现令上式中的宗量 $\tau = 0$,即可导出平稳随机响应均方值的计算式如下

$$E\{X^2(t)\} = \frac{1}{2\pi}\int_{-\infty}^{\infty} S(\omega)\,\mathrm{d}\omega \tag{4-35}$$

再将式(4-31)代入上式,最终求得各态历经过程随机激励作用下线性振动系统响应均方值的计算式

$$E\{X^2(t)\} = \frac{1}{2\pi}\int_{-\infty}^{\infty} R^2(\omega) S_{\mathrm{f}}(\omega)\,\mathrm{d}\omega \tag{4-36}$$

我们将均值 $E\{X(t)\}$ 等于零的平稳随机过程称为零均值平稳随机过程。按照方差的定义式(4-8),零均值平稳随机过程的方差就是它的均方值;故可得零均值平稳随机过程方差的计算式为

$$\sigma^2 = \frac{1}{2\pi}\int_{-\infty}^{\infty} R^2(\omega) S_{\mathrm{f}}(\omega)\,\mathrm{d}\omega \tag{4-37}$$

但在工程设计中,经常要计算振动系统随机响应的方差。为了便于推导方差

的计算公式,参照第 3 章频率特性的推导,将线性振动系统频率特性式(4-38)中的 2n 改写为 n,将该式改写成式(4-39)

$$G(\mathrm{j}\omega) = \frac{b_0 + b_1\mathrm{j}\omega + \cdots + b_{2n-1}(\mathrm{j}\omega)^{2n-1}}{a_0 + a_1\mathrm{j}\omega + \cdots + a_{2n}(\mathrm{j}\omega)^{2n}} \tag{4-38}$$

$$G(\mathrm{j}\omega) = \frac{b_0 + b_1\mathrm{j}\omega + \cdots + b_{n-1}(\mathrm{j}\omega)^{n-1}}{a_0 + a_1\mathrm{j}\omega + \cdots + a_n(\mathrm{j}\omega)^n} \tag{4-39}$$

不失一般性,现在假定线性振动系统的传递函数为式(4-39),激励为单位白噪声(即频谱密度 S_0 等于 1),则线性振动系统的平稳随机响应的频谱密度为

$$S_x(\omega) = \left| \frac{b_0 + b_1\mathrm{j}\omega + \cdots + b_{n-1}(\mathrm{j}\omega)^{n-1}}{a_0 + a_1\mathrm{j}\omega + \cdots + a_n(\mathrm{j}\omega)^n} \right|^2 \tag{4-40}$$

将上式代入线性振动系统响应方差得计算式(4-37)完成积分,便能得到线性振动系统平稳随机响应方差的解析式。当线性振动系统的自由度较高时,很难得到其稳态响应方差的解析式。此时,常常需要采用数值积分方法计算平稳随机响应的方差。

有限带宽白噪声(包含低通白噪声在内),基本能够描述工程中常见的平稳随机过程。遭受有限带宽白噪声激励的线性振动系统,一般不能找到随机响应频谱密度的解析式,唯有对单自由度线性振动系统目前已经找到了平稳随机响应频谱密度的解析式,如下所示

$$S_x(\omega) = \begin{cases} 0, & |\omega| < \omega_1,\ |\omega| > \omega_2 \\ \dfrac{S_0}{(\omega_n^2 - \omega^2)^2 + 4\zeta^2\omega_n^2\omega^2}, & \omega_1 \leqslant |\omega| \leqslant \omega_2 \end{cases} \tag{4-41}$$

再将上式代入计算式(4-37)完成积分,即可得到有限带宽白噪声作用下单自由度线性振动系统稳态响应的方差

$$\sigma^2 = \frac{\pi}{2}\frac{S_0}{\zeta\omega_n^3}\left[I\!\left(\frac{\omega_2}{\omega_n},\zeta\right) - I\!\left(\frac{\omega_1}{\omega_n},\zeta\right) \right] \tag{4-42}$$

式中 $I(\,\cdot\,)$ 为超越函数,表达式如下所示

$$I\left(\frac{\omega}{\omega_\mathrm{n}}, \zeta\right) = \frac{1}{\pi}\arctan\frac{2\zeta\left(\dfrac{\omega}{\omega_\mathrm{n}}\right)}{1 - \left(\dfrac{\omega}{\omega_\mathrm{n}}\right)^2} + \frac{\zeta}{2\pi\sqrt{1 - \zeta^2}}\ln\frac{1 + \left(\dfrac{\omega}{\omega_\mathrm{n}}\right)^2 + 2\sqrt{1 - \zeta^2}\left(\dfrac{\omega}{\omega_\mathrm{n}}\right)}{1 + \left(\dfrac{\omega}{\omega_\mathrm{n}}\right)^2 - 2\sqrt{1 - \zeta^2}\left(\dfrac{\omega}{\omega_\mathrm{n}}\right)}$$

$$(4\text{-}43)$$

若令式(4-42)中的 $\omega_1 = 0$，则该式便退化为低通白噪声作用下单自由度线性振动系统的平稳随机响应方差的计算式。

4.2.4　随机振动的基本原理

通常用方差 σ^2 作为评价动力学系统振动强度的性能指标（"振荡"强度），在其解析算式(4-37)中，支座激励 $f(t)$ 的频谱密度 $S_\mathrm{f}(\omega)$ 取决于系统环境，与减震体系的结构特性无关。因此，需要依靠调整减震器的参数来改变系统的幅频特性 $R(\omega)$，进而才能改进减震体系的减震性能。事实上，第 3 章的 3.3 节研究了简谐振动的问题，系统的幅频特性被称为传统减震体系的绝对传递率，用它作为评价线性振动系统中传统减震体系减震性能的唯一指标。而简谐振动与随机振动是有区别的，主要体现在稳态响应的频谱密度函数上。简谐振动的频谱密度是一些个已知频率的离散频谱，由减震体系各个固有频率对应的有限个数孤立频谱密度构成；随机振动的频谱密度则是具有连续频谱，由无限多个频谱密度构成的。式(4-37)表明，当减震体系受到支座随机激励时，其稳态响应的方差等于在整个频率带上的随机振动分量的积分平均值（加权积分，权函数为线性振动系统幅频特性的平方）。

减震体系本身存在惯性力和阻尼力，在其幅频特性公式(4-38)或式(4-39)中，导致分母多项式中 ω 的幂次高于分子多项式中 ω 的幂次。与此对应，在其随机响应方差公式(4-37)中，权函数 $R^2(\omega)$ 的分母多项式中 ω^2 的幂次必然高于其分子多项式中 ω^2 的幂次。因此，在随机振动激励中引起的随机响应，相同强度的低频随机激励分量产生的随机响应方差，必定大于高频随机激励分量产生的响应方差。例如，路面对车辆的随机激励、强风对柔性建筑物的激励等都包含了相当大的低频分量。因此,在进行随机振动的减震设计时,应该特别重视减小减震体系低频段的幅频特性,才能取得良好的减震效果。结合第 3 章的研究可知,增加减震体系的阻尼便是一种十分高效的方法,另外增加阻尼器的支撑刚度也将会带来较好的减震效果。

众所周知,利用相关学科的研究成果来解决本学科的一些难题常常是非常有效的方法。对应电工学中利用频率特性来表述滤波电路的特性和工作原理,我们可以将减震体系看作滤波电路,支座激励比作滤波电路输入的电压,减震体系中的质量、阻尼和弹簧分别比作滤波电路中的电感、电阻和电容。事实上,在计算减震体系的参数时,完全可以利用滤波器设计的频率方法,该法能够提供计算减震器基本参数的算法。

4.3　传统减震体系随机振动响应及参数研究

4.3.1　相对位移方差的计算

图 3-3 所示的单级消极隔振系统与图 3-5 所示的传统减震体系具有相同的力学模型,设减震体与支座之间的相对位移为 δ ,支座加速度为 $\ddot{u}$,根据该系统的相对运动方程式(3-19),如下式所示

$$\ddot{\delta} + 2\zeta\omega_n\dot{\delta} + \omega_n^2\delta = -\ddot{u} \tag{4-44}$$

分别对相对位移 $\delta(t)$ 和支座加速度 $\ddot{u}(t)$ 进行拉普拉斯变换,可得如下表达式

$$(s^2 + 2\zeta\omega_n s + \omega_n^2)\Delta(s) = -U(\ddot{u}) \tag{4-45}$$

式中,相对位移 $\delta(t)$ 和支座加速度 $\ddot{u}(t)$ 的象函数分别为

$$\Delta(s) = L[\delta(t)], U(\ddot{u}) = L[\ddot{u}(t)] \tag{4-46}$$

由此可得,减震体位移与支座相对位移 $\delta(t)$ 对支座加速度 $\ddot{u}(t)$ 的传递函

数为

$$G(s) = \frac{\Delta(s)}{U(\ddot{u})} = \frac{-1}{s^2 + 2\zeta\omega_n s + \omega_n^2} \tag{4-47}$$

再将宗量 s 用 $j\omega$ 替换,可得减震体位移与支座相对位移 $\delta(t)$ 对支座加速度 $\ddot{u}(t)$ 的频率特性表达式为

$$G(j\omega) = \frac{-1}{\omega_n^2 - \omega^2 + 2\zeta\omega_n\omega j} \tag{4-48}$$

当支座加速度为零均值的白噪声时,按照前面的推导式(4-32)可知,传统减震体系相对位移 $\delta(t)$ 的频谱密度函数为

$$S_\delta(\omega) = S_0 R(\omega)^2 = \frac{S_0}{(\omega_n^2 - \omega^2)^2 + 4\zeta^2\omega_n^2\omega^2} \tag{4-49}$$

式中,S_0 为支座加速度 $\ddot{u}(t)$ 的频谱密度;$R(\omega)$ 为频率特性 $G(j\omega)$ 的幅频特性。

将上式代入式(4-37)并积分,求得支座激励为零均值白噪声时,减震体位移与支座相对位移 $\delta(t)$ 的方差为

$$\sigma_\delta^2 = \frac{1}{2\pi}\int_{-\infty}^{\infty} R(\omega)^2 S_0 \mathrm{d}\omega = \frac{1}{2\pi}\int_{-\infty}^{\infty} \frac{S_0}{(\omega_n^2 - \omega^2)^2 + 4\zeta^2\omega_n^2\omega^2}\mathrm{d}\omega = \frac{\pi}{2}\frac{S_0}{\zeta\omega_n^3} \tag{4-50}$$

4.3.2　绝对加速度方差的计算

为了求得相对加速度对支座加速度的传递函数和频率特性,对式(4-44)进行傅里叶变换[142,143],可得

$$F[\ddot{\delta}(t)] + 2\zeta\omega_n F[\dot{\delta}(t)] + \omega_n^2 F[\delta(t)] = -F[\ddot{u}(t)] \tag{4-51}$$

式中,$F[\ddot{\delta}(t)]$ 和 $F[\ddot{u}(t)]$ 分别为相对加速度 $\ddot{\delta}(t)$ 和支座加速度 $\ddot{u}(t)$ 的傅里叶变换。且有 $F[\ddot{\delta}(t)] = -\omega^2 F[\delta(t)]$,$F[\dot{\delta}(t)] = \omega F[\delta(t)]$,故上式可整理为

$$[-\omega^2 + 2\zeta\omega_n\omega + \omega_n^2]F[\delta(t)] = -F[\ddot{u}(t)] \tag{4-52}$$

进而求得相对加速度 $\ddot{\delta}(t)$ 对支座加速度 $\ddot{u}(t)$ 的频率特性为

$$H_1(\mathrm{j}\omega) = \frac{F[\ddot{\delta}(t)]}{F[\ddot{u}(t)]} = \frac{-\omega^2}{\omega_n^2 - \omega^2 + 2\zeta\omega_n\omega\mathrm{j}} \tag{4-53}$$

按照运动合成的原理,建立减震体绝对运动与相对运动的加速度关系式

$$\ddot{x}(t) = \ddot{\delta}(t) + \ddot{u}(t) \tag{4-54}$$

针对上式,等式两边同时除以 $\ddot{u}(t)$,可进一步推出绝对加速度 $\ddot{x}(t)$ 对支座加速度 $\ddot{u}(t)$ 的频率特性为

$$H_2(\mathrm{j}\omega) = 1 + H_1(\mathrm{j}\omega) = 1 + \frac{-\omega^2}{\omega_n^2 - \omega^2 + 2\zeta\omega_n\omega\mathrm{j}} = \frac{\omega_n^2 + 2\zeta\omega_n\omega\mathrm{j}}{\omega_n^2 - \omega^2 + 2\zeta\omega_n\omega\mathrm{j}} \tag{4-55}$$

首先按照第 3.2 节式(3-32)求出上式中绝对加速度 $\ddot{x}(t)$ 对支座加速度 $\ddot{u}(t)$ 的幅频特性

$$R_2(\omega) = \left[\frac{\omega_n^4 + 4\zeta^2\omega_n^2\omega^2}{(\omega_n^2 - \omega^2)^2 + 4\zeta^2\omega_n^2\omega^2}\right]^{\frac{1}{2}} \tag{4-56}$$

然后将上式代入式(4-31),可求得当支座加速度为零均值的白噪声时,减震体绝对加速度 $\ddot{x}(t)$ 的频谱密度函数为

$$S_{\ddot{x}}(\omega) = S_0 R_2(\omega)^2 = \frac{\omega_n^4 + 4\zeta^2\omega_n^2\omega^2}{(\omega_n^2 - \omega^2)^2 + 4\zeta^2\omega_n^2\omega^2}S_0 \tag{4-57}$$

最后将上式代入式(4-37)并积分,求得支座激励为零均值白噪声时,减震体绝对加速度 $\ddot{x}(t)$ 的方差为

$$\sigma_{\ddot{x}}^2 = \frac{1}{2\pi}\int_{-\infty}^{\infty} R_2(\omega)^2 S_0 \mathrm{d}\omega = \frac{1}{2\pi}\int_{-\infty}^{\infty} \frac{\omega_n^4 + 4\zeta^2\omega_n^2\omega^2}{(\omega_n^2 - \omega^2)^2 + 4\zeta^2\omega_n^2\omega^2}S_0 \mathrm{d}\omega = 2\pi\omega_n S_0\left(\zeta + \frac{1}{4\zeta}\right) \tag{4-58}$$

对比式(4-50)和式(4-58)可知:

①当传统减震体系的阻尼比 ζ 减小时,减震体的相对位移方差会增大。显然,传统减震体系阻尼比过小时,减震体相对位移方差将会超过其允许程度。

②当传统减震体系的刚度减小时,其固有频率减小,会使得减震体加速度方差减小,但同时会增大减震体的相对位移方差。

在随机振动中,加速度方差常常是评价减震体系减震效果的性能指标。为了得到传统减震体系的最优阻尼比,应将式(4-58)表示的减震体绝对加速度方差对阻尼比 ζ 求导,并令其导数等于零,即可得到如下表达式

$$\frac{\mathrm{d}\sigma_{\ddot{x}}}{\mathrm{d}\zeta} = 2\pi\omega_n S_0\left(1 - \frac{1}{4\zeta^2}\right) = 0 \tag{4-59}$$

求解此方程,便可求得使减震体绝对加速度方差最小时的阻尼比,可称为最优阻尼比,记为 ζ_{opt},其值为

$$\zeta_{\mathrm{opt}} = 0.5 \tag{4-60}$$

上式表明,以体系绝对加速度方差为减震效果评价指标时,传统减震体系(也是单自由度体系)在支座激励为白噪声时的最优阻尼比为0.5。

通过以上相对位移方差和绝对加速度方差两个参数的计算分析,可对传统减震体系参数的计算方法归纳如下:

①先令传统减震体系的阻尼比数值等于最优阻尼比0.5;

②确定支座加速度频谱密度的数值 S_0,给定减震体系容许的相对位移方差值 $(\sigma_\delta^2)_0$;

③按照式(4-50)建立减震体系固有频率 ω_n 满足的不等式条件,即 $\pi S_0/\omega_n^3 \leqslant (\sigma_\delta^2)_0$,然后确定减震体系固有频率 ω_n 的数值;

④根据已经确定的减震体系的最优阻尼比和体系固有频率,以及体系的质量,即可计算出传统减震体系的刚度系数 k 值和阻尼系数 C 值。

4.3.3 两种方差的线性组合

我们知道,对减震体系采用不同的性能指标,得到的最优参数是有一定差别的;而且对减震体系减震效果的影响因素也常常不是单一的。故实际中常常考虑将相对位移方差与绝对加速度方差联合起来进行考虑,简单直接的方法便

是将两者进行线性组合,以此作为评价减震体系的性能目标[144]。

$$\Phi = \sigma_{\ddot{x}}^2 + \upsilon \sigma_\delta^2 \tag{4-61}$$

式中,Φ 为性能指标函数;常数 υ 为权因子,表示性能指标 Φ 对绝对加速度方差和相对位移方差重视程度的差别,其值越大表示对相对位移方差越重视。也就是说,因子 υ 的数值取得越小,减小减震体绝对加速度的要求越高;因子 υ 的数值取得越大,减小减震体与支座间相对位移的要求越高。

将式(4-50)及式(4-58)代入式(4-61),可得

$$\Phi = \frac{\pi S_0}{2\omega_n^3} \left[\frac{\upsilon + \omega_n^4 (1 + 4\zeta^2)}{\zeta} \right] \tag{4-62}$$

为了求得性能指标函数 Φ 下的最优阻尼比,利用函数极值的计算方法。将性能指标函数 Φ 对阻尼比 ζ 求导,并令其导数 $\mathrm{d}\Phi/\mathrm{d}\zeta = 0$,求解该方程,导出性能指标函数 Φ 取极小值时的阻尼比 ζ^* 的解析式为

$$\zeta^* = \frac{\sqrt{\upsilon + \omega_n^4}}{2\omega_n^2} \tag{4-63}$$

在上式中,令权因子 $\upsilon = 0$,将得到 $\zeta^* = 0.5$,与最优阻尼比式(4-60)相匹配;故只考虑绝对加速度方差情况的最优阻尼比是上式在权因子 $\upsilon = 0$ 时的特殊情况。式(4-63)中阻尼比 ζ^* 与权因子 υ 和体系固有频率 ω_n 的关系曲面如图 4-1 所示。

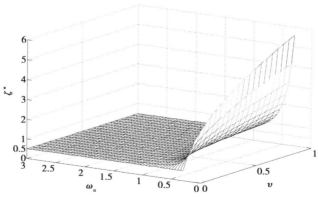

图 4-1　阻尼比 ζ^* 与权因子 υ 和体系固有频率 ω_n 的关系曲面

从图 4-1 中可以看出：

①当体系固有频率 ω_n 很小时，阻尼比 ζ^* 随权因子 υ 的增大而快速增大，且明显大于 0.5，即传统减震体系很柔时，体系的最优阻尼比随着相对位移重要性的增大而增加，只是这么柔的单自由度结构体系在实际生活中几乎是不存在的。

②当体系固有频率 ω_n 较大时，阻尼比 ζ^* 随权因子 υ 的增大而非常缓慢地增加，仅比 0.5 略大一小点，即传统减震体系刚度较大时，体系的最优阻尼比随着相对位移重要性的增大几乎不变。

③通过以上两点分析，再结合图 4-1 可知：在一般的减震体系中，性能指标函数 Φ 中的绝对加速度方差对于体系的减震效果（最优阻尼比）起着十分重要的作用，即绝对加速度方差是性能指标函数 Φ 的主要因素。

4.4 简化减震体系随机振动响应及参数研究

4.4.1 绝对加速度方差的计算

在图 3-10 所示的简化减震体系的力学模型中，设减震体与支座之间的相对位移为 $\delta(t)$，减震体的位移和加速度分别为 $x(t)$ 和 $\ddot{x}(t)$，支座位移和加速度分别为 $u(t)$ 和 $\ddot{u}(t)$，且在式（3-48）中给出了 $x(t)$ 对 $u(t)$ 的传递函数。明显地，简化减震体系中减震体加速度对支座加速度的传递函数，与减震体位移对支座的传递函数完全相同。因此，减震体加速度对支座加速度的传递函数便是式（3-48）中确定的 $G(s)$，如下所示

$$G(s) = \frac{ck(1+N)s + Nk^2}{mcs^3 + Nmks^2 + ck(1+N)s + Nk^2} \tag{4-64}$$

在上式中将宗量 s 用虚变量 $j\omega$ 代替，得到减震体加速度 $\ddot{x}(t)$ 对支座加速度 $\ddot{u}(t)$ 的频率特性表达式为

$$G(\mathrm{j}\omega) = \frac{Nk^2 + ck\omega(1 + N)\mathrm{j}}{Nk^2 - Nmk\omega^2 + [ck\omega(1 + N) - mc\omega^3]\mathrm{j}} \tag{4-65}$$

将式(3-18)中的无阻尼固有频率、临界阻尼系数 c_c 和阻尼比 ζ 代入上式，整理后可得

$$G(\mathrm{j}\omega) = \frac{N + 2\zeta(1 + N)\left(\dfrac{\omega}{\omega_n}\right)\mathrm{j}}{N - N\left(\dfrac{\omega}{\omega_n}\right)^2 + \left[2\zeta(1 + N)\left(\dfrac{\omega}{\omega_n}\right) - 2\zeta\left(\dfrac{\omega}{\omega_n}\right)^3\right]\mathrm{j}} \tag{4-66}$$

上式可写成式(3-30)的形式，然后按照式(3-32)便可求出减震体加速度对支座加速度的幅频特性 $R(\omega)$。此时，若假定支座加速度的频谱密度为常数 S_0，则将 $R(\omega)$ 和 S_0 代入式(4-37)并积分，求得支座激励为零均值白噪声时，简化减震体系减震体绝对加速度 $\ddot{x}(t)$ 的随机响应方差的解析式为

$$\sigma_{\ddot{x}}^2 = \frac{1}{2\pi}\int_{-\infty}^{\infty} R(\omega)^2 S_0 \mathrm{d}\omega = 2\pi\omega_n S_0\left[\zeta\left(1 + \frac{1}{N}\right)^2 + \frac{1}{4\zeta}\right] \tag{4-67}$$

为了求得减震体加速度随机响应方差的最小值，采用极值定理，将上式中的加速度方差 $\sigma_{\ddot{x}}^2$ 对阻尼比 ζ 求导，并令其等于零，得到确定简化减震体系最优阻尼比 ζ_{opt} 的参数方程

$$\frac{\mathrm{d}\sigma_{\ddot{x}}^2}{\mathrm{d}\zeta} = 0 \tag{4-68}$$

将式(4-67)代入式(4-68)并化简，求解后可得减震体加速度方差取极小值时的最优阻尼比

$$\zeta_{\mathrm{opt}} = \frac{N}{2(N + 1)} \tag{4-69}$$

至此，可将上式求得的使得减震体加速度方差最小的最优阻尼比代回式(4-67)可得

$$(\sigma_{\ddot{x}}^2)_{\min} = 2\pi\omega_n S_0\left(1 + \frac{1}{N}\right) \tag{4-70}$$

同理，在传统减震体系中，将减震体加速度方差最小的最优阻尼比 $\zeta_{\mathrm{opt}} = 0.5$

代回式(4-58),可得传统减震体系减震体加速度方差最小值如下

$$(\sigma_{\ddot{x}}^2)_{\min}^{传统} = 2\pi\omega_n S_0 \tag{4-71}$$

比较式(4-70)和式(4-71)可知,简化减震体系减震体的加速度方差,比传统减震体系减震体的加速度方差大。其放大系数为$(1+1/N)$,故简化减震体系中的支撑刚度系数N对减震体加速度方差的放大起着决定性作用。以上两式的对比,再次说明了支撑刚度系数N越大,减震体加速度方差越小,即减震效果越好;且当支撑刚度系数$N \to \infty$时,减震体加速度方差达到最小,简化减震体系转变为传统减震体系,式(4-70)转变为式(4-71),即传统减震体系是简化减震体系在支撑刚度系数$N \to \infty$时的特殊情况。

4.4.2 相对位移方差的计算

根据简化减震体系的运动方程式(3-46),结合减震体位移$x(t)$对支座位移$u(t)$的传递函数和频率特性,经过拉普拉斯等基本变换和初等运算,先导出减震体与支座间相对位移$\delta(t)$对支座加速度$\ddot{u}(t)$的频率特性。已知如下关系式

$$\begin{cases} x(t) = \delta(t) + u(t) \\ \dfrac{X(j\omega)}{U(j\omega)} = G(j\omega) \\ \ddot{u}(t) = \omega^2 u(t) \end{cases} \tag{4-72}$$

以上式为依据,则可推出减震体与支座间相对位移$\delta(t)$对支座加速度$\ddot{u}(t)$的频率特性为

$$G_1(j\omega) = \frac{1 - G(j\omega)}{\omega^2} \tag{4-73}$$

将式(4-66)代入式(4-73),经过整理后可得

$$G_1(j\omega) = \frac{1}{\omega^2} \left\{ \frac{-N\left(\dfrac{\omega}{\omega_n}\right)^2 - 2\zeta\left(\dfrac{\omega}{\omega_n}\right)^3 j}{N - N\left(\dfrac{\omega}{\omega_n}\right)^2 + \left[2\zeta(1+N)\left(\dfrac{\omega}{\omega_n}\right) - 2\zeta\left(\dfrac{\omega}{\omega_n}\right)^3\right]j} \right\} \tag{4-74}$$

同理,上式可写成式(3-30)的形式,然后按照式(3-32)便可求出减震体加速度对支座加速度的幅频特性 $R_1(\omega)$。若假定支座加速度的频谱密度为常数 S_0,则将 $R_1(\omega)$ 和 S_0 代入式(4-37)并积分,便可求得简化减震体系减震体与支座间相对位移 $\delta(t)$ 的随机响应方差为

$$\sigma_\delta^2 = \frac{1}{2\pi}\int_{-\infty}^{\infty} R(\omega)^2 S_0 \mathrm{d}\omega = \frac{\pi S_0}{2\zeta\omega_n^3}\left[1 + \left(\frac{2\zeta}{N}\right)^2\right] \tag{4-75}$$

同理,可以试着分析:减震体与支座间相对位移方差的极小值,为了便于上式中相对位移方差 σ_δ^2 对阻尼比 ζ 求导,先将上式改写如下

$$\sigma_\delta^2 = \frac{\pi S_0}{2\omega_n^3}\left(\frac{1}{\zeta} + \frac{4\zeta}{N^2}\right) \tag{4-76}$$

将上式代入求导参数方程 $\mathrm{d}\sigma_\delta^2/\mathrm{d}\zeta = 0$ 中,可得减震体与支座间相对位移方差取极小值时的最优阻尼比,即

$$\zeta_{\mathrm{opt}} = \frac{N}{2} \tag{4-77}$$

上式说明,对于简化减震体系的减震效果评估,当仅考虑减震体与支座间相对位移方差时,体系的最优阻尼比随支撑刚度系数 N 的增大而线性快速增加,如式(4-77)所示;其增加的速度比仅考虑减震体加速度方差时要快很多。事实上,实际工程中最优阻尼比的增加速度显然是赶不上支撑刚度系数的增加速度的。也就是说,仅考虑减震体与支座间相对位移方差来评价简化减震体系减震效果的方法是与实际情况不太相符的。

4.4.3　两种方差的线性组合

同理,参照传统减震体系,也将简化减震体系的减震体与支座间相对位移方差和减震体加速度方差联合起来考虑,仍然采用最为简单直接的线性组合,与式(4-61)相同,并将式(4-67)及式(4-76)代入式(4-61)中,可得

$$\Phi = \frac{\pi S_0}{2\omega_n^3}\left[\frac{4\upsilon + 4\omega_n^4(1 + N)^2}{N^2}\zeta + \left(\frac{\upsilon + \omega_n^4}{\zeta}\right)\right] \tag{4-78}$$

将上式中的性能指标函数 Φ 对阻尼比 ζ 求导，并令其等于零，得到如下简化减震体系最优阻尼比的参数方程

$$\frac{\mathrm{d}\Phi}{\mathrm{d}\zeta} = \frac{\pi S_0}{2\omega_n^3}\left(\frac{4\upsilon + 4\omega_n^4(1+N)^2}{N^2} - \frac{\upsilon + \omega_n^4}{\zeta^2}\right) = 0 \qquad (4\text{-}79)$$

求解上面关于阻尼比 ζ 的参数方程，得到简化减震体系的综合性能指标 Φ 取极小值时的最优阻尼比为

$$\zeta_{\text{opt}} = \frac{\left(1 + \dfrac{\upsilon}{\omega_n^4}\right)^{\frac{1}{2}}}{2\left[\left(1 + \dfrac{1}{N}\right)^2 + \dfrac{\upsilon}{N^2\omega_n^4}\right]^{\frac{1}{2}}} \qquad (4\text{-}80)$$

当体系的支撑刚度系数 $N \to \infty$ 时，性能指标函数 Φ 取极小值是对应的最优阻尼比为

$$\zeta^* = \lim_{N \to \infty}\frac{\left(1 + \dfrac{\upsilon}{\omega_n^4}\right)^{\frac{1}{2}}}{2\left[\left(1 + \dfrac{1}{N}\right)^2 + \dfrac{\upsilon}{(N^2\omega_n^4)}\right]^{\frac{1}{2}}} = \frac{1}{2}\left(1 + \frac{\upsilon}{\omega_n^4}\right)^{\frac{1}{2}} = \frac{\sqrt{\upsilon + \omega_n^4}}{2\omega_n^2} \quad (4\text{-}81)$$

对比式（4-80）和式（4-81），可得以下结论：

①传统减震体系是简化减震体系在支撑刚度系数 $N \to \infty$ 时的特殊情况；

②简化减震体系的最优阻尼比值式（4-80），比传统减震体系的最优阻尼比值式（4-81）要小一些；

③结合传统减震体系中对应的结论，可知在求最优阻尼比的过程中，与减震体加速度方差相关的体系固有频率 ω_n 的重要性明显大于与相对位移相关的权因子 υ。

4.5　实用减震体系随机振动响应及参数研究

根据第 3 章的 3.5 节的内容，本书研究的实用减震体系主要有 3 种类型，分

别如图 3-20、图 3-25 和图 3-30 所示。其中,实用减震体系二是简化减震体系的进一步延伸,主要考虑了实际工程中连接阻尼器的支撑构件通常分为上下两部分;实用减震体系一和实用减震体系三分别为简化减震体系和实用减震体系二分别考虑结构自身阻尼和附加阻尼的力学模型。事实上,分别考虑结构自身阻尼及附加阻尼的情况可以转化为仅考虑附加阻尼的情况再加上结构自身的阻尼,简化减震体系与三个实用减震体系实际上是相通的。因而,本节仅重点对实用减震体系二的随机振动响应及参数进行研究。

4.5.1　绝对加速度方差的计算

对于图 3-25 所示的实用减震体系二的力学模型,设减震体与支座之间的相对位移为 $\delta(t)$,减震体的位移和加速度分别为 $x(t)$ 和 $\ddot{x}(t)$,支座位移和加速度分别为 $u(t)$ 和 $\ddot{u}(t)$,且在式(3-84)中给出了 $x(t)$ 对 $u(t)$ 的传递函数。明显地,实用减震体系二中减震体加速度对支座加速度的传递函数,与减震体位移对支座的传递函数完全相同。因此,减震体加速度对支座加速度的传递函数便是式(3-84)中确定的 $G(s)$,如下所示

$$G(s) = \frac{(N+2)kcs + Nk^2}{2mcs^3 + Nmks^2 + (N+2)kcs + Nk^2} \tag{4-82}$$

在上式中将宗量 s 用虚变量 $j\omega$ 代替,得到减震体加速度 $\ddot{x}(t)$ 对支座加速度 $\ddot{u}(t)$ 的频率特性表达式为

$$G(j\omega) = \frac{Nk^2 + ck\omega(N+2)j}{Nk^2 - Nmk\omega^2 + [ck\omega(N+2) - 2mc\omega^3]j} \tag{4-83}$$

将式(3-18)中的无阻尼固有频率、临界阻尼系数 c_c 和阻尼比 ζ 代入上式,整理后可得

$$G(j\omega) = \frac{N + 2\zeta(N+2)\left(\dfrac{\omega}{\omega_n}\right)j}{N - N\left(\dfrac{\omega}{\omega_n}\right)^2 + \left[2\zeta(N+2)\left(\dfrac{\omega}{\omega_n}\right) - 4\zeta\left(\dfrac{\omega}{\omega_n}\right)^3\right]j} \tag{4-84}$$

同理,上式可写成式(3-30)的形式,然后按照式(3-32)便可求出减震体加速度对支座加速度的幅频特性 $R(\omega)$。此时,若假定支座加速度的频谱密度为常数 S_0,则将 $R(\omega)$ 和 S_0 代入式(4-37)并积分,求得实用减震体系二减震体绝对加速度 $\ddot{x}(t)$ 的随机响应方差的解析式为

$$\sigma_{\ddot{x}}^2 = \frac{1}{2\pi}\int_{-\infty}^{\infty} R(\omega)^2 S_0 \mathrm{d}\omega = 2\pi\omega_n S_0\left[\zeta\left(1+\frac{2}{N}\right)^2 + \frac{1}{4\zeta}\right] \tag{4-85}$$

为了求得减震体加速度随机响应方差的最小值,采用极值定理,将上式中的加速度方差 $\sigma_{\ddot{x}}^2$ 对阻尼比 ζ 求导,并令其等于零,得到确定实用减震体系二的最优阻尼比 ζ_{opt} 的参数方程

$$\frac{\mathrm{d}\sigma_{\ddot{x}}^2}{\mathrm{d}\zeta} = 0 \tag{4-86}$$

将式(4-85)代入式(4-86)并化简,求解后可得减震体加速度方差取极小值时的最优阻尼比

$$\zeta_{\mathrm{opt}} = \frac{N}{2(N+2)} \tag{4-87}$$

至此,可将上式求得的使得减震体加速度方差最小的最优阻尼比代回式(4-85)可得

$$(\sigma_{\ddot{x}}^2)_{\min} = 2\pi\omega_n S_0\left(1+\frac{2}{N}\right) \tag{4-88}$$

将式(4-87)中的支撑刚度系数 N 用 $2N$ 代替,则可得到如下表达式

$$\zeta_{\mathrm{opt}} \overset{N\to 2N}{=} \frac{2N}{2(2N+2)} = \frac{N}{2(N+1)} \tag{4-89}$$

对比式(4-69)和式(4-89))可知,两表达式一样。也就是说,当实用减震体系二中的上下连接的支撑刚度系数均为 $2N$ 时,其串联起来便是简化减震体系中的总支撑刚度系数 N。

4.5.2 相对位移方差的计算

根据实用减震体系二的运动方程式(3-82),结合减震体位移 $x(t)$ 对支座位

移 $u(t)$ 的传递函数和频率特性,经过拉普拉斯变换和初等运算,先导出减震体与支座间相对位移 $\delta(t)$ 对支座加速度 $\ddot{u}(t)$ 的频率特性。已知如下关系式

$$\begin{cases} x(t) = \delta(t) + u(t) \\[2mm] \dfrac{X(j\omega)}{U(j\omega)} = G(j\omega) \\[2mm] \ddot{u}(t) = \omega^2 u(t) \end{cases} \tag{4-90}$$

以上式为依据,则可推出减震体与支座间相对位移 $\delta(t)$ 对支座加速度 $\ddot{u}(t)$ 的频率特性为

$$G_1(j\omega) = \frac{1 - G(j\omega)}{\omega^2} \tag{4-91}$$

将式(4-84)代入式(4-91),经整理后得

$$G_1(j\omega) = \frac{1}{\omega^2}\left\{ \frac{-N\left(\dfrac{\omega}{\omega_n}\right)^2 - 4\zeta\left(\dfrac{\omega}{\omega_n}\right)^3 j}{N - N\left(\dfrac{\omega}{\omega_n}\right)^2 + \left[2\zeta(N+2)\left(\dfrac{\omega}{\omega_n}\right) - 4\zeta\left(\dfrac{\omega}{\omega_n}\right)^3\right]j} \right\} \tag{4-92}$$

同理,上式可写成式(3-30)的形式,然后按照式(3-32)便可求出减震体加速度对支座加速度的幅频特性 $R_1(\omega)$。若假定支座加速度的频谱密度为常数 S_0,则将 $R_1(\omega)$ 和 S_0 代入式(4-37)并积分,便可求得实用减震体系二减震体与支座间相对位移 $\delta(t)$ 的随机响应方差为

$$\sigma_\delta^2 = \frac{1}{2\pi}\int_{-\infty}^{\infty} R(\omega)^2 S_0 \, d\omega = \frac{\pi S_0}{2\zeta\omega_n^3}\left[1 + \left(\frac{4\zeta}{N}\right)^2\right] \tag{4-93}$$

同理,可以试着分析:减震体与支座间相对位移方差的极小值,为了便于上式中相对位移方差 σ_δ^2 对阻尼比 ζ 求导,先将上式改写如下

$$\sigma_\delta^2 = \frac{\pi S_0}{2\omega_n^3}\left(\frac{1}{\zeta} + \frac{16\zeta}{N^2}\right) \tag{4-94}$$

将上式代入求导参数方程 $d\sigma_\delta^2/d\zeta = 0$ 中,可得减震体与支座间相对位移方差取极小值时的最优阻尼比,即

$$\zeta_{\text{opt}} = \frac{N}{4} \tag{4-95}$$

式(4-95)说明,对于实用减震体系二的减震效果评估,当仅考虑减震体与支座间相对位移方差时,体系的最优阻尼比随支撑刚度系数 N 的增大而线性快速增加,其增加的速度比仅考虑减震体加速度方差时要快很多。

4.5.3　两种方差的线性组合

参照传统减震体系和简化减震体系,也将实用减震体系二的减震体与支座间相对位移方差和减震体加速度方差联合起来考虑,仍然采用最为简单的线性组合,与式(4-61)相同,并将式(4-85)及式(4-94)代入式(4-61)中,可得

$$\Phi = \frac{\pi S_0}{2\omega_n^3}\left[\frac{16\upsilon + 4\omega_n^4(N+2)^2}{N^2}\zeta + \left(\frac{\upsilon + \omega_n^4}{\zeta}\right)\right] \tag{4-96}$$

将上式中的性能指标函数 Φ 对阻尼比 ζ 求导,并令其等于零,得到如下实用减震体系二最优阻尼比的参数方程

$$\frac{\mathrm{d}\Phi}{\mathrm{d}\zeta} = \frac{\pi S_0}{2\omega_n^3}\left(\frac{16\upsilon + 4\omega_n^4(N+2)^2}{N^2} - \frac{\upsilon + \omega_n^4}{\zeta^2}\right) = 0 \tag{4-97}$$

求解上面关于阻尼比 ζ 的参数方程,得到实用减震体系二的综合性能指标 Φ 取极小值时的最优阻尼比为

$$\zeta_{\mathrm{opt}} = \frac{\left(1 + \dfrac{\upsilon}{\omega_n^4}\right)^{\frac{1}{2}}}{2\left[\left(1 + \dfrac{2}{N}\right)^2 + \dfrac{4\upsilon}{N^2\omega_n^4}\right]^{\frac{1}{2}}} \tag{4-98}$$

同理,将实用减震体系二中上下连接支撑刚度系数 $2N$ 替换为简化减震体系中总支撑刚度系数 N 时,上式便转化为简化减震体系的最优阻尼比式(4-80)。

4.6　非线性减震体系随机响应的近似算法

我们知道,通常情况下阻尼器中是存在许多非线性因素的。当我们把阻尼器放到试验设备上进行相应的振动试验,测量其输出量和输入量,得到它们的

关系曲线,通常测得的是存在滞回环的滞回曲线。为了便于分析与研究,可以采用一类特殊的菱形描述这条滞回曲线,并以此作为阻尼器输出力的数学模型[134]。第3章的3.6节已经介绍了自动控制理论的谐波线性化法,导出了简谐振动激励时阻尼器的当量刚度系数 k_{eq} 和当量阻尼系数 c_{eq} 的解析式,其表达式如下

$$k_{eq} = \frac{k}{\pi}\left\{\frac{\pi}{2A} + \arcsin(e_0 - d_0) + (e_0 - d_0)\left[1 - (e_0 - d_0)^2 A^2\right]^{\frac{1}{2}}\right\} \quad (4\text{-}99)$$

$$c_{eq} = \frac{4d_0 e_0 kA}{\omega} \quad (4\text{-}100)$$

如果支座加速度为白噪声,频谱密度则为常数 S_0。那么,之前研究线性问题取得的所有结果,包括已求出的线性减震体系随机响应方差的解析式也都可以用于计算非线性减震体系的随机响应方差。对于传统减震体系、简化减震体系和实用减震体系的具体计算方法分别说明如下。

首先,利用式(4-99)和式(4-100)计算出非线性阻尼器的当量刚度系数 k_{eq} 和当量阻尼系数 c_{eq},分别用它们取代传统减震体系运动方程式(3-13)中的弹簧刚度系数 k 和阻尼系数 c,则非线性减震体系就简化成为与其相当的等效线性减震体系。然后按照4.3节求解线性减震体系随机响应方差的过程,便能得到传统非线性减震体系的相对位移方差 σ_δ^2 和绝对加速度方差 $\sigma_{\ddot{x}}^2$,得到的结果便是前面求出的式(4-50)和式(4-58),分别列式如下

$$\sigma_\delta^2 = \frac{\pi}{2}\frac{S_0}{\zeta\omega_n^3} \quad (4\text{-}101)$$

$$\sigma_{\ddot{x}}^2 = 2\pi\omega_n S_0\left(\zeta + \frac{1}{4\zeta}\right) \quad (4\text{-}102)$$

其次,利用式(4-99)和式(4-100)计算出非线性阻尼器的当量刚度系数 k_{eq} 和当量阻尼系数 c_{eq},取代简化减震体系运动方程式(3-46)中的弹簧刚度系数 k 和阻尼系数 c,则将非线性减震体系转化为与其相当的等效线性减震体系。再按照4.4节求出的简化减震体系相对位移方差 σ_δ^2 和绝对加速度方差 $\sigma_{\ddot{x}}^2$ 的过

程,得到的结果如式(4-75)和式(4-67)所示,分别列式如下

$$\sigma_\delta^2 = \frac{\pi S_0}{2\zeta\omega_n^3}\left[1 + \left(\frac{2\zeta}{N}\right)^2\right] \tag{4-103}$$

$$\sigma_{\ddot{x}}^2 = 2\pi\omega_n S_0\left[\zeta\left(1 + \frac{1}{N}\right)^2 + \frac{1}{4\zeta}\right] \tag{4-104}$$

最后,同样利用式(4-99)和式(4-100)计算出非线性阻尼器的当量刚度系数 k_{eq} 和当量阻尼系数 c_{eq},取代实用减震体系二运动方程式(3-82)中的弹簧刚度系数 k 和阻尼系数 c,再按照4.5节推导的实用减震体系相对位移方差 σ_δ^2 和绝对加速度方差 $\sigma_{\ddot{x}}^2$ 的过程,得到的结果分别如式(4-93)和式(4-85)所述,列式如下

$$\sigma_\delta^2 = \frac{\pi S_0}{2\zeta\omega_n^3}\left[1 + \left(\frac{4\zeta}{N}\right)^2\right] \tag{4-105}$$

$$\sigma_{\ddot{x}}^2 = 2\pi\omega_n S_0\left[\zeta\left(1 + \frac{2}{N}\right)^2 + \frac{1}{4\zeta}\right] \tag{4-106}$$

通过以上分析,便可得到不同减震体系中减震体相对于支座的相对位移和减震体绝对加速度响应方差的解析式。接下来常见的方法是综合考虑两者的影响,得到两方差和的解析式,称为性能指标函数 Φ;当然,也可以考虑采用其他方法来考虑两者的影响。将其对阻尼比求导并令其等于零,构成非线性减震体系的参数方程。最后,求解该参数方程,便能得到减震体系最优阻尼比的计算公式。

需要指出的是,采用当量刚度系数和当量阻尼系数来考虑非线性减震体系参数的方法,其计算过程简单,计算结果的精度通常能够满足工程设计的需要。但在某些特殊情况下要求计算精度比较高时,需要采用严格的非线性随机振动理论,计算减震体系平稳随机响应的方差。事实上,前面的计算方法适用于弱非线性问题,当需要计算强非线性振动系统随机响应方差时,文献[141]中给出了计算结果精度足够高的非高斯矩方法这一算法。

显然,要使计算结果符合实际试验结果,非线性环节的特性必须尽可能真

实。文献［145］中提供了一种试验辨识非线性系统特性的计算方法。首先,采集阻尼器承受随机振动时激励和响应的试验数据,得到非线性阻尼器的滞回特性曲线。然后,利用 Hermite 多项式的正交性,就能辨识出非线性系统数学模型的参数。最后,利用本节的近似计算方法便可计算具有双线性特性的非线性减震体系受到白噪声激励时的随机响应。因而,文献［141］和文献［145］提供的计算非线性振动系统白噪声激励的随机响应方法,可以用于检验各种广泛采用的工程计算方法所得结果的精确程度。

4.7 本章小结

本章研究了考虑阻尼器支撑构件刚度后的线性减震体系在平稳随机振动下的响应及其最优阻尼参数研究,属于对非平稳随机过程响应的简化考虑,并通过减震体系在平稳随机振动下的相对位移方差和绝对加速度方差两个指标及其组合来评价减震体系的性能目标,主要得到以下结论:

①简谐振动与随机振动的区别主要体现在稳态响应的频谱密度函数上,简谐振动的频谱密度是已知频率的离散频谱,随机振动的频谱密度则是连续频谱;相同强度的低频随机激励分量产生的随机响应方差,必定大于高频随机激励分量产生的响应方差,故应特别重视减小减震体系低频段的幅频特性,增加减震体系的阻尼是一种十分高效的方法,增加阻尼器的支撑刚度也将会带来较好的减震效果。

②传统减震体系、简化减震体系及实用减震体系在受随机振动激励时,推导了相对位移方差、绝对加速度方差响应的最优阻尼参数,得到各减震体系在两种响应下的最优阻尼比;将两个指标线性组合后得到性能指标函数 Φ,分析了针对 Φ 的最优阻尼比;并对简化减震、实用减震与传统减震最优阻尼参数的一致性进行了验证;最后指出,在一般的减震体系中,绝对加速度方差对体系的减震效果(如最优阻尼比)起着十分重要的作用。

③将性能指标函数 Φ 对阻尼比求导并令其等于零,也可用于求解非线性减震体系的参数方程,推导非线性减震体系最优阻尼比的计算公式。需要注意应用前提:在弱非线性减震体系中,可采用当量刚度系数和当量阻尼系数来考虑非线性减震体系的最优阻尼参数,该方法计算过程简单,计算结果的精度通常能够满足工程设计的需要;但在强非线性减震体系或要求计算精度较高等特殊情况下,则需要采用严格的非线性随机振动理论,计算减震体系的平稳随机响应方差,进而求得强非线性减震体系的最优阻尼参数。

第 5 章 基于层间位移利用率的
减震效率研究

5.1 引言

黏滞阻尼器(Viscous Fluid Damper,VFD)是一种速度相关型阻尼器,液体在运动过程中产生的阻尼力与位移异相(对于线性黏滞阻尼器,相位差为 $\pi/2$),黏滞阻尼器耗能主要是因为在地震等外荷载激励下,阻尼器的位移和与速度相关的阻尼力所形成的滞回曲线所消耗的能量。同时,黏滞阻尼器具有不提供静态附加刚度,受外荷载激励频率和温度的影响较小等优点[3,11,87],因此黏滞阻尼器在消能减震设计中得到了广泛的应用。

黏滞阻尼器常见的支撑方式有水平式、斜撑式及套索式等。现有的一些研究[146]通常是只考虑了与阻尼器相连的消能子结构的剪切变形,在此基础上考虑阻尼器的位移放大系数。例如,单斜撑式的阻尼器位移放大系数为 $\cos\theta$(θ 为阻尼器与水平方向的夹角,习惯上称位移放大系数,事实上对于单斜撑而言 $\cos\theta$ 是小于"1.0"的值),而水平式的阻尼器位移放大系数等于"1.0"(阻尼器与水平方向的夹角为0°)。目前的工程应用中,阻尼器最常采用的是属于水平式的中间柱型(此处的柱为扁柱,实际工程中也称为上、下悬臂墙或上、下支墩),如图 5-1 所示。在大量实际工程应用中发现:相同的阻尼器布置在图 5-1 所示的同跨中的不同位置时,其减震效果差别明显,中间柱居中布置时的减震效果甚至可以达到中间柱靠边布置的两倍左右。也就是说,欲达到同样的减震效果(如附加阻尼比),阻尼器居中布置时所需的附加阻尼仅为靠边布置时的一半左右,当阻尼器参数适当时,可理解为只需要一半数量的阻尼器。这对于附加阻尼器后消能减震结构的设计方法及其经济性将有着十分重大的意义。

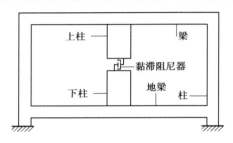

图 5-1　中间柱型阻尼器布置示意图

本章将对上述实际工程中发现的现象进行深入研究,指出对于阻尼器的位移仅考虑消能子结构的剪切变形是不够的,还应考虑梁柱节点的转动带动中间柱的上柱、下柱的转动,上柱、下柱自身在阻尼力下的变形,消能子结构梁柱的轴向变形引起的阻尼器位移及子结构梁上重力荷载引起的阻尼器位移等方面的因素。这些影响阻尼器位移的因素几乎都与子结构的梁柱刚度比、构件自身刚度有着或多或少的关系。除此之外,还有前面提到的阻尼器布置位置这一重要因素。为此,本章提出了与阻尼器位移相关的层间位移利用率[147-149]这一概念来评价黏滞阻尼器在框架结构中的耗能效率,层间位移利用率是指实际工程中的阻尼器最大位移与其所在楼层最大位移之比。本章还重点研究了影响层间位移利用率的主要因素,并进行细致的公式推导,得出层间位移利用率的计算公式,并将其用于修正消能减震结构所需的附加阻尼,进而提出一整套完整的基于层间位移利用率的消能减震设计方法,并通过具体工程实例验证了基于层间位移利用率法修正消能减震结构附加阻尼这一方法的正确性与实用性,也充分说明了考虑层间位移利用率后减震结构的设计将变得更经济。

5.2　不同支撑方式下阻尼器位移放大系数

前面提到,对于支撑黏滞阻尼器的支撑形式,目前工程中比较常用的形式有水平式、斜撑式及套索式等。其中,水平式包括常见的中间柱型、门架型、V字形和人字形等支撑形式。在实际工程中,需要考虑具体的建筑功能等条件的限制,采用合适的支撑形式。接下来分别分析三种支撑形式在只考虑子结构剪切变形时的阻尼器位移。

5.2.1　斜撑式阻尼器位移放大系数

对于一般的多层房屋,常常假设仅考虑结构的一阶振型的作用,结构的层间位移可表示为

$$u_i = A\phi_i \tag{5-1}$$

式中,ϕ_i 为第 i 个自由度第一阶振型的正规化位移(通常将顶层位移正规化为"1"),A 为结构顶层的最大位移。

根据变形协调关系,对于与水平方向有一定夹角的斜撑式阻尼器,阻尼器的位移可表示为

$$u_j = u_i \cos \theta_j \tag{5-2}$$

式中,θ_j 为阻尼器与水平方向的夹角。

通常我们将 $\cos \theta_j$ 称为斜撑式阻尼器位移放大系数,用 f 表示,即斜撑式阻尼器位移放大系数可表示为

$$f = \cos \theta_j \tag{5-3}$$

事实上,当 $\theta_j > 0°$ 时,阻尼器位移放大系数 $\cos \theta_j$ 是一个小于"1"的数值。常见的斜撑式阻尼器有图 5-2 中所示的几种形式:单斜撑、人字撑、V 字撑,每种支撑形式又可以分为阻尼器在下的上支撑型和阻尼器在上的下支撑型。

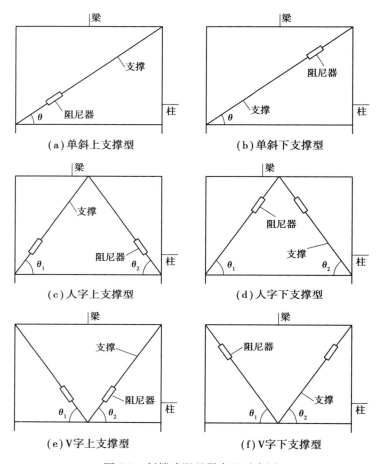

图 5-2　斜撑式阻尼器布置示意图

显然,单斜撑的阻尼器位移放大系数为 cos θ;人字撑及 V 字撑的阻尼器位移放大系数左右两侧分别为 cos θ₁ 和 cos θ₂,当阻尼器在本跨对称布置时,θ₁ = θ₂ = θ,则阻尼器位移放大系数均为 cos θ。并且阻尼器与水平方向夹角越大,则阻尼器位移放大系数越小。因而,在实际工程应用中,此夹角不宜过大,建议取值为 15°~45°,最好小于 30°。

5.2.2　水平式阻尼器位移放大系数

当阻尼器的夹角 θ 与水平方向的夹角为 0°时,则阻尼器是水平安装的,阻

尼器位移放大系数为

$$f = \cos \theta = \cos 0° = 1.0 \tag{5-4}$$

目前,最常见水平式阻尼器为中间柱型支撑,如图 5-1 所示。除此之外,还有几种不同的支撑形式,其安装示意图分别如图 5-3—图 5-5 所示。图 5-3 为人字撑形式,图 5-4 为 V 字撑形式,图 5-5 为门字撑形式。图 5-3—图 5-5 中各支撑形式的位移放大系数 f 均为"1.0"。

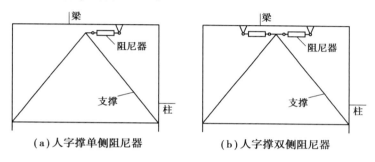

（a）人字撑单侧阻尼器　　　　　（b）人字撑双侧阻尼器

图 5-3　人字撑水平式阻尼器布置示意图

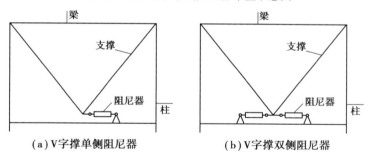

（a）V字撑单侧阻尼器　　　　　（b）V字撑双侧阻尼器

图 5-4　V 字撑水平式阻尼器布置示意图

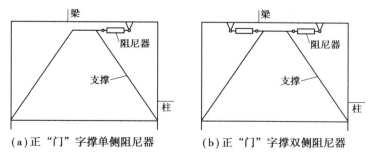

（a）正"门"字撑单侧阻尼器　　　　（b）正"门"字撑双侧阻尼器

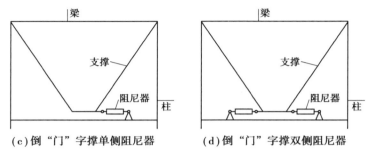

（c）倒"门"字撑单侧阻尼器　　（d）倒"门"字撑双侧阻尼器

图 5-5　门字撑水平式阻尼器布置示意图

5.2.3　套索式阻尼器位移放大系数

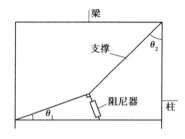

图 5-6　套索式阻尼器布置示意图

如图 5-6 所示的套索式阻尼器,当子结构发生侧移时,中间的两个支撑形式将会放大阻尼器的位移,故该种形式的阻尼器位移放大系数通常会大于"1.0",当然这也需要对两支撑与水平、竖向的夹角 θ_1 及 θ_2 进行合理的选择。参照文献[146],该套索式阻尼器位移放大系数的计算式为

$$f = \frac{\sin \theta_2}{\cos(\theta_1 + \theta_2)} \tag{5-5}$$

5.2.4　三种支撑方式的对比

首先,从阻尼器位移放大系数方面对斜撑式、水平式及套索式三种阻尼器布置形式进行对比,其结果见表 5-1。表 5-1 表明在这三种常见的支撑方式中,以套索式阻尼器位移放大系数最大,通常可以实现大于 1 的效果;斜撑式最小,通常情况下小于 1;水平式阻尼器位移放大系数居中,其值等于 1。

表 5-1 三种支撑方式的阻尼器位移放大系数对比

支撑方式	阻尼器位移放大系数 f 计算式	f 与 1.0 的关系
斜撑式	$\cos\theta$	小于 1.0
水平式	$\cos 0° = 1.0$	等于 1.0
套索式	$\dfrac{\sin\theta_2}{\cos(\theta_1+\theta_2)}$	大于 1.0

其次,从阻尼器连接的难易程度方面考虑,则套索式的安装连接上明显是三种形式中最困难的。而斜撑式与水平式的难易程度相当,需要连接的节点等数量及工作量相当;其中,对于钢筋混凝土结构体系,水平式的中间柱型其连接的难度相比其他方式而言是最为简洁的。

最后,从建筑结构功能上进行考虑,这也是最为重要的环节。阻尼器的布置受建筑功能限制的事是经常发生的,也是备受建筑工程各参与方关注的问题。在建筑纵墙方向,通常都会有各种门、窗洞口,这时带斜撑阻尼器的应用将会受到很大限制,无论是斜撑式阻尼器、含斜撑的水平式阻尼器,还是套索式阻尼器(图 5-2—图 5-6),其斜撑都将会对建筑的门窗洞口产生不可忽略的影响。相比之下,水平式中间柱型阻尼器(图 5-1)在门窗洞口之间墙宽度满足要求的前提下,对建筑的平面布置或立面效果的影响是较小的,其影响与含支撑的阻尼器相比几乎可以忽略。因此,在实际工程中,中间柱型阻尼器的应用越来越广泛。下一节将重点研究中间柱型阻尼器的层间位移利用率这一主要问题。

5.3 中间柱型层间位移利用率计算公式推导

上一节所述常见的三种支撑方式对应的阻尼器位移放大系数,均是在只考虑结构体系剪切变形作用下分析求解阻尼器的位移。事实上,阻尼器的位移还与梁柱节点的转动、支撑阻尼器的上柱、下柱变形等方面的因素有关。因而,要想得到较为真实的阻尼器位移,则需要充分考虑影响其位移的各种因素。

在分析影响层间位移利用率的因素和进行计算公式推导之前,先给出层间位移利用率的定义,层间位移利用率是指阻尼器的位移与其所在楼层的层间位移之比,其定义式如下

$$\eta = \frac{u_{\mathrm{d}}}{u_1} \tag{5-6}$$

式中,η 即为层间位移利用率;u_{d} 为阻尼器位移;u_1 为阻尼器所在楼层的层间位移。

5.3.1　层间位移利用率影响因素分析

欲分析层间位移利用率 η 的影响因素,需从其定义出发,仔细分析影响阻尼器位移 u_{d} 和层间位移 u_1 的因素。我们先从简单的单榀单跨框架进行分析,容易知道,影响层间位移的因素主要有与框架侧移刚度相关的剪切变形、与框架梁柱节点转动相关的转角位移,还有与梁柱轴向变形相关的位移,但在研究中通常都忽略了影响较小的梁柱轴向变形,如文献[150]中也证实了柱端轴向变形较小这一事实。

接下来,在这样的单榀单跨框架中安装上中间柱型阻尼器(图 5-1),考虑此时影响阻尼器位移的因素。除与纯框架相关的三个因素会影响阻尼器位移外,现在为了安装阻尼器而引入了中间柱的上柱、下柱(习惯上也称为上下悬臂墙或上下支墩),故上柱、下柱自身的变形也将会对阻尼器的位移产生影响。

另外,还有一个因素对于纯框架的层间位移也是有影响的,这就是梁构件在重力荷载下的弯曲所引起的框架层间位移。但是该重力荷载可以认为是在安装阻尼器之前就有的初始荷载,更主要的是该荷载为静力荷载,并不会使得黏滞阻尼器产生速度。故在研究黏滞阻尼器时,梁构件上的重力荷载并不对阻尼器的位移产生影响。

综上所述,影响层间位移利用率的主要因素可以归纳为以下 4 个方面:

①剪切变形,与框架侧移刚度相关;

②转角位移,与框架梁柱节点的转动相关;

③梁柱轴向变形,与梁柱轴向刚度相关,对于中低层建筑该变形较小;

④中间柱上柱、下柱自身变形,与上下柱自身的剪切刚度、弯曲刚度相关。

本章后面将重点分析①、②及④三个影响层间位移利用率的因素。事实上,结合第 3 章的分析可知,对于上下柱刚度较大的情况,因素④的影响也可以忽略,这将在后面的内容中体现。此时,最重要的因素有①和②两个方面。下面将重点对每个影响层间位移利用的因素进行详细研究,并最终推导出中间柱型层间位移利用率的计算表达式。

5.3.2　理想单自由度体系力-位移关系

（1）理想单自由度体系

考虑如图 5-7 所示的单层结构的理想化模型,它由一个均布在顶部的质量 M、一个侧移刚度为 K 的无质量框架和一个能够耗散输入体系能量的黏滞阻尼单元构成。对于一般的工程及研究问题,我们假设梁和柱均无轴向变形。虽然实际结构的每个构件(梁、柱、墙等)都将为结构提供质量、刚度和阻尼,分别会对结构的惯性、弹性和耗能产生影响,但对于理想化体系,每一个特性都集中在三个独立、单一的元件里,可以分别称为质量元件、刚度元件和阻尼元件[13,151]。

为了确定图 5-7 所示框架的侧向刚度,对于静力分析问题需要侧向位移和两个节点转角三个自由度来进行描述,而对于动力分析来说,这种质量理想化的体系仅需要侧向位移一个自由度便可以进行描述。因此,习惯上将这一单层结构的理想化模型称为单自由度(SDOF)体系。

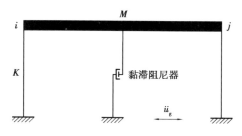

图 5-7　单层结构理想化模型(SDOF)

（2）力-位移关系

对于线性体系，侧向力 f_s 与其引起的侧向变形 u 之间的关系为线性，即

$$f_s = ku \tag{5-7}$$

式中，k 为单自由度结构体系的侧向刚度，常见的单位有 N/mm，kN/mm 等。

显然，侧向刚度 k 的大小与对应框架的梁柱刚度有关。如图 5-8(a)所示，假设该框架的跨度为 L，高度为 h，梁柱构件的弹性模量为 E，梁柱横截面对弯曲轴的惯性矩分别为 I_b，I_c，柱低端固定在基础上。对于以下两种特殊情况，结合结构力学的知识，我们不难知道体系的侧向刚度分别如下：

① 当梁是刚性，即弯曲刚度 $EI_b = \infty$ 时：

$$k = \sum_{柱} \frac{12EI_c}{h^3} = \frac{24EI_c}{h^3} \tag{5-8}$$

② 当梁无刚度，即弯曲刚度 $EI_b = 0$ 时：

$$k = \sum_{柱} \frac{3EI_c}{h^3} = \frac{6EI_c}{h^3} \tag{5-9}$$

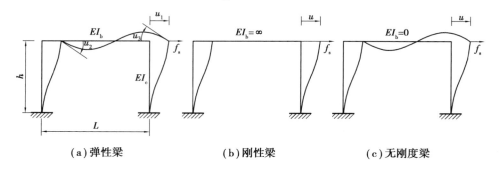

(a) 弹性梁　　　　　　(b) 刚性梁　　　　　　(c) 无刚度梁

图 5-8　不同梁刚度的侧向力-位移关系

由式(5-8)和式(5-9)观察梁刚度变化的两个极值，可知框架侧向刚度与梁的长度 L 无关。实际上框架的侧向刚度与梁柱各自的线刚度相关，可用梁柱线刚度比 ρ[13,151] 来进行修正，如下式所示

$$k = \frac{24EI_c}{h^3} \frac{12\rho + 1}{12\rho + 4} \tag{5-10}$$

式中, $\rho = (\sum\limits_{\text{梁}} EI_{\text{b}}/L_{\text{b}})/(\sum\limits_{\text{柱}} EI_{\text{c}}/L_{\text{c}})$ 为梁柱线刚度比, 下标 b 和 c 分别表示梁和柱, 且当 $\rho = \infty$ 和 $\rho = 0$ 时分别对应式(5-8)和式(5-9)的结果, 表明当柱截面及高度一定时, 该框架的侧向刚度的最大值与最小值之间相差 4 倍。将侧向刚度 k 考虑成梁柱线刚度比 ρ 的函数, 则其结果如图 5-9 所示。

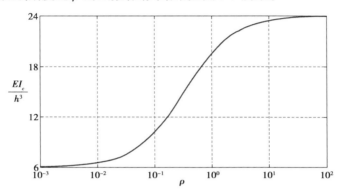

图 5-9　框架侧刚度 k 与梁柱线刚度比 ρ 的函数关系曲线

当框架梁的实际刚度介于图 5-9 所示的两个极值之间时, 可采用标准的结构静力分析方法来计算框架的侧向刚度。如图 5-8(a)所示, 框架的刚度矩阵可由三个自由度表示, 分别为侧向位移 u_1 与两个梁柱结点的转角 u_2 和 u_3。通过静力凝聚的方法消除结点转角 u_2 和 u_3, 则最终便可求得式(5-7)中的框架侧向刚度 k。

为了清晰地说明求解框架侧向刚度 k 的方法和步骤, 在此先举一个简单的实例。如图 5-10(a)所示, 体系为三自由度, 为了得到 3×3 阶刚度矩阵的第一列元素, 仅令自由度 u_1 发生单位位移, 即 $u_1 = 1, u_2 = 0, u_3 = 0$; 在结构力学的位移法中便给出了等截面弯曲单元刚度系数(参见 5.3.3 节)的确定方法, 由此可以求得此情况下的各自由度处的力 k_{i1}, 如图 5-10(b)所示。同理可分别求得刚度矩阵的第二列和第三列元素 k_{i2} 和 k_{i3}。为了方便计算, 假设 $L = 2h, I_{\text{b}} = I_{\text{c}}$, 并且框架受到侧向力 f_{s} 的作用, 则体系的平衡方程为

$$\frac{EI_c}{h^3}\begin{pmatrix} 24 & 6h & 6h \\ 6h & 6h^2 & h^2 \\ 6h & h^2 & 6h^2 \end{pmatrix}\begin{pmatrix} u_1 \\ u_2 \\ u_3 \end{pmatrix} = \begin{pmatrix} f_s \\ 0 \\ 0 \end{pmatrix} \tag{5-11}$$

利用静力凝聚方法的思维消去结点的转角自由度，结点转角能用侧向位移表达为

$$\begin{pmatrix} u_2 \\ u_3 \end{pmatrix} = -\begin{pmatrix} 6h^2 & h^2 \\ h^2 & 6h^2 \end{pmatrix}^{-1}\begin{pmatrix} 6h \\ 6h \end{pmatrix}u_1 = -\frac{6}{7h}\begin{pmatrix} 1 \\ 1 \end{pmatrix}u_1 \tag{5-12}$$

将式(5-12)代回至式(5-11)的三个方程的第一个中，可求得

$$f_s = \left(\frac{24EI_c}{h^3} - \frac{EI_c}{h^3}\frac{6}{7h}(6h \quad 6h)\begin{pmatrix} 1 \\ 1 \end{pmatrix} \right)u_1 = \frac{96}{7}\frac{EI_c}{h^3}u_1 \tag{5-13}$$

由式(5-7)和式(5-13)可知，该框架体系的侧向刚度为

$$k = \frac{96}{7}\frac{EI_c}{h^3} \tag{5-14}$$

比较式(5-10)可知，当 $\rho = 1/4$ 时，便得到式(5-14)的结果，即当 $L = 2h$，$I_b = I_c$ 时

$$\rho = \frac{\dfrac{\sum_{\text{梁}} EI_b}{L_b}}{\dfrac{\sum_{\text{柱}} EI_c}{L_c}} = \frac{\dfrac{EI_b}{L}}{\dfrac{2EI_c}{h}} = \frac{\dfrac{I_b}{2}}{2I_c} = \frac{I_b}{4I_c} = \frac{1}{4} \tag{5-15}$$

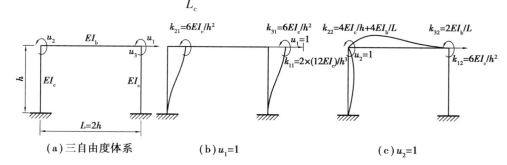

（a）三自由度体系　　　（b）$u_1=1$　　　　　（c）$u_2=1$

图5-10　静力分析求解框架侧向刚度实例

接下来对式(5-10)作一般性的推导,体系的平衡方程为

$$
\begin{pmatrix}
\dfrac{24EI_c}{h^3} & \dfrac{6EI_c}{h^2} & \dfrac{6EI_c}{h^2} \\[3mm]
\dfrac{6EI_c}{h^2} & \dfrac{4EI_c}{h} + \dfrac{4EI_b}{L} & \dfrac{2EI_b}{L} \\[3mm]
\dfrac{6EI_c}{h^2} & \dfrac{2EI_b}{L} & \dfrac{4EI_c}{h} + \dfrac{4EI_b}{L}
\end{pmatrix}
\begin{pmatrix} u_1 \\ u_2 \\ u_3 \end{pmatrix}
= \begin{pmatrix} f_s \\ 0 \\ 0 \end{pmatrix}
\tag{5-16}
$$

令 $i_c = EI_c/h$，$i_b = EI_b/L$，$\rho = i_b/(2i_c)$，由方程的二、三两式可得,结点转角可用侧向位移表达为

$$
\begin{pmatrix} u_2 \\ u_3 \end{pmatrix}
= - \begin{pmatrix}
\dfrac{4EI_c}{h} + \dfrac{4EI_b}{L} & \dfrac{2EI_b}{L} \\[3mm]
\dfrac{2EI_b}{L} & \dfrac{4EI_c}{h} + \dfrac{4EI_b}{L}
\end{pmatrix}^{-1}
\begin{pmatrix} \dfrac{6EI_c}{h^2} \\[3mm] \dfrac{6EI_c}{h^2} \end{pmatrix} u_1
$$

$$
= -\frac{1}{h}\frac{24i_c^2 + 12i_c i_b}{16i_c^2 + 12i_b^2 + 32i_c i_b}\begin{pmatrix} 1 \\ 1 \end{pmatrix} u_1
\tag{5-17}
$$

将上式代入第一个方程,可求出

$$
f_s = \frac{24EI_c}{h^3}u_1 + \frac{EI_c}{h^2}(u_2 \quad u_3)\begin{pmatrix}1\\1\end{pmatrix} = \left(\frac{24i_c}{h^2} - \frac{6i_c}{h}\frac{2}{h}\frac{24i_c^2 + 12i_c i_b}{16i_c^2 + 12i_b^2 + 32i_c i_b}\right) u_1
$$

$$
= \frac{24i_c}{h^2}\frac{12\rho^2 + 13\rho + 1}{12\rho^2 + 16\rho + 4}u_1 = \frac{24EI_c}{h^3}\frac{12\rho + 1}{12\rho + 4}u_1
\tag{5-18}
$$

对比式(5-7),可得式(5-10)

$$
k = \frac{24EI_c}{h^3}\frac{12\rho + 1}{12\rho + 4}
\tag{5-19}
$$

若令 $i_\rho = \dfrac{24i_c^2 + 12i_c i_b}{16i_c^2 + 12i_b^2 + 32i_c i_b} = \dfrac{3}{6\rho + 2}$，则式(5-17)可表示为

$$
\begin{pmatrix} u_2 \\ u_3 \end{pmatrix} = -\frac{i_\rho}{h}\begin{pmatrix} 1 \\ 1 \end{pmatrix} u_1
\tag{5-20}
$$

5.3.3 弯曲单元刚度系数

为了计算梁柱等弯曲单元的内力(弯矩和剪力),知道单元的刚度系数是必要的。对于长度为 L,截面惯性矩为 I,弹性模量为 E 的等截面单元,其刚度系数如图 5-11 所示。图中结点转动时对应的刚度系数示于图 5-11(a)中,结点平动时对应的刚度系数示于图 5-11(b)中,而图 5-11(c)则是结点转动与平动的结合。

对于图 5-11(c)所示的等截面单元,我们将它两端的结点记为 a 和 b,同样假设没有轴向变形。则它将存在 4 个自由度:分别是结点的位移 u_a 和 u_b 以及结点转角 θ_a 和 θ_b。则根据

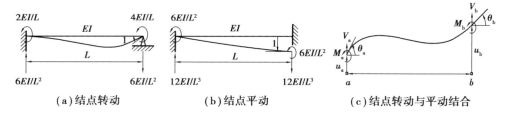

（a）结点转动　　　（b）结点平动　　　（c）结点转动与平动结合

图 5-11　弯曲单元刚度系数

结构力学位移法的知识,两端结点处的弯矩为

$$M_a = \frac{4EI}{L}\theta_a + \frac{2EI}{L}\theta_b + \frac{6EI}{L^2}u_a - \frac{6EI}{L^2}u_b \tag{5-21}$$

$$M_b = \frac{2EI}{L}\theta_a + \frac{4EI}{L}\theta_b + \frac{6EI}{L^2}u_a - \frac{6EI}{L^2}u_b \tag{5-22}$$

两端结点处的剪力为

$$V_a = \frac{6EI}{L^2}\theta_a + \frac{6EI}{L^2}\theta_b + \frac{12EI}{L^3}u_a - \frac{12EI}{L^3}u_b \tag{5-23}$$

$$V_b = -\frac{6EI}{L^2}\theta_a - \frac{6EI}{L^2}\theta_b - \frac{12EI}{L^3}u_a + \frac{12EI}{L^3}u_b \tag{5-24}$$

则在任意瞬间时刻,两端结点内力 M_a、M_b、V_a 和 V_b 均可由 u_a、u_b、θ_a 和 θ_b 求得,而单元中的任何其他截面的弯矩和剪力也可对图 5-11(c)中的单元采用

材料力学(静力学)的方法进行计算。如图 5-12 所示,仅在 b 端发生单位转角时,单元内任意截面的剪

力均为$\dfrac{6EI}{L^2}$,x 处位置的弯矩方程为

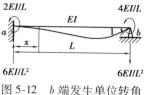

图 5-12 b 端发生单位转角

$$M(x) = \frac{2EI}{L} - \frac{6EI}{L^2}x = \frac{2EI}{L}\left(1 - \frac{3x}{L}\right) \tag{5-25}$$

当在往返的水平地震作用下,梁两端梁柱结点的转角相同,令 $\theta_a = \theta_b = \theta_0$,则图 5-12 中梁上距离 a 端 x 处的弯矩方程为

$$M(x) = \frac{6EI}{L}\theta_0 - \frac{12EI}{L^2}\theta_0 x = \frac{6EI}{L}\theta_0\left(1 - \frac{2x}{L}\right) \tag{5-26}$$

在材料力学中,对于等截面直梁,存在如下挠曲线近似微分方程

$$\omega''(x) = -\frac{M(x)}{EI} \tag{5-27}$$

式中,$\omega(x)$ 为梁的挠度,EI 为梁弯曲刚度。对其进行一次积分可得梁的转角方程

$$\theta(x) = \omega'(x) = -\frac{1}{EI}\int M(x)\,\mathrm{d}x + C_1 \tag{5-28}$$

将式(5-26)代入式(5-28),并考虑 a、b 端转角为 θ_0(注意转向)的边界条件,可求得

$$\theta(x) = -\frac{6\theta_0}{L}\left(x - \frac{x^2}{L}\right) + \theta_0 \tag{5-29}$$

令 $n = \dfrac{x}{L}$ 为支撑阻尼器上柱在梁上的相对位置,则上式可改写为

$$\theta(x) = -6\theta_0(n - n^2) + \theta_0 \tag{5-30}$$

5.3.4 上柱、下柱的自身变形

构件的变形与力的关系最终皆可以归结为式(5-7)的关系表达式,为了得到中间柱型上柱、下柱的变形,首先应该求得其刚度。上柱、下柱的变形主要包

括弯曲变形和剪切变形两个部分,故其刚度应为弯曲刚度与剪切刚度的串联。

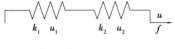

图 5-13　两弹簧串联模型

先推导两个刚度分别为 k_1 和 k_2 简单弹簧的串联刚度,如图 5-13 所示。假定弹簧两端所受到的力为 f,两个弹簧产生的位移分别为 u_1 和 u_2,则可列出串联时力与位移的关系式

$$k_1 u_1 = k_2 u_2 = f$$
$$u = u_1 + u_2$$
$$f = k'u \tag{5-31}$$

式中,u 为弹簧体系的总位移,k' 为体系的串联刚度。对上式作进一步推导可得

$$k' = \frac{k_1 k_2}{k_1 + k_2} \tag{5-32}$$

接下来考虑上柱、下柱的弯曲刚度与剪切刚度。对于其弯曲刚度,根据位移法可求得

$$k_b = \frac{3EI}{L^3} \tag{5-33}$$

式中,L 为中间柱的上柱或下柱的长度(阻尼器布置于中间柱的中间位置时)。

而对于上柱、下柱的剪切刚度,则可按照铁木辛柯梁理论进行考虑,其抗剪刚度为

$$k_s = \kappa \frac{GA}{L} \tag{5-34}$$

式中,G 为上柱、下柱材料的剪切模量,可按式 $G = \dfrac{E}{2(1+\mu)}$ 进行计算,μ 为材料的泊松比,对于混凝土通常取 $G = 0.4E$;κ 为铁木辛柯剪切系数,由其截面形状确定,对于矩形截面取 $\kappa = 5/6$。至此,便可以求出上柱或下柱在荷载作用下的实际刚度 k,即弯曲刚度与剪切刚度的串联

$$k = \frac{k_b k_s}{k_b + k_s} \tag{5-35}$$

求出上柱、下柱的刚度 k 后,便可求得相应阻尼力作用下上柱、下柱自身的

变形。对于线性黏滞阻尼器来说,阻尼力(与速度同相位)与阻尼器位移相位相差 90°,故上柱、下柱自身变形会使得阻尼器位移减小。

5.3.5　阻尼器位移与层间位移利用率

通过以上分析可得,阻尼器位移 u_d 的组成主要可以归结为三个方面,如图 5-14 所示。

①由楼层剪切变形引起的阻尼器位置处(即柱端)的位移;

②由于梁柱结点转动引起的柱端位移;

③上柱、下柱自身变形所产生的负位移。

先考虑上柱与阻尼器位移的关系(下柱类似),则有如下相应的关系式

$$\frac{u_d}{2} = u_{d1} + u_{d2} + u_{d3} \tag{5-36}$$

式中,u_{d1} 为楼层剪切变形引起的阻尼器位置处(即上柱端)的位移;u_{d2} 为梁柱结点转动引起的上柱端位移;u_{d3} 为上柱自身变形所产生的位移。

假定图 5-14 所示的体系遭受 $u_1 = A\sin(\omega t)$ 的正弦荷载作用,其中 A 为幅值,ω 为荷载频率(考虑地震作用时也可认为是结构体系的基本圆频率)。由式(5-20)可知,当体系的剪切变形为 u_1 时,梁两端的转角位移相等,与剪切变形 u_1 的关系如下所示。

$$u_2 = u_3 = -\left(\frac{i_\rho}{h}\right) u_1 \tag{5-37}$$

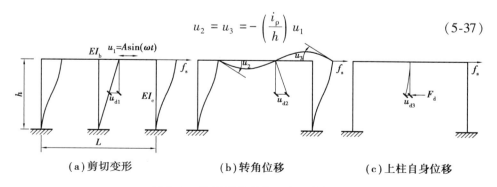

(a)剪切变形　　　　(b)转角位移　　　　(c)上柱自身位移

图 5-14　阻尼器位移的三个组成部分

（1）u_{d1}

对于楼层剪切变形引起的阻尼器位置处（即上柱端）的位移 u_{d1} 比较好计算，主要取决于阻尼器所在楼层的位置。本书主要以阻尼器位于半层高处的标准位置进行讨论。对于二层及以上楼层上柱柱端位移为楼层位移的一半；对于底层上柱柱端位移，因柱反弯点上移则其位移会有所减小。但考虑实际工程多为两层以上的结构，而且底层常常会因为建筑功能等要求不能布置阻尼器。故上柱柱端位移可统一近似取为楼层位移的一半，即有

$$u_{d1} \approx \frac{1}{2}u_1 = \frac{1}{2}A\sin(\omega t) \tag{5-38}$$

（2）u_{d2}

对于梁柱结点转动引起的上柱端位移 u_{d2}，需要结合前面单自由度体系力-位移关系的内容，为上柱根部位置梁的转角乘以上柱高（近似取为层高的一半 $h/2$）。考虑到 $u_2 = u_3 = \theta_0$，由式（5-30）有

$$u_{d2} = \theta(x) \frac{h}{2} = \left[-6u_2(n - n^2) + u_2 \right] \frac{h}{2} \tag{5-39}$$

将式（5-37）代入上式，得

$$u_{d2} = \frac{(6n - 6n^2 - 1)i_\rho u_1}{2} \tag{5-40}$$

（3）u_{d3}

结构体系在 $u_1 = A\sin(\omega t)$ 的外荷载激励下，对于速度型阻尼器，阻尼力为线性阻尼器的 $F_d = cv$ 或者非线性阻尼器的 $F_d = cv^\alpha$，c 为黏滞阻尼系数，v 为阻尼器内活塞杆的运动速度。则上柱柱端的变形可表示为 $u_{d3} = -F\cos(\omega t)$，$F = F_d/k$ 为上柱柱端变形幅值。由此可知，与 u_{d1} 和 u_{d2} 相比，u_{d3} 的峰值相位角滞后 90°。故速度型阻尼器的位移表达式（5-36）可表示为

$$u_d = \left[1 + (6n - 6n^2 - 1)i_\rho \right]A\sin(\omega t) - 2F\cos(\omega t) \tag{5-41}$$

按照上式求出结构体系在 $u_1 = A\sin(\omega t)$ 的外荷载激励下阻尼器的位移 u_d

之后,代入式(5-6),便可求得中间柱型阻尼器的层间位移利用率 η。

5.4　层间位移利用率对结构减震效率的影响

本节先对基于式(5-41)和式(5-6)计算层间位移利用率 η 的表达式进行简化,然后基于理论分析和数值模拟提出层间位移利用率关于梁柱线刚度比和阻尼器布置位置的修正函数,得到修正后的层间位移利用率表达式 η_{m},再将修正后的层间位移利用率用于修正结构的附加阻尼并进行工程实例的验证,最后提出一套完整的基于层间位移利用率计算消能减震结构附加阻尼的方法体系。

5.4.1　层间位移利用率计算式的简化

阻尼器的位移式(5-41)表明,目前影响层间位移利用率的因素主要来源于三个方面:减震体系的侧向剪切变形 u_{d1}、梁柱结点的转角位移 u_{d2} 和上下柱自身的变形 u_{d3}。显然,对于常规的减震结构,其剪切变形是影响层间位移利用率的主要因素;梁柱结点的转角位移可能也是一个比较重要的因素,关于这点将在下文进行仔细研究。

（1）上下柱自身变形的考虑

对于线性阻尼器,在忽略其动刚度的前提下,上下柱自身变形在阻尼器位移最大、速度为零时刻变形最小,而在阻尼器位移为零、速度最大时刻变形最大。这是因为忽略阻尼器的动态刚度后,线性阻尼器速度与位移之间存在的相位差正好为90°。但是在实际分析中,考虑黏滞液体压缩等效应的动态刚度后,阻尼器速度(或者阻尼器出力)的相位角并不是恰好滞后于位移90°,而是略小于90°。另外,对于非线性阻尼器,其速度的相位角也是滞后于位移略小于90°的。综上所述,考虑阻尼器动态刚度的恢复力模型的简化理论公式[1]可表示为

$$f(t) = C\left[v - \frac{\dot{f}(t)}{k(f)}\right]^{\alpha} \tag{5-42}$$

式中，$f(t)$ 为阻尼器的出力；c 为阻尼器的阻尼系数；$k(f)$ 为阻尼器的动态刚度；α 为阻尼器的阻尼指数，当 $\alpha=1$ 时为线性阻尼器，当 $\alpha \neq 1$ 时为非线性阻尼器。

我们知道，黏滞阻尼器的动态刚度会随阻尼器内部压强的变化而动态变化，在模型的数值模拟分析中是较为复杂的。目前，采用的简化算法的中心思想是将"动刚度"转化为"静刚度"来考虑。基于此，本书第 2 章中对阻尼器动态刚度及其自身刚度进行了仔细的研究与分析，并通过对实际使用的非线性阻尼器进行性能测试与分析，最终得出在通常情况下实际工程分析中阻尼器刚度对阻尼器耗能效率的影响较小（可以忽略）这一结论。

接下来考虑连接阻尼器的上下柱在阻尼力作用下的变形，这事实上取决于 5.3.4 节中上下柱的关于弯曲刚度和剪切刚度串联后刚度的大小，以及阻尼器在地震等外荷载激励作用下的出力大小。在第 3 章对各种减震体系力学模型进行了支撑刚度系数 N（在此即为上下柱刚度与减震体系的侧移刚度之比）的影响分析，在此以第 3 章中 3.4 节的简化减震体系为例进行说明。如图 3-11 所示，（a）、（b）、（c）、（d）四个子图分别表示了不同阻尼比 $\zeta=0.05$，$\zeta=0.10$，$\zeta=0.20$ 和 $\zeta=0.30$ 下的幅频响应曲线，从图中可知：在阻尼比较小时，支撑刚度系数 N 对幅频响应曲线幅值几乎没有影响；在阻尼比较大时，支撑刚度系数 N 对幅频响应曲线幅值的影响较为显著，从（c）、（d）中可以看出，当支撑刚度系数 $N>3$ 时，幅频响应曲线幅值几乎不再变化。另外，通过表 3-1 可知，支撑刚度系数 N 的取值范围可取 $3<N<8$，结合最低幅值的比值，支撑刚度系数 N 更优的取值范围应该是 $4<N<6$；事实上，当 $N=6$ 时，其幅值的变化已经达到 $N=5$ 时的 95%，而对于 $N=7$ 和 $N=8$ 时其环比比值均为 97%，说明这样的支撑刚度系数（上下柱刚度与减震体系的侧移刚度之比）足以让我们忽略上下柱自身变形对阻尼器位移的影响。

（2）梁柱结点转角位移的考虑

在上面的分析中，在上下柱刚度足够大时，可将主要影响阻尼器位移的三个因素中的上下柱自身变形给忽略掉。则主要还有减震体系的侧向剪切变形

和梁柱结点转角位移两个方面。将式(5-40)与式(5-38)相比,可得

$$\frac{u_{d2}}{u_{d1}} = (6n - 6n^2 - 1)i_\rho \tag{5-43}$$

式中,n 为支撑阻尼器的上下柱在梁上的相对位置,$n = x/L$;$i_\rho = 3/(6\rho + 2)$,如式(5-20)所示,其中的 ρ 为梁柱线刚度比。即上式为阻尼器相对位置 n 和梁柱线刚度比 ρ 的函数

$$\frac{u_{d2}}{u_{d1}} = (6n - 6n^2 - 1)\frac{3}{6\rho + 2} \tag{5-44}$$

对上式进行仔细分析,将其分为两个部分,第一部分为关于阻尼器相对位置 n 的开口向下二次函数 $y_1 = 6n - 6n^2 - 1$,如图 5-15(a)所示;第二部分为关于梁柱线刚度比 ρ 的反比例函数 $y_2 = 3/(6\rho + 2)$,如图 5-15(b)所示。

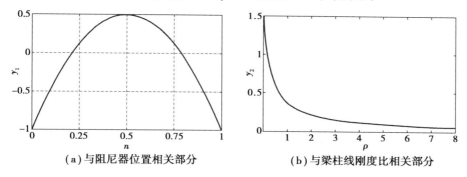

(a) 与阻尼器位置相关部分　　　　　(b) 与梁柱线刚度比相关部分

图 5-15　梁柱结点转角位移与体系侧向剪切变形比值(分解部分)

通过对上图的分析可知,图 5-15(a)表示随着阻尼器相对位置越靠近梁跨中部,梁柱结点转角位移部分所占的比例从一个负值(当 $n = 0$ 或 1 时为 -1)逐渐增加至零,并在梁跨中增至最大值 0.5。若令 $y_1 = 0$,则可求出的两组解为 $n_{1,2} = 1/2 \pm \sqrt{3}/6$,表明在梁跨的这两个位置处梁柱结点转角位移与体系侧向剪切变形的比值为零,即梁柱结点转角位移没有对阻尼器位移产生影响。同时也说明,当 n 在 $(0, 1/2 - \sqrt{3}/6)$ 和 $(1/2 + \sqrt{3}/6, 1)$ 两个范围内,梁柱结点转角位移将对阻尼器位移产生负作用,即使得阻尼器位移减小;而 n 在 $(1/2 - \sqrt{3}/6, 1/2 + \sqrt{3}/6)$ 范围内时,梁柱结点转角位移将对阻尼器位移产生正作用,即使得阻尼器

位移增加。

图 5-15(b)表示随着梁柱线刚度比的增大,梁柱结点转角位移与体系侧向剪切变形的比值越来越小,从最开始的 1.5(当 $\rho=0$,即梁刚度为零时)逐渐减小并趋近于零(当 $\rho\to\infty$,即梁刚度为无穷大时)。进一步说明当梁柱线刚度比 ρ 取较小值时,即梁刚度较小时,梁柱结点转角位移较大,因而相对于体系侧向剪切变形也占比较大;但当梁柱线刚度比 ρ 取较大值时(梁刚度较大),梁柱结点转角位移较小,相对于体系侧向剪切变形也占比较小。

为了更直接地研究梁柱结点转角位移与体系侧向剪切变形比值与阻尼器相对位置 n 和梁柱线刚度比 ρ 的关系,特绘制关于这两个参数的三维曲面图进行分析,如图 5-16 所示。

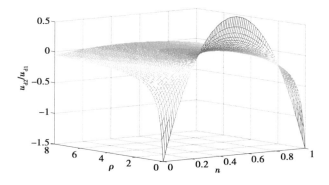

图 5-16　梁柱结点转角位移与体系侧向剪切变形之比

从图 5-16 中可知:①当梁柱线刚度比 ρ 的值较小时(由图可知 $\rho<0.5\sim1.0$),随着阻尼器相对位置越靠近梁跨中,梁柱结点转角位移对阻尼器位移的作用由负变正,即先是减小阻尼器的位移,随着阻尼器相对位置靠近梁跨中时增加阻尼器的位移。②当梁柱线刚度比 ρ 的值较大时,梁柱结点转角位移对阻尼器位移并无明显的减小或增加的作用,而是几乎都接近于零值。也就是说,当梁柱线刚度比较大时(即梁的刚度较大),减震体系的梁将几乎不会产生转动,因而梁柱结点的转角位移就几乎为零。

综上所述,一般情况下阻尼器的位移需要考虑减震体系侧向剪切变形和梁

柱结点的转角位移两部分,只有当梁的刚度比较大时才可以不考虑梁柱结点的
转角位移对阻尼器位移的影响。至此,可以得到:一般情况下,仅需考虑减震体
系侧向剪切变形和梁柱结点转角位移两部分对阻尼器位移影响时的层间位移
利用率简化计算式,其表达式如下所示

$$\eta = \frac{u_\mathrm{d}}{u_1} = 1 + (6n - 6n^2 - 1)\frac{3}{6\rho + 2} \tag{5-45}$$

参照图 5-16,绘制式(5-45)关于阻尼器相对位置 n 和梁柱线刚度比 ρ 的三
维曲面图,如图 5-17 所示。与图 5-16 相比,图 5-17 相当于将曲面图整体上移单
位“1”,这便是式(5-45)中的第一项值“1”,即减震体系侧向剪切变形(引起阻
尼器位移的根本原因)。同理,对图 5-17 作以下两点说明:①当梁柱线刚度比 ρ
的值较小时,阻尼器的位移必须包含梁柱结点转角位移部分的贡献。但其贡献
也需要分开来看,当阻尼器位置靠梁跨边部布置时,其贡献是负作用,此时的层
间位移利用率是小于“1.0”的;当阻尼器位置靠梁跨中部布置时,其贡献是正作
用,此时的层间位移利用率是大于“1.0”的。②当梁柱线刚度比 ρ 的值较大时,
梁柱结点转角位移对阻尼器位移并无明显贡献作用,此时的层间位移利用率接
近于“1.0”,即阻尼器位移与减震体系侧向剪切变形相当。

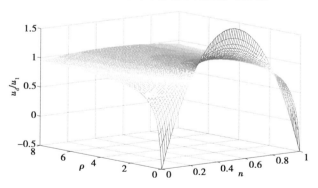

图 5-17　简化层间位移利用率 η 与参数 n、ρ 关系曲面图

5.4.2 层间位移利用率的修正函数

基于5.4.1节第一部分的分析,因阻尼器动刚度的影响较小而先不考虑,以及当支撑阻尼器的上下柱的刚度足够时,也可不考虑上下柱自身的变形。这样的话仅考虑了与层间位移利用率最相关的两个因素,即减震体系的侧向剪切变形和梁柱结点的转角位移。因而会给计算层间位移利用率带来一定的误差,为此再提出一项基于梁柱线刚度比 ρ 和阻尼器相对位置 n 的修正函数,从而得到更为实用的修正后的层间位移利用率表达式,如下所示

$$\eta_{\mathrm{m}} = f(\rho, n) \cdot \eta = f(\rho, n) \cdot \left[1 + (6n - 6n^2 - 1) \frac{3}{6\rho + 2} \right] \quad (5\text{-}46)$$

式中,η_{m} 即为修正后的层间位移利用率,$f(\rho, n)$ 为与梁柱线刚度比 ρ 和阻尼器相对位置 n 相关的修正函数。

为了得到上式中的修正函数 $f(\rho, n)$,先专门对不同阻尼器相对位置 n、不同梁柱线刚度比 ρ 时,以及阻尼系数 c 和阻尼指数 α 不同时,在不同地震波(本节选用28条地震波)下的实际层间位移利用率进行大量的数值模拟分析[147],得到相应的统计分析结果;然后基于这一统计结果利用曲面拟合的数学方法,得出修正函数 $f(\rho, n)$ 的函数表达式。

(1)数值模拟分析

首先,建立如图5-14所示的单自由度体系,框架梁柱无质量,仅提供刚度,梁上施加均布恒载 50 kN/m;跨度为 6 m,柱高为 3 m,梁截面为 200 mm×400 mm,柱截面为 400 mm×400 mm,则 $I_{\mathrm{c}} = 2I_{\mathrm{b}}$,$L = 2h$,梁柱线刚度比 $\rho = 1/4$,上下柱的截面尺寸为 100 mm×300 mm,依据《建筑消能减震技术规程》(JGJ 297—2013)[6]第6.3.1条第3款确定。上述为该单自由度的基本信息,然后考虑不断调整梁的抗弯刚度 EI_{b} 实现不同的梁柱线刚度比 ρ,不断调整阻尼器布置的相对位置实现不同的阻尼器相对位置 n;最后,还要考虑不同阻尼系数 c 和阻尼指数 α 的情况。在这一模拟分析中,对比了不同情况下该单自由度减震体系的

层间位移利用率 η、附加阻尼比 ζ_d、与未加阻尼器的非减震体系相对比的位移降低率 R_d、剪力降低率 R_a，并进行综合分析与判断。关于层间位移利用率的计算按照本书中的式(5-6)计算，而附加阻尼比的计算则参考《建筑消能减震技术规程》(JGJ 297—2013)[6]第 6.3.2 条的计算方法，考虑不同因素的取值见表 5-2。

表 5-2　各个因素的不同取值

考虑因素	各因素的不同取值		
ρ	1/16、1/8、1/4、1/2、1、2、4、8		
n	0.075、0.133、0.30、0.45、0.50、0.60、0.75、0.90		
α	0.15	0.30	1.0
c /$[kN \cdot (mm \cdot s^{-1})^{-\alpha}]$	1.0、2.0、3.0、4.0、5.0	0.63、1.25、1.88、2.50、3.13	0.066、0.132、0.197、0.263、0.329

对于地震波，考虑选取一些具有代表性的强震记录，选取了来自文献[83,152,153]的 28 条地震波记录，包含 1971 年的 San Fernando 地震、1987 年的 Superstition Hills 地震、1989 年的 Loma Prieta 地震及 1994 年的 Northridge 地震等。表 5-3 给出了这 28 条地震波的基本信息，图 5-18 给出了地震波的时程曲线，图 5-19 给出了该 28 条地震波的地震影响系数 α 曲线，图 5-20 给出了 28 条地震波的三联谱(D-V-A 谱)曲线。

表 5-3　28 条地震波基本信息

编号	地震名称	发生年份	记录台站	PGA/$(m \cdot s^{-2})$
TR01	Parkfield	1966	TEMBLOR PRE-1969	3.50
TR02	San Fernando	1971	LA HOLLYWOOD STOR LOT	1.74
TR03	Imperial Valley-06	1979	COMPUERTAS	1.83
TR04	Imperial Valley-06	1979	EL CENTRO ARRAY #5	4.79
TR05	Imperial Valley-06	1979	EL CENTRO ARRAY #6	2.30
TR06	Mammoth Lakes-01	1980	CONVICT CREEK	4.08

续表

编号	地震名称	发生年份	记录台站	PGA/(m·s⁻²)
TR07	Victoria-Mexico	1980	CERRO PRIETO	6.09
TR08	Superstition Hills-02	1987	BRW	1.56
TR09	Superstition Hills-02	1987	PLC	1.86
TR10	Superstition Hills-02	1987	WESTMORELAND FIRE STATION	1.72
TR11	Superstition Hills-02	1987	EL CENTRO IMP CO CENTER	3.34
TR12	Loma Prieta	1989	CAPITOLA	4.43
TR13	Loma Prieta	1989	CORRALITOS	6.40
TR14	Loma Prieta	1989	AGNEWS STATE HOSPITAL	1.72
TR15	Big Bear-01	1992	BIG BEAR LAKE-CIVIC CENTER GROUNDS	5.60
TR16	Big Bear-01	1992	DESERT HOT SPRINGS	2.21
TR17	Cape Mendocino	1992	CAPE MENDOCINO	14.60
TR18	Cape Mendocino	1992	PETROLIA	5.78
TR19	Landers	1992	BARSTOW	4.13
TR20	Northridge-01	1994	CASTAIC OLD RIDGE RT	5.89
TR21	Northridge-05	1994	SYLMAR-COUNTY HOSPITAL PARKING LOT	5.58
TR22	Northridge-06	1994	LOS ANGELES-HOLLYWOOD STORAGE BLDG. FF	2.31
TR23	Northridge-06	1994	NEWHALL-LA COUNTY FIRE STATION	6.65
TR24	Northridge-06	1994	USC#60 LA CRESCENTA-NEW YORK	1.59
TR25	Dinar-Turkey	1995	DINAR	3.13
TR26	Kobe-Japan	1995	KAKOGAWA	2.47
TR27	Kobe-Japan	1995	TAKATORI	6.10
TR28	Kocaeli-Turkey	1999	IZMIT	2.15

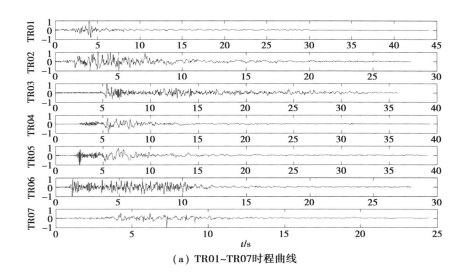

（a）TR01~TR07时程曲线

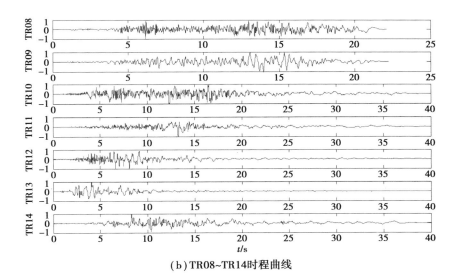

（b）TR08~TR14时程曲线

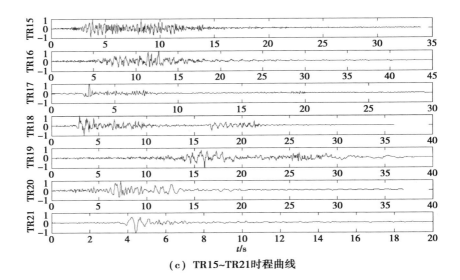

（c）TR15~TR21时程曲线

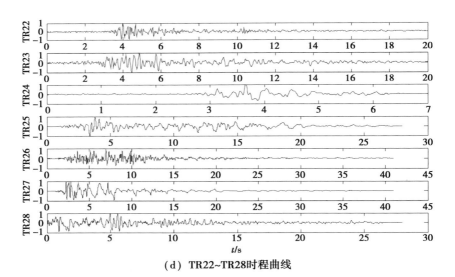

（d）TR22~TR28时程曲线

图 5-18　28 条地震波时程曲线

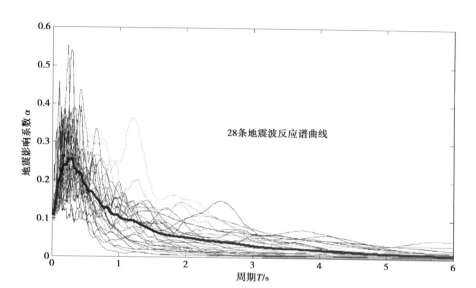

图 5-19　28 条地震波的地震影响系数曲线

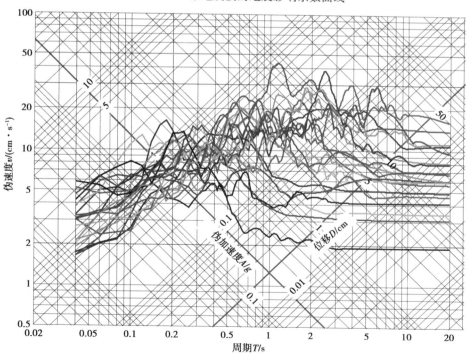

图 5-20　28 条地震波的三联谱曲线

1）阻尼指数 $\alpha = 0.15$ 的情况。

按照表 5-2 所列的分析因素,分别对 $c = 1.0$、2.0、3.0、4.0、5.0［单位: $kN/(mm \cdot s^{-1})^{0.15}$］时,不同梁柱线刚度比 ρ 和阻尼器相对位置 n 以及 28 条不同地震波在峰值统一为 70 cm/s^2 的地震作用下进行分析,分析工况总数为 $8 \times 8 \times 5 \times 28 = 8\ 960$。对不同阻尼系数 c 值进行分析的结果如图 5-21—图 5-25 所示,每个图均绘出层间位移利用率 η、附加阻尼比 ζ_d,以及与未加阻尼器的非减震体系相对比的位移降低率 R_d、剪力降低率 R_a 四个子图,它们的结果均为 28 条地震波计算结果的平均值。

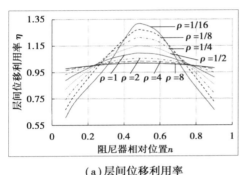

（a）层间位移利用率

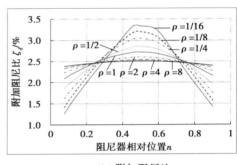

（b）附加阻尼比

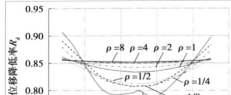

（c）位移降低率

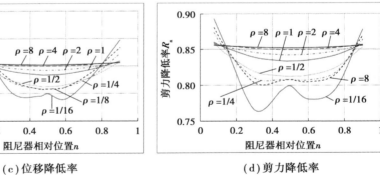

（d）剪力降低率

图 5-21　阻尼系数 $c = 1.0$ kN/(mm · s^{-1})$^{0.15}$

关于图 5-21 中四个子图的计算数据分别见表 5-4—表 5-7,表示阻尼系数 $c = 1.0$ kN/(mm · s^{-1})$^{0.15}$ 时层间位移利用率、附加阻尼比、位移降低率及剪力降低率对应于 28 条地震波的平均值。对于其他的阻尼系数 c 值和阻尼指数 α

值,其计算结果将不再用表格列出,仅以图的形式进行表达,如图5-22—图5-35
所示。

表5-4 层间位移利用率计算结果(平均值)

n	$\rho=1/16$	$\rho=1/8$	$\rho=1/4$	$\rho=1/2$	$\rho=1$	$\rho=2$	$\rho=4$	$\rho=8$
0.075	0.61	0.67	0.74	0.82	0.89	0.94	0.96	0.98
0.133	0.74	0.79	0.85	0.90	0.94	0.97	0.98	0.99
0.30	1.00	1.07	1.07	1.06	1.04	1.03	1.02	1.01
0.45	1.30	1.26	1.20	1.14	1.09	1.06	1.03	1.02
0.50	1.31	1.27	1.21	1.15	1.09	1.06	1.03	1.02
0.60	1.24	1.22	1.17	1.13	1.08	1.05	1.03	1.02
0.75	0.92	0.99	1.01	1.02	1.02	1.01	1.01	1.01
0.90	0.67	0.72	0.79	0.86	0.91	0.95	0.97	0.98

表5-5 附加阻尼比计算结果(平均值)

n	$\rho=1/16$	$\rho=1/8$	$\rho=1/4$	$\rho=1/2$	$\rho=1$	$\rho=2$	$\rho=4$	$\rho=8$
0.075	1.26	1.42	1.63	1.86	2.09	2.23	2.33	2.39
0.133	1.63	1.77	1.93	2.08	2.24	2.32	2.38	2.42
0.30	2.54	2.64	2.65	2.59	2.57	2.52	2.50	2.48
0.45	3.32	3.17	3.02	2.84	2.71	2.60	2.54	2.51
0.50	3.34	3.20	3.05	2.85	2.72	2.61	2.55	2.51
0.60	3.21	3.05	2.94	2.78	2.68	2.58	2.53	2.50
0.75	2.26	2.39	2.45	2.45	2.48	2.47	2.47	2.47
0.90	1.43	1.57	1.76	1.95	2.16	2.27	2.35	2.40

表5-6 位移降低率计算结果(平均值)

n	$\rho=1/16$	$\rho=1/8$	$\rho=1/4$	$\rho=1/2$	$\rho=1$	$\rho=2$	$\rho=4$	$\rho=8$
0.075	0.91	0.89	0.88	0.86	0.86	0.86	0.86	0.86

续表

n	$\rho=1/16$	$\rho=1/8$	$\rho=1/4$	$\rho=1/2$	$\rho=1$	$\rho=2$	$\rho=4$	$\rho=8$
0.133	0.88	0.87	0.86	0.85	0.85	0.85	0.86	0.85
0.30	0.80	0.82	0.82	0.82	0.84	0.85	0.85	0.85
0.45	0.79	0.81	0.81	0.81	0.83	0.84	0.85	0.85
0.50	0.80	0.81	0.81	0.81	0.83	0.84	0.85	0.85
0.60	0.79	0.81	0.81	0.82	0.84	0.84	0.85	0.85
0.75	0.83	0.84	0.83	0.83	0.84	0.85	0.85	0.85
0.90	0.90	0.88	0.87	0.86	0.86	0.86	0.86	0.86

表 5-7　剪力降低率计算结果(平均值)

n	$\rho=1/16$	$\rho=1/8$	$\rho=1/4$	$\rho=1/2$	$\rho=1$	$\rho=2$	$\rho=4$	$\rho=8$
0.075	0.89	0.88	0.87	0.86	0.86	0.86	0.86	0.86
0.133	0.86	0.86	0.85	0.85	0.85	0.85	0.86	0.85
0.30	0.77	0.80	0.81	0.82	0.84	0.85	0.85	0.85
0.45	0.79	0.81	0.81	0.81	0.83	0.84	0.85	0.85
0.50	0.80	0.81	0.81	0.81	0.83	0.84	0.85	0.85
0.60	0.78	0.80	0.81	0.81	0.83	0.84	0.85	0.85
0.75	0.79	0.82	0.82	0.82	0.84	0.85	0.85	0.85
0.90	0.88	0.87	0.86	0.85	0.86	0.86	0.86	0.86

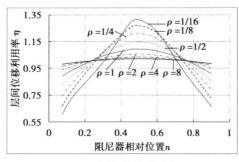

(a)层间位移利用率

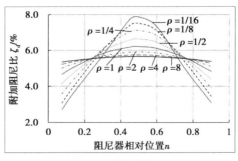

(b)附加阻尼比

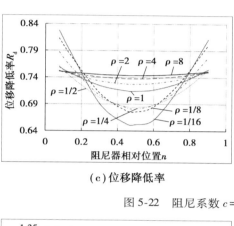
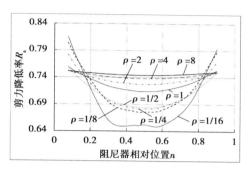

（c）位移降低率

（d）剪力降低率

图 5-22 阻尼系数 $c = 2.0$ kN／$($mm · s$^{-1})^{0.15}$

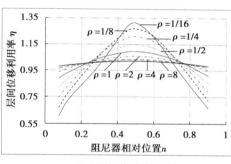
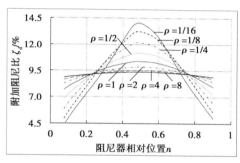

（a）层间位移利用率

（b）附加阻尼比

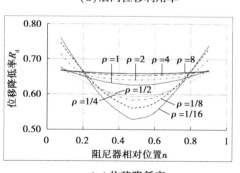
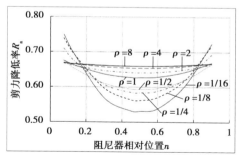

（c）位移降低率

（d）剪力降低率

图 5-23 阻尼系数 $c = 3.0$ kN／$($mm · s$^{-1})^{0.15}$

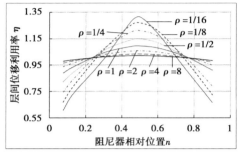

（a）层间位移利用率

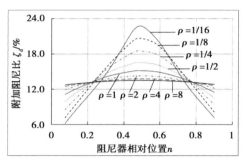

（b）附加阻尼比

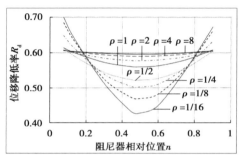

（c）位移降低率

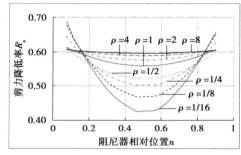

（d）剪力降低率

图 5-24　阻尼系数 $c=4.0$ kN/（mm·s^{-1}）$^{0.15}$

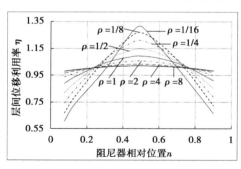

（a）层间位移利用率

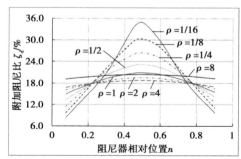

（b）附加阻尼比

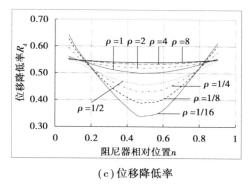

（c）位移降低率

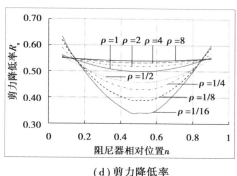

（d）剪力降低率

图 5-25　阻尼系数 $c = 5.0 \ \text{kN}/(\text{mm} \cdot \text{s}^{-1})^{0.15}$

通过表 5-4 及图 5-21（a）可知：①随着阻尼器位置越接近梁跨中，层间位移利用率越来越大。②随着梁柱线刚度比的增加，当阻尼器靠边布置时层间位移利用率越来越大，并最终趋近于"1.0"；当阻尼器靠中布置时层间位移利用率越来越小，且最终也趋近于"1.0"。③当梁柱线刚度比较小时，阻尼器靠中布置时的层间位移利用率明显高于靠边布置，如 $\rho = 1/16$ 时层间位移利用率从居中的 1.31 变至靠边的 0.61；当梁柱线刚度比较大时，阻尼器靠中与靠边布置时层间位移利用率相差不大，如 $\rho = 8$ 时层间位移利用率从居中的 1.02 变至靠边的 0.98。④梁柱刚度比越小，梁柱结点转角位移越大，使得中间柱的上下柱转动越多，进而对阻尼器位移的贡献越大。⑤随着梁柱刚度比的增加，无论阻尼器靠边还是居中布置，层间位移利用率均逐渐趋近于"1.0"，即梁柱刚度比越大，层间位移利用率越以体系侧向剪切变形为主。

通过表 5-5 及图 5-21（b）可知，附加阻尼比的情况与层间位移利用率基本一致。①随着阻尼器位置越接近梁跨中，附加阻尼比越来越大。②随着梁柱线刚度比的增加，当阻尼器靠边布置时附加阻尼比越来越大；当阻尼器靠中布置时附加阻尼比越来越小。③当梁柱线刚度比较小时，阻尼器靠中布置时的附加阻尼比明显高于靠边布置，如 $\rho = 1/16$ 时附加阻尼比从居中的 3.34% 变至靠边的 1.26%；当梁柱线刚度比较大时，阻尼器靠中与靠边布置时附加阻尼比相差不大，如 $\rho = 8$ 时附加阻尼比从居中的 2.51% 变至靠边的 2.39%。

通过表5-6及图5-21(c)可知:①随着阻尼器位置越接近梁跨中,体系的位移降低率越来越明显。②随着梁柱线刚度比的增加,当阻尼器靠边布置时位移降低率值越来越小,即位移降低幅度在增大;当阻尼器靠中布置时位移降低率值越来越大,即位移降低幅度在减小。③当梁柱线刚度比较小时,阻尼器靠中布置时的位移降低率值明显小于靠边布置,如 $\rho=1/16$ 时位移降低率值从居中的 0.80 变至靠边的 0.91;当梁柱线刚度比较大时,阻尼器靠中与靠边布置时位移降低率值相差不大,如 $\rho=8$ 时附加阻尼比从居中的 0.85 变至靠边的 0.86。

通过表5-7及图5-21(d)可知,剪力降低率的情况与位移降低率的情况一致。①随着阻尼器位置越接近梁跨中,体系的剪力降低率越来越明显。②随着梁柱线刚度比的增加,当阻尼器靠边布置时剪力降低率值越来越小,即剪力降低幅度在增大;当阻尼器靠中布置时剪力降低率值越来越大,即剪力降低幅度在减小。③当梁柱线刚度比较小时,阻尼器靠中布置时的剪力降低率值明显小于靠边布置,如 $\rho=1/16$ 时剪力降低率值从居中的 0.80 变至靠边的 0.89;当梁柱线刚度比较大时,阻尼器靠中与靠边布置时剪力降低率值相差不大,如 $\rho=8$ 时附加阻尼比从居中的 0.85 变至靠边的 0.86。

通过图 5-21—图 5-25 可知,随着阻尼系数 c 值的增大:①表示层间位移利用率曲线的(a)图几乎不变,即层间位移利用率不受阻尼系数 c 值的影响。②体系的附加阻尼比也在明显地增大,且增大的速度较阻尼系数 c 值快。③体系的位移降低率值和剪力降低率值在明显地下降,表明体系的位移和剪力随着阻尼系数 c 值的增加明显地减小。如上所述,增加阻尼器的阻尼系数,层间位移利用率几乎不变,附加阻尼比明显增加,位移和剪力会明显地减小。

2)阻尼指数 $\alpha=0.30$ 的情况。

然后,分别对 $c=0.63$、1.25、1.88、2.50、3.13[单位:$kN/(mm \cdot s^{-1})^{0.30}$]时,不同梁柱线刚度比 ρ 和阻尼器相对位置 n 以及 28 条不同地震波在峰值统一为 $70~cm/s^2$ 的地震作用下进行分析,分析工况总数仍为 $8×8×5×28=8~960$。对不同阻尼系数 c 值进行分析的结果如图 5-26—图 5-30 所示,每个图都绘出层间位

移利用率 η、附加阻尼比 ζ_d，以及与未加阻尼器的非减震体系相对比的位移降低率 R_d、剪力降低率 R_a 四个子图，它们的结果均为 28 条地震波计算结果的平均值。

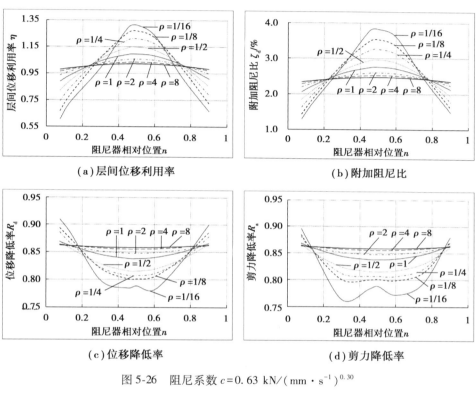

（a）层间位移利用率 　　　　　　　　（b）附加阻尼比

（c）位移降低率 　　　　　　　　（d）剪力降低率

图 5-26　阻尼系数 $c = 0.63\ \mathrm{kN/(mm \cdot s^{-1})^{0.30}}$

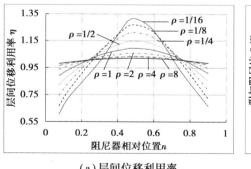
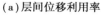
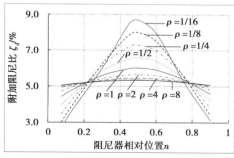

（a）层间位移利用率 　　　　　　　　（b）附加阻尼比

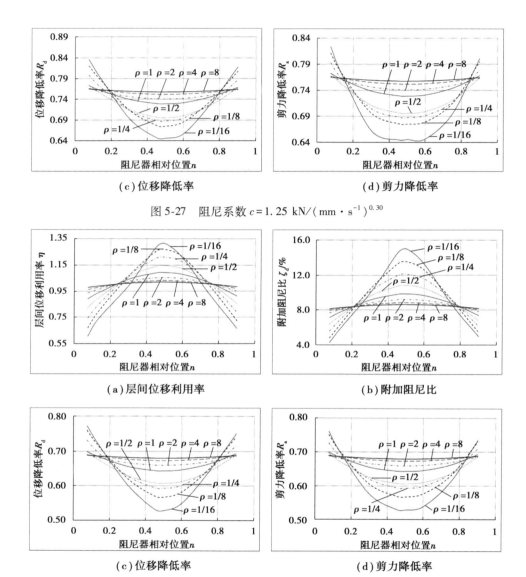

（c）位移降低率

（d）剪力降低率

图 5-27　阻尼系数 $c=1.25$ kN/$($mm $\cdot$ s$^{-1})^{0.30}$

（a）层间位移利用率

（b）附加阻尼比

（c）位移降低率

（d）剪力降低率

图 5-28　阻尼系数 $c=1.88$ kN/$($mm $\cdot$ s$^{-1})^{0.30}$

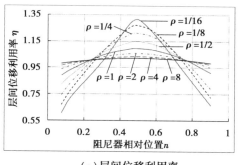

（a）层间位移利用率

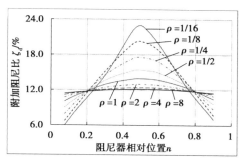

（b）附加阻尼比

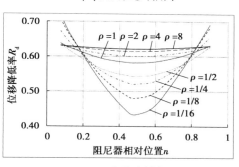

（c）位移降低率

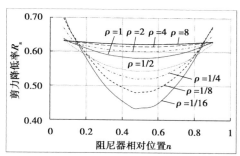

（d）剪力降低率

图 5-29　阻尼系数 $c = 2.50\ \text{kN}/(\text{mm} \cdot \text{s}^{-1})^{0.30}$

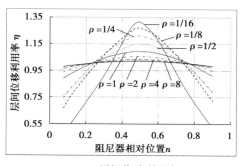

（a）层间位移利用率

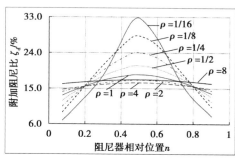

（b）附加阻尼比

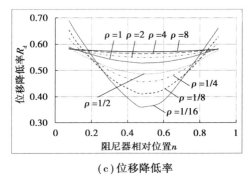

（c）位移降低率

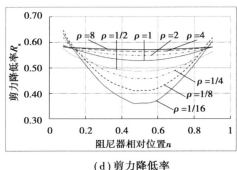

（d）剪力降低率

图 5-30　阻尼系数 $c = 3.13\ \text{kN}/(\text{mm} \cdot \text{s}^{-1})^{0.30}$

通过图 5-26—图 5-30 可知,随着阻尼系数 c 值的增大:①表示层间位移利用率曲线的（a）图几乎不变,即层间位移利用率不受阻尼系数 c 值的影响。②体系的附加阻尼比也在明显地增大,且增大的速度较阻尼系数 c 值快。③体系的位移降低率值和剪力降低率值在明显地下降,表明体系的位移和剪力随着阻尼系数 c 值的增加明显地减小。

3）阻尼指数 $\alpha = 1.0$ 的情况。

同理,分别对 $c = 0.066$、0.132、0.197、0.263、0.329 [单位:$\text{kN}/(\text{mm} \cdot \text{s}^{-1})$]时进行分析,分析工况总数仍为 $8 \times 8 \times 5 \times 28 = 8\ 960$。对不同阻尼系数 c 值进行分析的结果如图 5-31—图 5-35 所示,每个图绘出层间位移利用率 η、附加阻尼比 ζ_d,与未加阻尼器非减震体系相对比的位移降低率 R_d、剪力降低率 R_a 四个子图,结果均为 28 条地震波计算结果平均值。

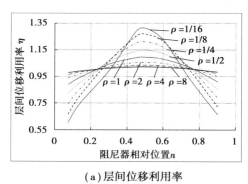

（a）层间位移利用率

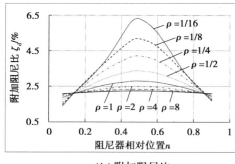

（b）附加阻尼比

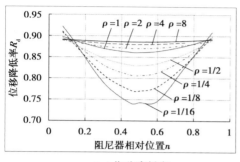

（c）位移降低率

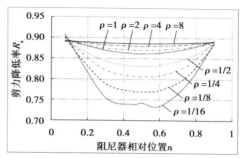

（d）剪力降低率

图 5-31　阻尼系数 $c=0.066$ kN/（mm · s^{-1}）

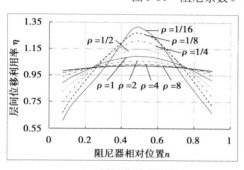

（a）层间位移利用率

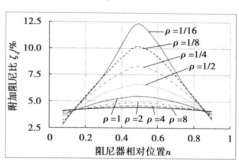

（b）附加阻尼比

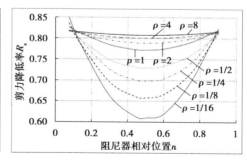

（c）位移降低率　　　　　　　　　　　　　　（d）剪力降低率

图 5-32　阻尼系数 $c=0.132$ kN/（mm · s^{-1}）

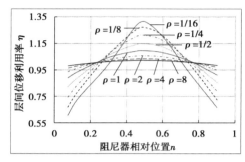

（a）层间位移利用率

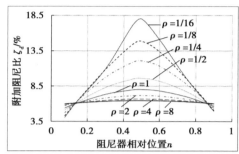

（b）附加阻尼比

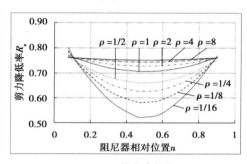

（c）位移降低率

（d）剪力降低率

图 5-33　阻尼系数 $c = 0.197\ \mathrm{kN/(mm \cdot s^{-1})}$

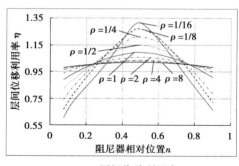

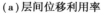

（a）层间位移利用率

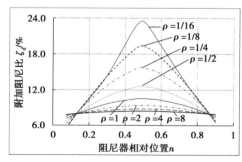

（b）附加阻尼比

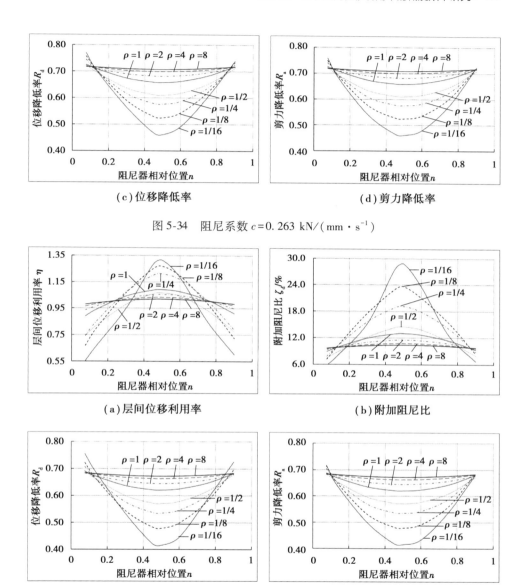

（c）位移降低率　　　　　　　　　　　（d）剪力降低率

图 5-34　阻尼系数 $c=0.263$ kN/(mm·s^{-1})

（a）层间位移利用率　　　　　　　　　（b）附加阻尼比

（c）位移降低率　　　　　　　　　　　（d）剪力降低率

图 5-35　阻尼系数 $c=0.329$ kN/(mm·s^{-1})

通过图 5-31—图 5-35 可知,随着阻尼系数 c 值的增大:①表示层间位移利用率曲线的(a)图几乎不变,即层间位移利用率不受阻尼系数 c 值的影响。②体系的附加阻尼比也在明显地增大,且增大的速度较阻尼系数 c 值快。③体系的位移降低率值和剪力降低率值在明显地下降,表明体系的位移和剪力随着阻尼系数 c 值的增加明显地减小。

对于图 5-21—图 5-25、图 5-26—图 5-30、图 5-31—图 5-35,对应的三组图的阻尼指数 α 分别为 0.15、0.30 和 1.0,按照能量等效的原理得到对应等效的阻尼系数 c 值,得到对应的附加阻尼比相差不大、位移降低率和剪力降低率则几乎一致。纵观这三组图的层间位移利用率曲线,可以得出一个非常重要的结论:减震体系的层间位移利用率与阻尼器的阻尼系数 c 及阻尼指数 α 等阻尼器自身因素基本上是无关的。

（2）导出曲面修正函数

基于上述大量的数值分析,已经得出减震体系的层间位移利用率基本不受阻尼器的阻尼系数和阻尼指数等参数的影响。因此,对于层间位移利用率的修正函数 $f(\rho, n)$ 不需要考虑不同阻尼系数 c 和阻尼指数 α 的影响。现对图 5-21—图 5-35 中(a)图的层间位移利用率值的数据取平均值,结果见表 5-8。

表 5-8　层间位移利用率计算结果(15 组层间位移利用率的平均值)

n	$\rho=1/16$	$\rho=1/8$	$\rho=1/4$	$\rho=1/2$	$\rho=1$	$\rho=2$	$\rho=4$	$\rho=8$
0.075	0.61	0.67	0.74	0.82	0.89	0.94	0.96	0.98
0.133	0.74	0.79	0.85	0.90	0.94	0.97	0.98	0.99
0.30	1.00	1.07	1.07	1.06	1.04	1.03	1.02	1.01
0.45	1.29	1.25	1.20	1.14	1.09	1.06	1.03	1.02
0.50	1.31	1.27	1.21	1.15	1.09	1.06	1.03	1.02
0.60	1.21	1.21	1.17	1.12	1.08	1.05	1.03	1.02
0.75	0.92	0.99	1.01	1.02	1.02	1.01	1.01	1.01
0.90	0.67	0.72	0.79	0.86	0.91	0.95	0.97	0.98

接下来,主要将表 5-8 层间位移利用率的数值分析数据与式(5-45)计算出的层间位移利用率进行对比,分别关注层间位移利用率值对于阻尼器相对位置

n 和梁柱线刚度比 ρ 的关系,然后进行二元函数拟合,得到如下的曲面修正函数表达式

$$f(\rho,n) = (n + 0.5)\left(\frac{2.5n - 3.3\sqrt{n} + 1}{\sqrt{\rho} + 1}\right) \tag{5-47}$$

考虑到实际工程中框架梁柱、中间柱的上下柱都有具体的尺寸,且阻尼器靠边布置时通常要求支撑它的上下柱与框架柱边缘需要留够一定的距离(根据实际情况通常取为 $100 \sim 200$ mm)。这样一来,阻尼器能够安置的相对位置在靠边布置时通常为 $0.15 \sim 0.25$。为此,去掉表 5-8 中的阻尼器相对位置为 0.075 和 0.90 的两行后,再将该表的层间位移利用率与式(5-45)计算出的层间位移利用率进行对比,得到更为合适的二元曲面修正函数,且该二元函数与表中的数据的相关系数为 0.95(已经很接近于 1.0 了)。该二元曲面修正函数的表达式为

$$f(\rho,n) = \frac{0.7n^2 - 0.8n + 0.16}{\sqrt{\rho} + 1} \tag{5-48}$$

5.4.3　结构附加阻尼的求解与修正

(1)阻尼器耗能

考虑一个含黏滞阻尼器的单自由度体系,受到简谐位移 $u = -u_0\cos(\omega t)$ 的激励,速度为 $v = \omega u_0\sin(\omega t)$,则体系中黏滞阻尼器所作的功 W_c 为

$$W_c = \int F_d \mathrm{d}u = \int_0^{\frac{2\pi}{\omega}} F_d v \, \mathrm{d}t \tag{5-49}$$

式中,v 为阻尼器的速度。F_d 为阻尼器的出力,当为线性阻尼器时,$F_d = C_0 v$;当为非线性阻尼器时,$F_d = cv^\alpha$;其中,C_0 为线性黏滞阻尼器的阻尼系数,c 为非线性黏滞阻尼器的阻尼系数,α 为阻尼器的阻尼指数,常见的取值为 $0.15 \sim 1.0$(当取 1 时便为线性阻尼器)。

将 $F_d = cv^\alpha$ 代入上式积分后求得

$$W_c = \lambda c \omega^\alpha u_0^{1+\alpha} \tag{5-50}$$

式中,折减系数 $\lambda = 2^{2+\alpha} \Gamma^2 (1+\alpha/2)/\Gamma(2+\alpha)$,$\Gamma(\cdot)$ 为伽马函数。

当阻尼器为线性阻尼器时,阻尼指数 $\alpha = 1.0$,折减系数 $\lambda = \pi$,代入上式,可得体系中附加线性阻尼器时,其所做的功为

$$W_0 = \pi \omega c u_0^2 \tag{5-51}$$

式中,W_0 为体系附加线性阻尼器时的耗能。

进一步扩展到多自由度体系中安装 j 个阻尼器的情形,则阻尼器的总耗能为

$$\sum_j W_{cj} = \sum_j \lambda C_j \omega^\alpha u_0^{1+\alpha} \tag{5-52}$$

注意,在多自由度体系中时,上式中的折减系数、阻尼器的阻尼系数和阻尼指数可能会因为阻尼器的不同而不同。

（2）结构应变能

单自由度体系的弹性应变能为 $W_s = \dfrac{k u_0^2}{2}$,对于多自由度系统,随着结构阻尼比的增加,其高阶频率反应将受到相当程度的抑制。故对于一般的多层房屋,常假设仅考虑一阶振型的作用,取其层间位移为 $u_i = A\phi_i$,式中 ϕ_i 为第 i 个自由度第一阶振型的正规化位移(将顶层位移正规化为1),A 为考虑附加阻尼比后结构顶层的最大位移。则可求得多自由度体系结构的弹性应变能为

$$W_s = \frac{1}{2}[U_1]^T [K][U_1] = \frac{1}{2}(\omega A)^2 \sum_i m_i \phi_i^2 \tag{5-53}$$

式中,ω 为结构基本频率,m_i 为体系第 i 个自由度质量。

（3）结构附加阻尼与修正

对于有一定夹角的斜撑式阻尼器,阻尼器的位移可以表示为

$$u_j = A\phi_{rj}\cos\theta_j \tag{5-54}$$

式中,ϕ_{rj} 为第一振型第 j 个阻尼器两端水平相对位移,θ_j 为阻尼器与水平方向的夹角。将式(5-52)—式(5-54)代入求附加阻尼比的计算公式[6]

$$\xi_{\mathrm{d}} = \frac{\sum\limits_{j} W_{cj}}{4\pi W_{\mathrm{s}}} \qquad (5\text{-}55)$$

可得结构的附加阻尼比为

$$\zeta_{\mathrm{d}} = \frac{\sum\limits_{j} \lambda c (\phi_{rj}\cos\theta_j)^{1+\alpha}}{2\pi A^{1-\alpha}\omega^{2-\alpha}\sum\limits_{i} m_i\phi_i^2} \qquad (5\text{-}56)$$

现假设附加的阻尼器均匀分布在楼层上,并假定每个阻尼器的阻尼指数 α 和折减系数 λ 相同。对上式进行移项处理,可得结构所需的附加阻尼系数为

$$c = \frac{2\pi n\xi_{\mathrm{d}}A^{1-\alpha}\omega^{2-\alpha}\sum\limits_{i} m_i\phi_i^2}{\lambda\sum\limits_{j}(\phi_{rj}\cos\theta_j)^{1+\alpha}} \qquad (5\text{-}57)$$

式中,n 为自下而上布置阻尼器的楼层数。

对于支撑式阻尼器,当 θ_j 为阻尼器与水平方向的夹角时,则其放大系数[146]为 $\cos\theta_j$。而对于本章重点研究的中间柱型阻尼器,因阻尼器与水平方向的夹角 $\theta=0°$,故其放大系数为"1.0"。也就是说,阻尼器的位移与楼层侧向剪切变形一致。通过前面两小节的分析可知,只有当梁柱线刚度比较大时,阻尼器的位移才会与楼层侧向剪切变形基本一致;否则,梁柱结点的转角位移将会增大阻尼器的位移。我们已经将考虑了楼层侧向剪切变形和梁柱结点的转角位移后阻尼器的位移用修正后的层间位移利用率来考虑,故可将式(5-57)中的放大系数 $\cos\theta_j$ 用修正后的层间位移利用率 η_{m} 来表示。因此,修正后结构所需的附加阻尼系数为

$$C_{\mathrm{m}} = \frac{2\pi n\xi_{\mathrm{d}}A^{1-\alpha}\omega^{2-\alpha}\sum\limits_{i} m_i\phi_i^2}{\lambda\sum\limits_{j}(\phi_{rj}\eta_{\mathrm{m}})^{1+\alpha}} \qquad (5\text{-}58)$$

式中,η_{m} 为修正后的层间位移利用率,按照式(5-46)和式(5-47)进行计算。

5.4.4　工程实例分析

为了说明修正后层间位移利用率 η_{m} 计算附加阻尼方法在实际工程中的正

确性与实用性。实例中对三种典型情况的减震设计进行了分析:阻尼器靠边布置,阻尼器布置在梁跨1/4处以及阻尼器居中布置。

（1）工程概况

某钢筋混凝土框架结构（图5-36），该结构共8层（含屋顶层），首层层高4.2 m,屋顶层层高3.3 m,标准层层高为3.6 m,结构总高度25.8 m。抗震设防烈度为8度（0.20g），场地类别为Ⅱ类,设计地震分组为第三组,场地特征周期为$T_g=0.45$ s。

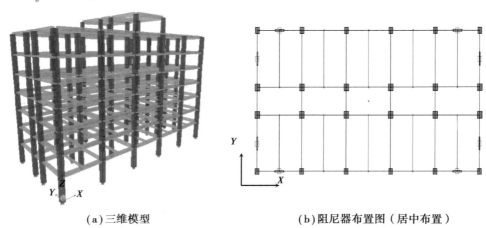

（a）三维模型　　　　　　　　（b）阻尼器布置图（居中布置）

图5-36　框架结构及阻尼器布置示意图

柱截面的主要截面尺寸为700 mm×700 mm、600 mm×600 mm,梁截面尺寸主要为300 mm×600 mm、400 mm×600 mm;与阻尼器相连的消能子结构梁柱截面分别为400 mm×600 mm 和700 mm×700 mm,且沿X向的跨度为7 500 mm,Y向的跨度为6 600 mm。结构总质量5 562 t,自振周期1.06 s,周期折减系数为0.80,结构期望附加的阻尼比取5%。所选用的阻尼器的阻尼系数见表5-10,阻尼指数均为$\alpha=0.15$。

（2）附加阻尼辅助计算表

修正后结构所需的附加阻尼按照式(5-58)进行计算,但其计算过程还是比较复杂的。为此,专门针对式(5-58)编制一个辅助计算的表格,然后将欲做减震分析的结构体系的相关参数填入表中,最后计算出结构所需的附加阻尼系数。其附加阻尼辅助计算表见表 5-9。

表 5-9　附加阻尼辅助计算表(靠边布置 X 向)

层数	层高/m	楼高/m	A/mm	ϕ_i	ϕ_{rj}	$m_i/10^3$ t	$m_i\phi_i^2$	η_m	$(\phi_{rj}\eta_\mathrm{m})^{1+\alpha}$
8F	3.30	29.10	28.050	1.000	0.038	0.146	0.146	—	—
7F	3.60	25.80	26.980	0.962	0.066	0.764	0.707	—	—
6F	3.60	22.20	25.130	0.896	0.101	0.764	0.614	—	—
5F	3.60	18.60	22.290	0.795	0.136	0.764	0.483	0.65	0.061
4F	3.60	15.00	18.480	0.659	0.165	0.764	0.332	0.65	0.077
3F	3.60	11.40	13.850	0.494	0.184	0.764	0.186	0.65	0.087
2F	3.60	7.80	8.700	0.310	0.179	0.764	0.074	0.65	0.084
1F	4.20	4.20	3.670	0.131	0.131	0.830	0.014	—	—
合计	—	—	—	—	—	5.562	2.555	—	0.309

表 5-9 中给出了两个求和项 $\sum\limits_i m_i\phi_i^2$ 和 $\sum\limits_j (\phi_{rj}\eta_\mathrm{m})^{1+\alpha}$ 的列表算法,然后将计算的结果代入式(5-58)便可以求得阻尼器靠边布置时 X 向修正后结构所需的附加阻尼,其他情况计算方法相同,见表 5-10。

（3）实例的三种典型情况

按照 X、Y 两个方向分别计算三种情况下结构所需的附加阻尼系数。采用常规设计软件 YJK1.6.3 对结构进行总阻尼比 10%(固有阻尼比 5%+期望附加阻尼比 5%)的反应谱分析,得到 X、Y 向的结构顶层最大位移分别为 28.05 mm 和 28.08 mm,结构自振周期为 1.06 s。如图 5-36(b)所示为阻尼器居中布置的情况,布置阻尼器的楼层每个方向均布置 4 个阻尼器。三种情况下支撑阻尼器的上下柱所采用的尺寸均为 200 mm×1 500 mm,靠边布置时考虑构造要求及楼层侧移等问题,要求上下柱与柱外边缘相距至少 100 mm,否则阻尼器的作用将会受到很大的削弱。

然后计算阻尼器的相对位置 n 和对应的梁柱线刚度比 ρ。X 向靠边布置时阻尼器的相对位置 $n_x = (700/2 + 100 + 1\ 500/2)/7\ 500 = 0.16$，同理可得 $n_y = 0.182$；而阻尼器布置在 1/4 处和居中布置时上下柱位置分别为 $n = 0.25$ 和 $n = 0.50$。消能子结构的梁柱线刚度比为 $\rho = i_b/(2i_c)$，由此可分别求得 $\rho_x = 0.086$，$\rho_y = 0.098$。

为了使得各种情况下阻尼器的耗能效率具有可比性，要求阻尼系数相差不大，阻尼器靠边布置、梁跨 1/4 处布置和居中布置时分别需要布置的楼层数量分别取为 4 层、3 层和 2 层时比较合适，且布置阻尼器的楼层每个方向均布置 4 个阻尼器。通过式（5-46）、式（5-47）和式（5-58）求出各位置处层间位移利用率修正值、结构所需附加阻尼系数 C_m，然后根据布置的阻尼器数量计算各阻尼器的阻尼系数 C_j（单位：$kN/(mm \cdot s^{-1})^{0.15}$），见表 5-10。

表 5-10　附加阻尼分配表

位置	方向	布置楼层	η_m	C_m	单个阻尼器 C_j	实际附加阻尼 c
靠边	X	2 ~ 5	0.65	1 245	78	78×16 = 1 248
	Y	2 ~ 5	0.69	1 147	72	72×16 = 1 152
1/4 处	X	2 ~ 4	0.79	931	77	77×12 = 924
	Y	2 ~ 4	0.79	926	77	77×12 = 924
居中	X	3 ~ 4	1.14	617	77	77×8 = 616
	Y	3 ~ 4	1.16	593	74	74×8 = 592

从表 5-10 中的计算结果可以看出，在期望附加阻尼比均为 5% 的情况下，靠边布置所需的附加阻尼系数最大，约为居中布置的两倍，而 1/4 处布置阻尼器时所需附加阻尼系数在两者之间。

（4）减震效果分析

采用专业的建筑有限元分析软件 ETABS 9.7.4，对非减震结构及阻尼器不同布置位置下的 3 个减震结构总共 4 个结构模型进行时程分析，计算 3 种情况下结构的附加阻尼比，分析各自的减震效果及其合理性。首先按照《建筑抗震设计规范》第 5.1.2 条[5]要求选取 5 条天然波和 2 条人工波,求得反应谱对应的基底剪力与时程曲线地震影响系数对应的基底剪力之比,所得结果见表 5-11,图 5-37 也给出了 7 条地震波的归一化时程曲线。

表 5-11　7 条地震波的选取

类型	基底剪力/kN		比值/%	
	X	Y	X	Y
规范反应谱	4 330	4 337	100	100
天然波 1	5 239	5 237	121	121
天然波 2	4 099	4 344	95	100
天然波 3	4 535	4 324	105	100
天然波 4	5 077	5 162	117	119
天然波 5	5 063	5 126	117	118
人工波 1	4 416	4 473	102	103
人工波 2	4 167	4 078	96	94
平均值	4 657	4 678	108	108

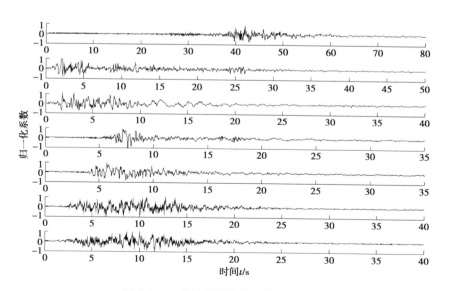

图 5-37　7 条地震波的归一化时程曲线

按照式(5-55)分别计算出三种布置情况下结构的附加阻尼比,见表 5-12。依据《建筑抗震设计规范》的要求,可取 7 条地震波作用下结构附加阻尼比的平均值作为结构最终的附加阻尼比。靠边布置和居中布置所得的附加阻尼比与期望附加阻尼比很接近,分别为 X 向 5.35%、5.37% 和 Y 向 5.73%、5.10%;阻尼器在 1/4 梁处布置时稍微偏大,X 向、Y 向分别为 6.44% 和 6.30%。

表 5-12　三种情况下结构的附加阻尼比/%

位置	方向	T1	T2	T3	T4	T5	R1	R2	平均值
靠边	X	5.45	6.01	5.30	4.73	5.99	4.90	5.09	5.35
	Y	5.89	6.27	5.86	5.00	6.40	5.22	5.46	5.73
1/4 处	X	6.26	7.35	6.22	5.72	7.16	6.02	6.38	6.44
	Y	6.21	7.02	6.24	5.55	6.90	5.93	6.24	6.30
居中	X	5.21	6.03	5.35	4.63	6.06	4.80	5.48	5.37
	Y	5.02	5.58	5.21	4.36	5.76	4.52	5.25	5.10

总体而言,三个减震结构均能很好地达到期望的附加阻尼比 5%,表明基于层间位移利用率的方法来修正结构附加阻尼这一减震设计方法的合理性与正确性。这也充分说明,在进行中间柱型阻尼器的减震设计时,仅考虑放大系数 cos 0° = 1.0 是不够的(即仅考虑结构体系的侧向剪切变形),还必须注意到梁柱结点转动对阻尼器位移的影响。因此,考虑将层间位移利用率替换为放大系数有着重要的意义,使得对结构的减震分析更为准确。

图 5-38—图 5-40 分别为 7 条地震波作用下非减震结构与三个减震结构在多遇地震作用下的层间位移角、楼层侧移和楼层剪力平均反应的对比曲线。通过图 5-38—图 5-40 曲线对比可知:①相比非减震结构而言,三个减震结构的减震效果是明显的;②三个减震结构的减震效果是相当的,不管是层间位移角曲线,还是楼层侧移曲线、楼层剪力曲线都非常接近;③三个减震结构设计达到相当的减震效果,但所需的附加阻尼却相差甚远(表 5-10),阻尼器居中布置时仅为靠边布置时的一半左右。

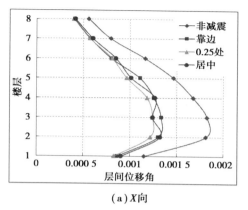

（a）X向

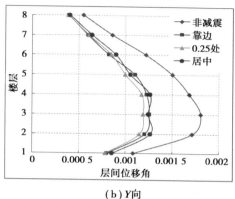

（b）Y向

图 5-38　层间位移角曲线对比（时程平均）

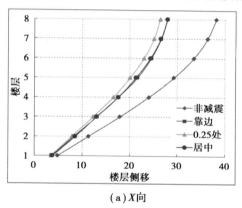

（a）X向

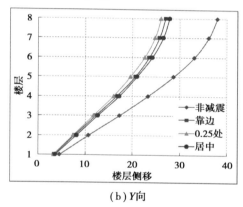

（b）Y向

图 5-39　楼层侧移曲线对比（时程平均）

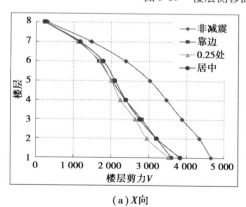

（a）X向

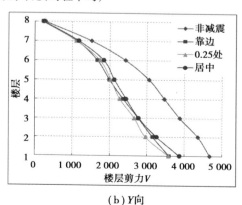

（b）Y向

图 5-40　楼层剪力曲线对比（时程平均）

图 5-41 为结构顶层的位移时程曲线,通过图 5-41(a)可以看到靠边布置阻尼器时减震结构的顶层位移明显比非减震结构小了许多,位移降低率(减震结构与非减震结构的位移反应之比)为 0.71;通过 5-41(b)可知,三个减震结构的顶层位移相差甚微,即使将其局部放大后进行观察,其位移也相差不多。

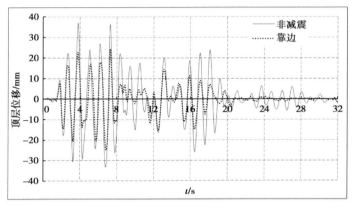

（a）非减震与减震顶层位移对比

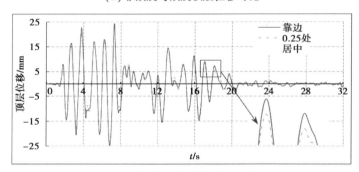

（b）三种减震结构顶层位移对比

图 5-41　顶层位移时程曲线

图 5-42 和图 5-43 分别为非减震结构与阻尼器靠边布置情况时顶层的速度时程曲线和加速度时程曲线对比。从图 5-42 和图 5-43 中可知,减震结构在速度和加速度方面的减震效果也是颇为明显的,其减震效率(减震结构与非减震结构的速度反应或加速度反应之比)分别为 0.83 和 0.75。而且三个减震结构的速度和加速度减震效果非常接近,故绘制出的相应曲线也类似图 5-41(b)图一样几乎重叠在一起。

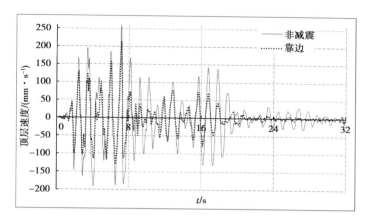

图 5-42　顶层速度时程对比曲线

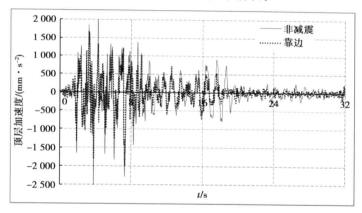

图 5-43　顶层加速度时程对比曲线

综上所述,层间位移利用率越大,达到相同期望附加阻尼比所需的附加阻尼越小,其经济性也越好,见表 5-10。实例中阻尼器居中布置时层间位移利用率较大,因而所需的附加阻尼较小,仅为靠边布置所需附加阻尼的一半左右。在本节的工程实例分析中,通过三个减震结构和非减震结构总共四个结构模型的对比分析,详细地从结构的附加阻尼比、层间位移角、楼层侧移、楼层剪力,以及顶层的位移、速度、加速度等方面充分地验证了采用层间位移利用率方法进行减震结构分析的合理性与实用性,也为消能减震设计的经济性提供重要参考。

5.4.5 减震设计方法流程图

基于前面的分析,本部分总结出附加中间柱型黏滞阻尼器后结构体系减震设计方法的流程图,如图 5-44 所示。

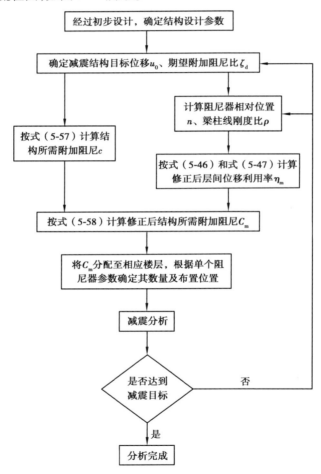

图 5-44 基于层间位移利用率的中间柱型黏滞阻尼器减震设计方法流程图

5.5 本章小结

本章首先从黏滞阻尼器常见的支撑方式开始,主要有水平式、斜撑式及套索式等,分析了不同支撑方式下阻尼器位移放大系数,对比后发现中间柱型这种水平式支撑阻尼器的方式具有其他支撑方式无可比拟的优势,即在门窗洞口之间的墙体宽度满足上下柱宽度的前提下,对建筑平面布置、立面效果的影响较小,不像各种支撑阻尼器的斜撑会对建筑功能产生很大的影响。

然后,从分析阻尼器位移放大系数出发,发现该方法仅考虑了结构的楼层剪切变形对阻尼器位移的贡献。事实上,梁柱结点的转动、中间柱上下柱自身的变形等都会对阻尼器的位移产生影响,重点分析了梁柱结点的转角位移,而上下柱自身变形考虑当其自身刚度足够大时可将其变形忽略。得出层间位移利用率(η)主要与楼层侧向剪切变形和梁柱结点转角两方面的因素相关,进而对 η 的计算公式进行推导,并将重要的自变量参数集中在阻尼器布置在梁跨内的位置 n 和梁柱线刚度比 ρ 上,推导出 η 的基本计算表达式。

接着,考虑到影响 η 的因素还有阻尼器自身刚度及其动态刚度、中间柱上下柱自身变形等因素,它们对 η 的影响虽然不是很大,但要完全忽略也不太合适。故对简化后仅考虑阻尼器相对布置位置 n 和梁柱线刚度比 ρ 两个参数的计算式,通过大量的数值模拟分析后作进一步修正,得到修正后层间位移利用率(η_m)的计算表达式,并将其代入减震结构所需附加阻尼的计算式中,将阻尼器位移放大系数替换为 η_m,得到修正后的结构附加阻尼。

最后,基于修正后的结构附加阻尼对结构体系进行减震分析,得到 η 对结构减震效率的影响规律。文中通过某八层钢筋混凝土框架结构实例,对该章基于 η 方法修正结构附加阻尼做法的整个分析与推导过程进行了演示,通过三组减震结构和与之对应的一组非减震结构,详细地从结构的附加阻尼比、层间位移角、楼层侧移、楼层剪力,以及顶层的位移、速度、加速度等方面进行对比,充分地验证了采用 η 方法进行减震结构设计的合理性与实用性,并提出了完整的"基于层间位移利用率的中间柱型黏滞阻尼器减震设计方法流程图",用于指导附设中间柱型黏滞阻尼消能减震结构的减震设计。

第6章 黏滞阻尼结构减震效率的试验研究

6.1 引言

通过前面章节的阐述可知,本书中减震效率的影响因素主要指阻尼器支撑刚度和层间位移利用率两方面,而层间位移利用率低则其减震效率(减震效果)差,结构支撑刚度系数小其减震效率也差,这也证明了支撑刚度系数(N)对结构减震效率的影响可以用层间位移利用率(η)这一指标来衡量。第3章至第5章主要从理论上推导了N和η对消能减震结构减震效率的影响,也进行了相应的数值模拟分析;为了更进一步验证这两个因数对结构减震效率的影响规律,本章设计了与N和η相关的减震效率方面的试验,针对单自由度体系和多自由度体系分别进行了详细的试验研究。在试验方案的设计上,单自由度体系通过变换不同的梁截面来调整梁柱线刚度比值,中间柱通过不同的上柱、下柱宽度来调整支撑刚度系数,阻尼器布置位置则通过中间柱在梁跨内的位置进行调整;多自由度体系通过变换楼层高度来调整梁柱线刚度比值,支撑刚度系数和阻尼器布置位置的调整方法与单自由度体系相同。通过不同小组试验结果的对比,从层间位移角、加速度(位移)放大系数、楼层剪力、附加阻尼比等方面详细研究了N和η对结构减震效率的影响规律。试验也进行了减震结构和抗震结构响应的对比与分析,充分显示了消能减震技术相对于传统抗震的优越性。

为了充分发挥黏滞阻尼器的耗能能力,结合理论分析与试验研究,给出了 N 和 η 的建议取值。

6.2　振动台试验概况

6.2.1　试验背景与目的

工程领域的许多规律常常是从某些具体而特殊的现象中深入挖掘出来的,即先从现象出发,通过相应的逻辑推演与理论分析,形成一定的理论基础,然后常采用有限元等数值模拟方法进行相关规律的验证,更进一步的验证则常常需要通过设计相关试验来进行,进而得到较为实用的成果;接下来的阶段则是在实际工程应用中对之前成果的反复修正,以使得修正后的成果在工程实际应用中具有足够的精度。本试验的设计便是对前述阻尼器支撑刚度和层间位移利用率对结构减震效率影响规律性的进一步验证与研究。

考虑到黏滞阻尼器是一种速度相关型阻尼器,其正常工作频率常常为 $1 \sim 3$ Hz,速度常常为 $150 \sim 500$ mm/s,故不能采用一般的拟静力试验,更不能采用静力试验,最好是采用具有动力控制系统的动力加载试验,为此选用模拟地震振动台对结构体系进行地震波和正弦波的加载试验,基于昆明理工大学工程抗震研究所的模拟地震振动台平台进行试验,振动台基本参数见表6-1。

表 6-1　振动台基本参数

项目	基本参数
台面尺寸	4 m×4 m
最大载质量	30 t
振动方向	双向三自由度(X、Y 向平动、绕 Z 向扭转)
振动波型	各种规则波、随机波、模拟地震波

续表

项目	基本参数
最大加速度	± 1.0 g(载重 20 t),± 0.8 g(载重 30 t)
最大速度	800 mm/s
最大位移	± 125 mm
频率范围	0.1 ~ 100 Hz

本次黏滞阻尼结构减震效率试验目的如下：

①对单自由度体系(单层模型)和多自由度体系(两层和三层模型)中的阻尼器在不同支撑刚度系数、不同梁柱线刚度比和阻尼器布置位置时的减震效率(主要体现在层间位移利用率上)进行对比分析。

②对单自由度体系和多自由度体系的附加阻尼比、层间位移角、加速度放大系数等方面的减震效果进行对比分析。

③对比分析单自由度体系和多自由度体系的减震结构与抗震结构在各工况下的地震响应。

④通过较多工况的试验研究,得到一整套较为全面的试验数据,作为检验前面章节理论分析与计算的依据,也为进一步指导实际工程的减震最优设计奠定基础。

6.2.2 材料的选用及材性试验

按照预计目标,本次试验需要进行分组,每组又将做若干工况,故选择在大震下均未达到屈服强度的钢结构进行反复试验,钢材强度牌号为市面上能够买到的 Q235 型号的 H 型钢。H 型钢选用同一厂家、同一批次的不同截面尺寸类型,其类型有 HW100×100、HW125×125、HW175×175、HW200×200a、HN200×100b、HN250×125b,参照《钢及钢产品力学性能试验取样位置及试样制备》(GB/T 2975—2018)中的相关要求及《金属材料 拉伸试验 第 1 部分:室温试验方法》(GB/T 228.1—2010)等规范[154,155]的规定,统一从 H 型的腹板位置取样[图 6-1(a)],并制作成图 6-1(b)所示的材性试验试件进行拉伸试验,以获取试件的弹性模量、屈服强度、极限强度、断后伸长率等参数值。

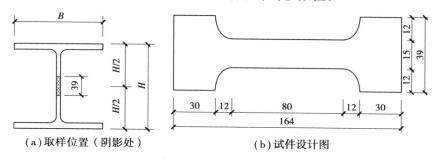

（a）取样位置（阴影处）　　　　　（b）试件设计图

图 6-1　材性试验试件取样及设计图

采用电子万能试验机(100 kN)对试件进行拉伸试验,如图 6-2 所示,试件拉伸前后对比如图 6-3 所示。

（a）试验前　　　　　　　　　　（b）试验后

图 6-2　电子万能试验机拉伸试验

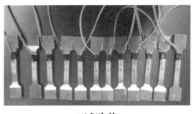 

（a）试验前 （b）试验后

图 6-3 试件拉伸前后

表 6-2 给出了试验中四种类型宽翼缘 H 型钢试件的材性试验结果，各指标值满足规范要求。

表 6-2 试件材性试验结果统计表

型号	试件编号	屈服强度实测值 f_y/MPa	抗拉强度实测值 f_u/MPa	f_u/f_y ≥1.25	$f_y/235$ ≤1.30	弹性模量 E/GPa	断后伸长率 A/%
HW 100×100	No.1	263	376	1.43	1.12	195	31
	No.2	264	378	1.43	1.12	193	27
	No.3	256	375	1.47	1.09	190	31
	平均值	261	376	1.44	1.11	193	30
HW 125×125	No.1	262	429	1.64	1.11	202	28
	No.2	261	430	1.65	1.11	203	27
	No.3	261	425	1.63	1.11	204	27
	平均值	261	428	1.64	1.11	203	27
HW 175×175	No.1	260	424	1.63	1.10	204	27
	No.2	258	419	1.62	1.10	212	26
	No.3	262	427	1.63	1.12	209	28
	平均值	260	423	1.63	1.11	208	27
HW 200×200a	No.1	265	444	1.67	1.13	199	28
	No.2	268	448	1.67	1.14	210	26
	No.3	275	448	1.63	1.17	201	28
	平均值	269	446	1.66	1.15	203	27

6.2.3　试验模型制作

　　针对本次试验目的,制作了一个单自由度体系模型和两个多自由度体系模型,除了柱脚和单自由度模型柱弱轴方向(Y向)采用了焊接连接,其余梁柱的连接全部利用 T 型键进行螺栓连接[156][图 6-4(c)和图 6-4(d)],包括连接阻尼器的中间柱上柱、下柱与梁的连接也是螺栓连接。为了连接中间柱的下柱,模型中专门设计了地梁层,地梁顶部距柱脚底端 0.40 m。另外,梁翼缘上每隔 100 mm 开两个 Φ14 的孔,柱翼缘和腹板上每隔 600 mm 开一组 Φ14 的孔(每组四排),如图 6-4(a)和图 6-4(b)所示。关于阻尼器与中间柱上、下柱的连接采用耳朵板中插入销轴的方式,如图 6-4(e)所示。

(a)梁开孔图

(b)柱开孔图

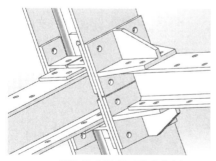

(c)梁柱节点装配开孔定位图

(d)梁柱节点装配实物图

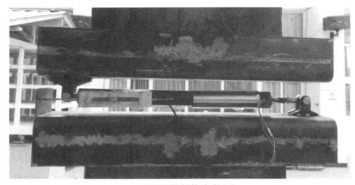

（e）阻尼器安装实物图

图 6-4　试验模型制作与节点装配图

单自由度体系通过组装一单层单跨结构来模拟，层高 3.0 m，X 向、Y 向跨度均为 3.0 m，四颗柱截面类型均为 HW125×125，柱强轴方向（X 向）的梁截面分别有 HW100×100、HW125×125、HN200×100b、HN250×125b 四种类型，以便调整不同的梁柱线刚度比 ρ（柱的线刚度不变，梁的线刚度改变）；连接阻尼器的中间柱上柱和下柱也有四种类型，其面内宽度×厚度分别为 150 mm×10 mm、250 mm×10 mm、350 mm×10 mm、500 mm×10 mm，面外刚度等通过构造满足；另外，柱弱轴方向（Y 向）的楼层梁和地梁均采用 HN200×100b 焊接。单自由度体系具体详细的情况参见表 6-3 和图 6-5（a）所示。

多自由度体系通过组装两层和三层的单跨结构来模拟，其层高分别为 3.6 m 和 2.4 m，X 向、Y 向跨度均为 3.0 m，四颗柱截面类型均为 HW175×175，柱长 7.2 m（含地梁层 0.4 m 和顶层便于拼接而突出的 0.4 m，共计 8.0 m），与柱强轴方向（X 向）相连的梁截面类型为 HW100×100，与柱弱轴方向（Y 向）相连的梁截面类型为 HW125×125，梁柱线刚度比 ρ 的调整通过改变层高实现（即两层调整为三层，柱的线刚度改变，梁的线刚度不变）；连接阻尼器的中间柱上柱和下柱对两层和三层结构均有两种类型，其面内宽度×厚度分别为 230 mm×10 mm、400 mm×10 mm、150 mm×10 mm 和 350 mm×10 mm，面外刚度仍通过构造满足。多自由度体系具体详细的情况参见表 6-4 和图 6-5（b）、图 6-5（c）所示。

表 6-3　单自由度体系模型

项目	柱	梁（X 向）	梁（Y 向）	上柱（下柱）
截面类型 或尺寸	HW125×125	HW100×100 HW125×125 HN200×100b HN250×125b	HN200×100b	150 mm×10 mm 250 mm×10 mm 350 mm×10 mm 500 mm×10 mm
长度/m	3.0	3.0	3.0	1.4
数量/颗	4	4×2＝8	2	4×4＝16

注：①单层结构仅在 X 向布置两个阻尼器，如图 6-5(a)所示；

　　②单层结构柱的实际长度为 3.0+0.4(地梁层高度)+0.6(顶层便于拼接而突出的长度)＝4.0 m；

　　③上下柱之间有 0.2 m 的空间安置阻尼器，故上柱、下柱的长度均为 $\dfrac{3.0-0.2}{2}=1.4$ m。

（a）单层模型

（b）两层模型

（c）三层模型

图 6-5　单层和多层试验模型

表6-4　多自由度体系模型

层数	项目	柱	梁(X向)	梁(Y向)	上柱(下柱)
二层	截面类型或尺寸	HW175×175	HW100×100	HW125×125	230 mm×10 mm
					400 mm×10 mm
	长度/m	3.6×2=7.2	3.0	3.0	1.7
	数量/颗	4	4×2=8	4×2=8	8×2×2=32
三层	截面类型或尺寸	HW175×175	HW100×100	HW125×125	150 mm×10 mm
					350 mm×10 mm
	长度/m	2.4×3=7.2	3.0	3.0	1.1
	数量/颗	4	4×2=8	4×2=8	8×2×2=32

注:①二层和三层均由相同的柱和梁通过螺栓连接而成;

②在 X 向、Y 向布置阻尼器,每层4个,布置两层(二层为1~2层,三层2~3层),如图6-5(b)和图6-5(c)所示;

③两层或三层结构柱的实际长度为7.2+0.4(地梁层高度)+0.4(顶层便于拼接而突出的长度)=8.0 m;

④上下柱之间0.2 m的空间安置阻尼器,故上柱、下柱长度二层为 (3.6−0.2)/2=1.7 m,三层为 (2.4−0.2)/2=1.1 m。

对于模型质量问题,本次试验每层质量(自重+配重)基本一致,配重及楼板质量之和按3.0 kN/m² 配置。故本次试验图6-5中单层模型质量为3.5 t,两层模型质量为6.7 t,三层模型质量为9.7 t。

6.2.4　阻尼器布置与试验分组

本章试验所采用的阻尼器,已经进行了逐一的性能测试,测试结果位于本书第2章第3节中。从表2-2可知,Ⅰ型号和Ⅱ型号的阻尼器各有5只,但本次试验最多时仅用到8只,每个型号均取出一只不用于本次试验,编号分别为Ⅰ-3号和Ⅱ-5号。模拟单自由度体系的单层模型仅在 X 方向对称布置两只阻尼器,东边阻尼器编号为Ⅰ-4号,西边阻尼器编号为Ⅰ-5号,如图6-5(a)所示。模拟多自由度体系的二层、三层模型阻尼器均布置两层,东西向均为Ⅰ型阻尼器,上层编号东西向分别为Ⅰ-2和Ⅰ-4,下层编号东西向分别为Ⅰ-1和Ⅰ-5;南北向均为Ⅱ型阻尼器,上层编号南北向分别为Ⅱ-1和Ⅱ-3,下层编号南北向分别为Ⅱ-4和Ⅱ-2,如图6-5(b)、图6-5(c)和图6-6所示。

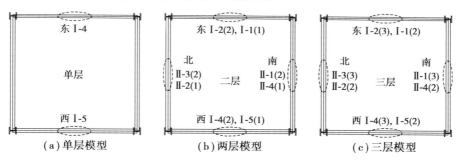

图 6-6　试验模型中阻尼器布置示意图

注:图中括号内的数字表示该阻尼器所在的楼层层数。

　　试验大组的分类主要是按照梁柱线刚度比 ρ 的不同进行,单自由度体系按照柱强轴方向(X向)梁的截面类型 HW100×100、HW125×125、HN200×100b、HN250×125b 划分为四个大组;多自由度体系分为两个大组,三层结构为第五组,二层结构为第六组;每个大组又按照不同的支撑刚度系数 N 或阻尼器布置位置参数 λ 的不同分为若干小组,具体分组情况见表6-6—表6-8(在给出分组情况之前,先给出各类型 H 型钢的实际尺寸,见表6-5)。由于本次试验工作量巨大,试验组数繁多,特专门给出了试验分组概况表,见表6-9。

表 6-5　各类型 H 型钢实际尺寸表

H 型类型	宽度 $b/$mm	高度 $h/$mm	腹板厚度/mm	翼缘厚度/mm
HW100×100	100	100	5.3	7.0
HW125×125	125	125	6.0	8.0
HW175×175	175	175	6.4	9.3
HW200×200a	200	200	8.0	11.7

续表

H 型类型	宽度 b/mm	高度 h/mm	腹板厚度/mm	翼缘厚度/mm
HN200×100b	100	200	5.5	7.4
HN250×125b	125	250	6.7	8.4

表 6-6　单自由度体系试验分组（支撑刚度系数）

上下柱截面类型（厚 mm×宽 mm）	上下柱面内刚度 /(N·mm⁻¹)	$\rho=0.21$, 1 313 /(N·mm⁻¹)	$\rho=0.50$, 1 633 /(N·mm⁻¹)	$\rho=1.05$, 1 784 /(N·mm⁻¹)	$\rho=2.16$, 1 873 /(N·mm⁻¹)
10×150	628	0.48	0.38	0.35	0.34
10×250	2 862	2.18	1.75	1.60	1.53
10×350	7 674	**5.84**	4.70	4.30	4.10
10×500	21 342	16.25	13.07	**11.96**	11.39
无阻尼器的抗震结构		抗震	—	—	抗震

注：①梁柱线刚度比 ρ 为 0.21、0.50、1.05、2.16 将试验分为四个大组，表中给出了对应单自由度体系的
侧移刚度；

②表中数据区域值表示支撑刚度系数 N 的不同取值，灰色标识出的是本次试验所完成的试验小组；

③加粗字体表示在该支撑刚度系数下将阻尼器分别布置于阻尼器布置位置参数 n 为 1/2、1/3 和
1/6 处；

④表中"抗震"字样表示该小组试验为未附加阻尼器的抗震结构试验，作为对比试验进行；

⑤综上所述，单自由度体系试验总共分为四个大组，合计 15 个小组。

表 6-7　多自由度体系楼层侧移刚度及上下柱面内刚度

层数	三层结构侧移刚度 N/mm		二层结构侧移刚度 N/mm		上下柱截面类型（厚 mm×宽 mm）	上下柱面内刚度 N/mm
	X 向	Y 向	X 向	Y 向		
1	2 659	1 567	1 151	645	10×150(3)	1 287
2	1 462	1 015	587	410	10×350(3)	15 378
3	997	826	—	—	10×230(2)	1257
—	—	—	—	—	10×400(2)	6 432

注：上下柱截面类型中括号内的数值"3"和"2"分别表示该截面类型用于三层结构和二层结构。

表6-8　多自由度体系试验分组（支撑刚度系数）

层数	$\rho=0.05(X)$,$\rho=0.35(Y)$				$\rho=0.08(X)$,$\rho=0.53(Y)$			
	10×350		10×150		10×400		10×230	
	X 向	Y 向	X 向	Y 向	X 向	Y 向	X 向	Y 向
1	5.78	9.81	0.48	0.82	5.59	9.97	1.09	1.95
2	10.52	15.15	0.88	1.27	10.96	15.69	2.14	3.07
3	15.42	18.62	1.29	1.56	—	—	—	—

注:①表中数据仍然表示支撑刚度系数 N 的值,梁柱线刚度比 ρ 括号内的 X、Y 表示该值的计算方向;

　　②表中"10×350"之类的数据表示上下柱截面类型(厚 mm×宽 mm)。

表6-9　试验分组概况表

试验大组	试验小组编号	梁柱线刚度比 ρ	上下柱截面类型 (厚 mm×宽 mm)	阻尼器位置 n
第一大组	1-1	0.21	10×350	1/2
	1-2		10×350	1/3
	1-3		10×350	1/6
	1-4		抗震	
第二大组	2-1	0.50	10×350	1/2
	2-2		10×500	1/2
	2-3		10×150	1/2
第三大组	3-1	1.05	10×500	1/2
	3-2		10×500	1/3
	3-3		10×500	1/6
	3-4		10×250	1/2

续表

试验大组	试验小组编号	梁柱线刚度比 ρ	上下柱截面类型 （厚 mm×宽 mm）	阻尼器位置 n
第四大组	4-1	2.16	10×250	1/2
	4-2		10×350	1/2
	4-3		10×500	1/2
	4-4		抗震	
第五大组	5-1	X 向 0.05 Y 向 0.35	10×350	1/2
	5-2			1/6
	5-3		10×150	1/2
	5-4		抗震	
第六大组	6-1	X 向 0.08 Y 向 0.53	10×400	1/2
	6-2			1/6
	6-3		10×230	1/2
	6-4		抗震	

注：试验中第一大组至第四大组为单层结构，第五大组为三层结构，第六大组为二层结构，试验合计 23
　　个小组。

关于梁柱线刚度比 ρ 的计算方法，从式(5-10)中可知

$$\rho = \frac{i_b}{2i_c} \tag{6-1}$$

式中，梁的线刚度 $i_b = EI_b/L_b$，柱的线刚度 $i_c = EI_c/L_c$；E 为梁柱材料的弹性模量，I_b、I_c 分别为梁柱对应方向的截面惯性矩，L_b、L_c 分别为梁柱对应方向支撑点间的长度。

对于支撑刚度系数 N 的计算，需要先按照式(5-33)、式(5-34)分别计算出上柱或下柱的弯曲刚度及剪切刚度，然后按照式(5-35)进行串联计算，得到上柱或下柱的在荷载作用下的实际刚度 k；然后将刚度 k 与单自由度体系或多自由度体系的侧移刚度 k_f 之比得到支撑刚度系数 N 的计算式。则刚度 k 的计算

方法如下

$$k = \frac{k_b k_s}{k_b + k_s} \tag{6-2}$$

式中，k_b 表示上柱或下柱的弯曲刚度，按式（5-33）计算；k_s 表示上柱或下柱的剪切刚度，按式（5-34）计算。

接下来支撑刚度系数 N 的计算方法如下

$$N = \frac{k}{k_f} \tag{6-3}$$

6.2.5　传感器布置

试验需要完成控制输入和采集输出两方面重要的事情，本次试验的输入通过向地震模拟振动台输入位移并迭代收敛后来进行控制，而输出则需要采用各种采集设备和传感器等来采集数据。本试验采用的传感器主要有加速度传感器、位移传感器和电阻式应变片三种。加速度传感器用于采集台面及各楼层输出的加速度值，考虑到本试验采用的是侧向较柔的钢结构架子，故将加速度传感器安放于较刚的梁柱节点区域附近，而尽量不要将其安放在较柔位置（如梁中部等）；另外，在振动台输入激励作用下结构的速度和位移可以通过对所采集的加速度值积分后求得。加速度传感器的详细布置方案：单层模型仅在 X 方向布置传感器（阻尼器仅安装在 X 向），台面 1 个、地梁层 2 个、一层 2 个，合计 5 个；两层模型在台面 X 向和 Y 向各布置 1 个，地梁层 X 向和 Y 向各布置 1 个，一层和二层均在 X 向布置 2 个、Y 向布置 1 个，合计 10 个；三层模型在台面 X 向和 Y 向各布置 1 个，地梁层 X 向和 Y 向各布置 1 个，一层、二层和三层均在 X 向布置 2 个、Y 向布置 1 个，合计 13 个。各模型加速度传感器具体布置位置如图 6-7 所示。

位移传感器首要目的是采集阻尼器的位移，以便获得阻尼器在激励作用下的时程位移曲线，再与阻尼器出力的时程曲线一起绘制其滞回耗能曲线；其次，

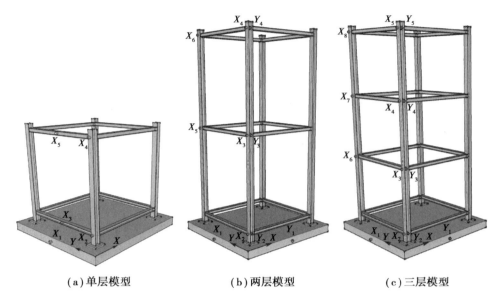

（a）单层模型　　　　　（b）两层模型　　　　　（c）三层模型

图 6-7　各试验模型中加速度传感器布置位置图

注：图中"X_1"表示 X 方向第一个加速度传感器；"Y_1"表示 Y 方向第一个加速度传感器。

考虑到阻尼器位移采用位移传感器采集较为直接，故在计算减震结构的层间位移利用率（阻尼器位移与对应楼层位移的比值）时，也希望能够通过位移传感器直接测量楼层位移，以消除不同测试手段对计算层间位移利用率的影响，因而采用位移传感器测试安装阻尼器楼层的楼层位移也是本次试验中位移传感器的重要用途之一。位移传感器的详细布置方案：单层模型仅在 X 方向布置位移传感器（阻尼器仅安装在 X 向），其中，1#位移计安装在悬臂三角构架的 80 mm×80 mm×4 mm 方钢管立柱外表面，2#、3#位移计分别用于测试东西方向的阻尼器位移，共计采用 3 个位移传感器；两层模型在各层的 X 向和 Y 向各安装一个测楼层层间位移的位移计，其顶针均顶在悬臂架方钢管立柱的外表面，并将南面和西面各层（总共两层）的阻尼器均安装了测试阻尼器位移的位移传感器，合计采用 8 个位移传感器；三层模型也采用了 8 个位移传感器，只是它们均只布置在安置阻尼器的二层和三层，一层未布置位移计。各模型位移传感器具体布置位置如图 6-8 所示。

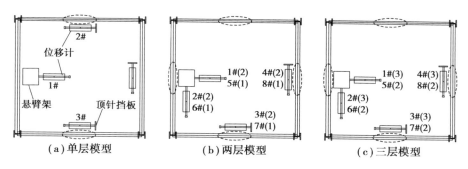

图 6-8 试验模型中位移传感器和阻尼器连接杆应变片布置示意图

注:①图中括号内的数字表示该位移传感器所在的楼层层数,1# ~ 8#表示位移传感器编号;
　　②电阻式应变片均布置在安装位移计测量阻尼器位移的地方。

　　电阻式应变片主要用于测试阻尼器的出力,以便获得阻尼器在激励作用下的时程力曲线,再与阻尼器位移时程曲线一起绘制其滞回耗能曲线。正如第2.3.1 节所述,测试阻尼器性能时通过贴在阻尼器连接杆上的电阻式应变片来标定阻尼器出力,可得阻尼器出力与应变的函数关系式,然后将振动台试验测得的连接杆应变代入前面标定的函数关系式中便可求得试验过程中阻尼器出力的时程曲线。电阻式应变片总共有四组,均贴在阻尼器连接杆上,Ⅰ型和Ⅱ型阻尼器各两个,分别是Ⅰ-4、Ⅰ-5 和Ⅱ-1、Ⅱ-4 四只阻尼器;单自由度体系安装时均采用Ⅰ型阻尼器,东边、西边分别为Ⅰ-4 和Ⅰ-5,如图 6-6(a)所示;多自由度体系在 X 向采用Ⅰ型阻尼器,安装在西面上层和下层的阻尼器分别为Ⅰ-4 和Ⅰ-5,Y 向采用Ⅱ型阻尼器,安装在南面上层和下层的阻尼器分别为Ⅱ-1 和Ⅱ-4,如图 6-6(b)和图 6-6(c)所示,即电阻式应变片的详细布置方案为图 6-8 中安装位移计测量阻尼器位移的地方,单层模型为东西面 2 组,两层模型为南面、西面的一二层共 4 组,三层模型也为南面、西面的二三层共 4 组。也就是说,测试阻尼器位移的位移传感器布置情况与测试阻尼器出力的电阻式应变片布置情况相匹配。

6.2.6　试验加载工况

　　本次试验包括 6 个大组,总共 23 个小组试验,试验工作量巨大、组数繁多,每个小组均进行 16～28 个工况不等的试验,总共近 600 个试验工况,仅试验加载阶段(含试验之间的准备工作)便耗时长达 6 个月之久。本次试验以"研究"为目的,除常规的地震工况及白噪声工况外,专门加载了针对理论研究来说简单而明确的正弦波激励,以期深入了解和研究结构的输出与输入之间的传递关系。

在给出试验加载工况表之前,先按照《建筑抗震设计规范》(GB 50011—2010)对输入地震波的要求,每组选取 2 条天然波和 1 条人工波分别输入振动台台面,并考虑地震动三要素(加速度峰值、有效持时和频谱特性)的影响[5,6]。根据试验模型的具体情况,单层模型基本频率相差不大,二层模型与三层的基本频率相差不大,故选取了两组地震波共计 4 条(两组波中只有一条天然波不同,人工波和另外一条天然波均相同),包含 3 条天然波(详细信息见表 6-10)和 1 条人工波,其时程曲线及其在多遇地震作用工况下的三联反应谱(位移-速度-加速度反应谱,简称"DVA 谱")如图 6-9 所示。

表 6-10 天然波基本信息

编号	地震名称	发生时间	记录台站	PGA/(m·s^{-2})
601	Imperial Valley-07	1979.10.15	USGS STATION 412	3.20
632	Northridge-05	1994.01.17	SYLMAR-COUNTY HOSPITAL PARKING LOT	0.90
821	Imperial Valley-06	1979.10.15	USGS STATION 952	2.30

注:表中天然地震波的编号仅为作者研究团队地震波库里的编号,详细信息以表中为准。

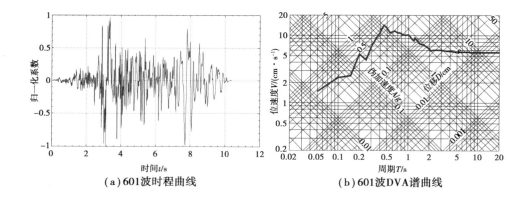

(a) 601 波时程曲线　　(b) 601 波 DVA 谱曲线

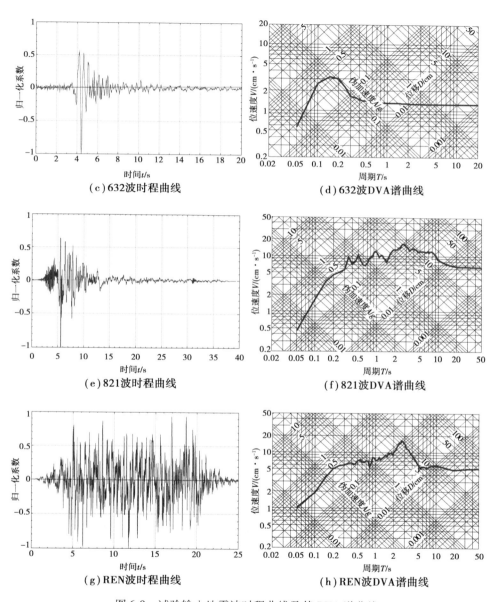

图 6-9　试验输入地震波时程曲线及其 DVA 谱曲线

由于各小组试验工况不尽相同,故需要分类列出。首次进行试验时,为了明确地震工况和正弦工况的响应反应,完成了 8 度完整地震工况的试验和频率比($\beta=\omega_n/\omega$)较大范围的正弦工况试验,加载工况表见表 6-11。

表 6-11　试验小组 1-1 加载工况表

工况编号	工况名称	烈度	地震波	方向	加速度峰值/g	工况编号	工况名称	频率倍数	频率/Hz	正弦波幅值与数量
1	W1	白噪声		XY	0.07	14	ZX1	0.2	0.93	
2	F8X-601	多遇	601	X	0.07	15	ZX2	0.5	2.32	
3	F8X-821		821	X	0.07	16	ZX3	0.7	3.25	
4	F8X-REN		REN	X	0.07	17	ZX4	0.85	3.94	
5	W2	白噪声		XY	0.07	18	ZX5	1.0	4.64	幅值:0.5 mm; 数量:10 周
6	D8X-601	设防	601	X	0.20	19	ZX6	1.15	5.33	
7	D8X-821		821	X	0.20	20	ZX7	1.3	6.03	
8	D8X-REN		REN	X	0.20	21	ZX8	1.5	6.96	
9	W3	白噪声		XY	0.07	22	ZX9	2	9.28	
10	R8X-601	罕遇	601	X	0.40	23	ZX10	5	23.2	
11	R8X-821		821	X	0.40	—	—	—	—	—
12	R8X-REN		REN	X	0.40	—	—	—	—	—
13	W4	白噪声		XY	0.07	—	—	—	—	—

注:①本组试验仅在 X 向加载,加载方式为 8 度多遇、设防、罕遇地震工况和 10 组正弦工况;

②"F8X"表示 X 向 8 度多遇地震,"F""D"和"R"分别表示多遇地震(frequency earthquake)、设防地震(design earthquake)和罕遇地震(rare earthquake);"ZX"表示 X 向的正弦波工况,工况 ZX5 补充了幅值为 1.0 mm 的工况;

③地震波中的编号"601""821"分别表示 1979 年 10 月 15 日的 Imperial Valley(帝王谷)地震两个测站(USGS STATION 412 和 USGS STATION 952)所采集到的天然地震波,"REN"表示按规范反应谱拟合的人工波(场地按二类三组考虑)。

通过第 1-1 组试验之后发现,结构在多遇地震下反应较小,且阻尼器的出力及位移也较小;正弦工况也存在类似的问题,在频率倍数较小和较大的范围,结构和阻尼器均反应较小。因在这种反应较小的工况下不能很好地体现试验的效果和精度,故在后面的单自由度体系试验中地震工况仅加载了设防地震和罕遇地震,正弦工况的数量也作了相应的缩减,且增大正弦波幅值为 1.0 mm(原来 0.5 mm 结构体系反应较小),调整后第一大组后续小组的加载工况见表6-12。

表 6-12　试验小组 1-2 至 1-4 加载工况表

工况编号	工况名称	烈度	地震波	方向	加速度峰值/g	工况编号	工况名称	频率倍数	频率/Hz	正弦波幅值与数量
1	W1	白噪声		XY	0.07	10	ZX1	0.5	2.32	幅值:1.0 mm;数量:10 周
2	D8X-601	设防	601	X	0.20	11	ZX2	0.75	3.48	
3	D8X-821		821	X	0.20	12	ZX3	1	4.64	
4	D8X-REN		REN	X	0.20	13	ZX4	1.25	5.80	
5	W2	白噪声		XY	0.07	14	ZX5	1.5	6.96	
6	R8X-601	罕遇	601	X	0.40	15	ZX6	2	9.28	
7	R8X-821		821	X	0.40	16	W4	白噪声		
8	R8X-REN		REN	X	0.40	—	—	—	—	
9	W3	白噪声		XY	0.07	—	—	—	—	

注:第 16 工况为第四次白噪声,激励方向及加速度峰值同前三次白噪声。

接下来第二大组至第四大组的试验加载工况基本一致,但不同大组采用的梁截面不同,结构的基本频率也不同,正弦工况部分的加载频率不尽相同,但地震工况是相同的。为了简单方便地查看每组试验的加载工况,特分开列出,见表 6-13—表 6-16。

表 6-13　试验小组 2-1 至 2-3 加载工况表

工况编号	工况名称	烈度	地震波	方向	加速度峰值/g	工况编号	工况名称	频率倍数	频率/Hz	正弦波幅值与数量
1	W1	白噪声		XY	0.07	10	ZX1	0.5	2.08	幅值: 0.5 mm; 数量: 10 周
2	D8X-601	设防	601	X	0.20	11	ZX2	0.75	3.11	
3	D8X-821		821	X	0.20	12	ZX3	1	4.15	
4	D8X-REN		REN	X	0.20	13	ZX4	1.25	5.19	
5	W2	白噪声		XY	0.07	14	ZX5	1.5	6.23	
6	R8X-601	罕遇	601	X	0.40	15	ZX6	2	8.30	
7	R8X-821		821	X	0.40	16	ZX7	—	4.0	
8	R8X-REN		REN	X	0.40	17	ZX8	—	4.5	
9	W3	白噪声		XY	0.07	18	ZX9	—	4.8	

注:①第 2-1 组无 16 工况,16~18 工况相对于第一大组为补做工况,目的是加密频率比为"1"附近的工况;

②2-3 组 16~18 工况对应的频率分别为 3.6 Hz、4.0 Hz、4.5 Hz。

表 6-14　试验小组 3-1 至 3-4 加载工况表

工况编号	工况名称	烈度	地震波	方向	加速度峰值/g	工况编号	工况名称	频率倍数	频率/Hz	正弦波幅值与数量
1	W1	白噪声		XY	0.07	10	ZX1	0.5	2.44	幅值: 0.5 mm; 数量: 10 周
2	D8X-601	设防	601	X	0.20	11	ZX2	0.75	3.66	
3	D8X-821		821	X	0.20	12	ZX3	1	4.88	
4	D8X-REN		REN	X	0.20	13	ZX4	1.25	6.10	
5	W2	白噪声		XY	0.07	14	ZX5	1.5	7.32	
6	R8X-601	罕遇	601	X	0.40	15	ZX6	2	9.76	
7	R8X-821		821	X	0.40	16	ZX7	—	4.0	
8	R8X-REN		REN	X	0.40	17	ZX8	—	4.5	
9	W3	白噪声		XY	0.07	18	ZX9	—	5.3	

注:第 3-2 组至 3-4 组还有第 19 工况,为白噪声工况;第 3-4 组 18 工况对应的频率为 4.8 Hz。

表 6-15　试验小组 4-1 至 4-4 加载工况表

工况编号	工况名称	烈度	地震波	方向	加速度峰值/g	工况编号	工况名称	频率倍数	频率/Hz	正弦波幅值与数量
1	W1	白噪声		XY	0.07	10	ZX1	0.5	2.2	
2	D8X-601		601	X	0.20	11	ZX2	0.75	3.3	
3	D8X-821	设防	821	X	0.20	12	ZX3	1	4.4	
4	D8X-REN		REN	X	0.20	13	ZX4	1.25	5.5	幅值：2.0 mm；数量：10 周
5	W2	白噪声		XY	0.07	14	ZX5	1.5	6.6	
6	R8X-601		601	X	0.40	15	ZX6	2	8.8	
7	R8X-821	罕遇	821	X	0.40	16	ZX7	—	4.0	
8	R8X-REN		REN	X	0.40	17	ZX8	—	4.5	
9	W3	白噪声		XY	0.07	18	ZX9	—	5.3	
—	—	—	—	—	—	19	W4	白噪声		

注：第 19 工况为第四次白噪声，激励方向及加速度峰值同前三次白噪声。

表 6-16　试验小组 4-5 加载工况表

工况编号	工况名称	烈度	地震波	方向	加速度峰值/g	工况编号	工况名称	频率倍数	频率/Hz	正弦波幅值与数量
1	W1	白噪声		XY	0.07	10	ZX1	0.5	1.83	
2	D8X-601		601	X	0.20	11	ZX2	0.75	2.75	
3	D8X-821	设防	821	X	0.20	12	ZX3	1	3.66	
4	D8X-REN		REN	X	0.20	13	ZX4	1.25	4.58	幅值：0.5 mm、数量：10 周
5	W2	白噪声		XY	0.07	14	ZX5	1.5	5.49	
6	R8X-601		601	X	0.40	15	ZX6	2	7.32	
7	R8X-821	罕遇	821	X	0.40	16	ZX7	0.9	3.29	
8	R8X-REN		REN	X	0.40	17	ZX8	1.05	3.84	
9	W3	白噪声		XY	0.07	18	ZX9	1.1	4.03	
—	—	—	—	—	—	19	W4	白噪声		

注：第 12 工况加做幅值为 1.0 mm 工况；第 19 工况为第四次白噪声，激励方向及加速度峰值同前三次白噪声。

以上所列工况表均为单自由度体系第一大组至第四大组的加载情况,接下来的第五大组、第六大组均完成了 8 度多遇地震、设防地震、罕遇地震在内的地震工况;两层结构相比于三层结构质量、抗侧移刚度均减小,导致两个模型的基本频率相差不大,故在 X 向和 Y 向加载的正弦波工况频率取值一致,且每个方向均为三个工况。故将第五大组和第六大组的试验加载工况统一列于表 6-17 和表 6-18 中。

表 6-17　试验小组 5-1 至 6-4 地震工况表

工况编号	工况名称	烈度	地震波	方向	加速度峰值/g	备注
1	W1	第一次白噪声		XY	0.07	
2	F8X-601		601	X	0.07	
3	F8Y-601		601	Y	0.07	
4	F8X-632	8 度多遇	632	X	0.07	
5	F8Y-632		632	Y	0.07	
6	F8X-REN		REN	X	0.07	
7	F8Y-REN		REN	Y	0.07	
8	W2	第二次白噪声		XY	0.07	
9	D8X-601		601	X	0.20	
10	D8Y-601		601	Y	0.20	
11	D8X-632	8 度设防	632	X	0.20	
12	D8Y-632		632	Y	0.20	
13	D8X-REN		REN	X	0.20	
14	D8Y-REN		REN	Y	0.20	
15	W3	第三次白噪声		XY	0.07	

续表

工况编号	工况名称	烈度	地震波	方向	加速度峰值/g	备注
16	R8X-601		601	X	0.20	
17	R8Y-601		601	Y	0.20	
18	R8X-632	8度罕遇	632	X	0.20	
19	R8Y-632		632	Y	0.20	
20	R8X-REN		REN	X	0.20	
21	R8Y-REN		REN	Y	0.20	
22	W4	第四次白噪声		XY	0.07	

注:①"F8X"表示 X 向 8 度多遇地震,"F""D"和"R"分别表示多遇地震(frequency earthquake)、设防地

　　震(design earthquake)和罕遇地震(rare earthquake);

②地震波中的编号"601""632"分别表示 1979 年 10 月 15 日的 Imperial Valley(帝王谷)地震(USGS

　　STATION 412)和 1994 年 1 月 17 日发生的 Northridge(北岭)地震所采集到的天然地震波,"REN"

　　表示按规范反应谱拟合的人工波(场地按二类三组考虑)。

表 6-18　试验小组 5-1 至 6-4 正弦工况表

工况编号	工况名称	频率倍数	频率/Hz	正弦波幅值与数量	备注
23	ZX1	0.8	1.6		
24	ZX2	1.0	2.0		
25	ZX3	1.2	2.4	幅值: 2.0 mm; 数量: 10 周	
26	ZY1	0.8	1.2		
27	ZY2	1.0	1.5		
28	ZY3	1.2	1.8		

注:①"ZX"表示 X 向的正弦波工况,"ZY"表示 Y 向的正弦波工况;

②每小组试验均为先完成地震工况,紧接着完成正弦工况,故表 6-17 的工况编号延续了表 6-16;

③5-1 组 ZX1 和 ZX2 加做了幅值为 1.0 mm 的正弦工况。

6.3　单自由度体系振动台试验结果

振动台试验的结果是通过各种传感器系统对的信号进行采集而得,在测试采集过程中测试系统内部和外部难免会有各种干扰因素(如温度变化、风力作用等)而形成噪声。故在试验结果处理前,需要对初始采集数据进行预处理,即修正信号的畸变,尽量减小混杂在测试信号中的噪声的干扰,削弱信号中的多余成分等,使初步处理后的结果尽可能真实地反映实际的振动信号;并进行消除趋势项和滤波处理等操作[157-160]。

6.3.1　结构楼层侧移

结构的楼层位移常常作为评价结构地震响应的重要指标。本小节详细对比了单自由度体系中各小组在不同地震工况下的楼层侧移响应及三条地震波平均值的楼层侧移响应。对比在不同梁柱线刚度比(四个大组对应四组值)情况下,不同支撑刚度系数(阻尼器上下柱宽度不同)或不同阻尼器位置(在梁跨上 1/2、1/3、1/6 三个不同位置)结构体系对应的楼层侧移响应;第一大组和第四大组还进行了减震结构与抗震结构位移响应的对比。图 6-10 中给出了各大组对应的各自小组下不同地震工况的中震和大震下结构的楼层侧移,对三条地震波的响应均有列出,按照图中线型的不同分别对应各小组的楼层侧移;图 6-11 给出了各小组三条地震波响应平均值的情况,能够更简洁地进行各组试验的对比。

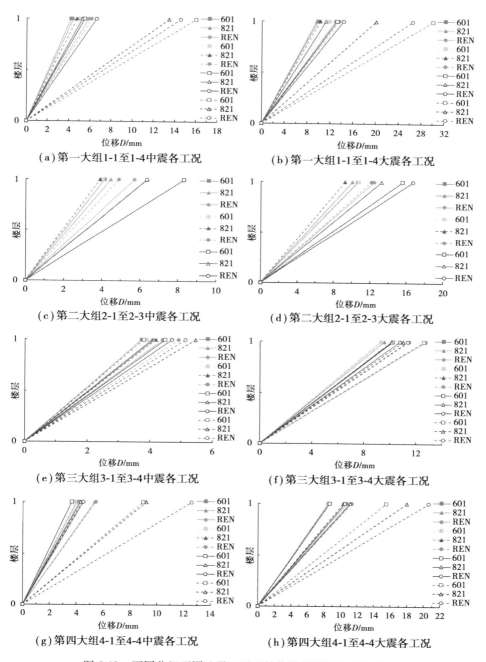

（a）第一大组1-1至1-4中震各工况

（b）第一大组1-1至1-4大震各工况

（c）第二大组2-1至2-3中震各工况

（d）第二大组2-1至2-3大震各工况

（e）第三大组3-1至3-4中震各工况

（f）第三大组3-1至3-4大震各工况

（g）第四大组4-1至4-4中震各工况

（h）第四大组4-1至4-4大震各工况

图 6-10　不同分组不同地震工况下结构楼层侧移包络图对比

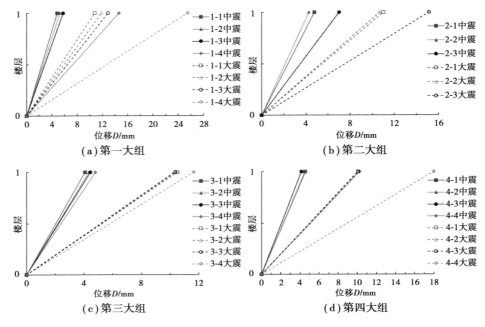

图 6-11 不同分组下结构楼层侧移包络图对比(三条地震波平均值)

对比图 6-10 和图 6-11 各组楼层侧移响应的结果可得:

①当支撑刚度系数 N 相同时,阻尼器布置位置越靠近梁跨中则楼层侧移越小,即减震效果越好,可观察第一大组和第三大组试验响应获得;

②当支撑刚度系数 N 不同时,支撑刚度系数越大(上下柱宽度越大)结构楼层侧移越小,即减震效果越好,可参见第二大组至第四大组的试验结果;

③减震结构的楼层侧移比抗震结构(1-4 小组和 4-4 小组)明显小许多,仅为抗震结构的 $1/3 \sim 1/2$,见第一大组和第四大组的试验结果对比。

6.3.2 加速度(位移)放大系数

本次试验加载工况主要包括地震工况和正弦工况两种类型(还包括白噪声工况)。对于结构体系的放大系数,地震工况习惯上提取结构的加速度放大系数,因为地震工况是在不同加速度水平下完成的;但对于正弦工况,其加载模式变为在不同位移幅值下完成试验工况,故采用位移放大系数这一指标更为合适。

结构体系在各地震工况下的加速度也是评价结构地震响应的重要指标,试验模拟 8 度(0.20g)的中震、大震水平,对应的峰值加速度分别为 2.0 m/s²、4.0 m/s²。在试验加载过程中,控制值与标准值会存在一定的误差,一般都能够控制在 10% 以内;为了较为准确地体现结构在相应地震水平下的响应,在提取结构加速度时对其按照相应地震水平进行适当的修正。单层结构四大组试验对应的楼面加速度峰值(绝对值)见表 6-19,对应的加速度放大系数(楼面加速度与振动台台面加速度之比)如图 6-12 和图 6-13 所示,分别为各大组对应各自小组下不同地震工况的中震和大震下结构的加速度放大系数、各小组三条地震波响应下的平均加速度放大系数。

表 6-19　单层结构楼面加速度峰值/(m·s⁻²)

试验小组	中震			大震			均值	
	601	821	REN	601	821	REN	中震	大震
1-1	3.14	3.20	3.68	5.61	5.55	6.55	3.34	5.90
1-2	3.19	3.25	4.07	6.02	5.20	6.45	3.50	5.89
1-3	3.22	3.23	3.81	6.24	5.39	6.48	3.42	6.04
1-4	6.10	5.79	6.36	11.67	10.15	13.00	6.09	11.61
2-1	3.16	3.25	3.46	5.97	5.76	6.09	3.29	5.94
2-2	2.94	2.91	3.05	5.80	5.54	5.94	2.97	5.76
2-3	4.88	4.28	6.12	8.23	8.44	9.63	5.09	8.77
3-1	3.28	3.38	3.53	6.37	6.59	6.81	3.40	6.59
3-2	3.36	3.39	3.51	6.75	6.79	6.92	3.42	6.82
3-3	3.52	3.39	3.49	6.87	7.02	7.13	3.47	7.00
3-4	4.04	5.48	4.51	7.11	7.72	8.35	4.68	7.72
4-1	4.19	4.80	3.74	6.94	7.99	8.10	4.25	7.67
4-2	3.68	3.86	3.94	6.74	7.43	7.09	3.83	7.09
4-3	3.53	3.89	3.79	6.55	7.04	7.00	3.73	6.86
4-4	5.55	4.58	7.04	9.58	8.49	10.65	5.72	9.57

注:从表中可以看出,第 1-4 组和 4-4 组为抗震结构,抗震结构的加速度峰值明显大于对应的减震结构,几乎是减震结构的两倍,说明减震结构的加速度明显减小。

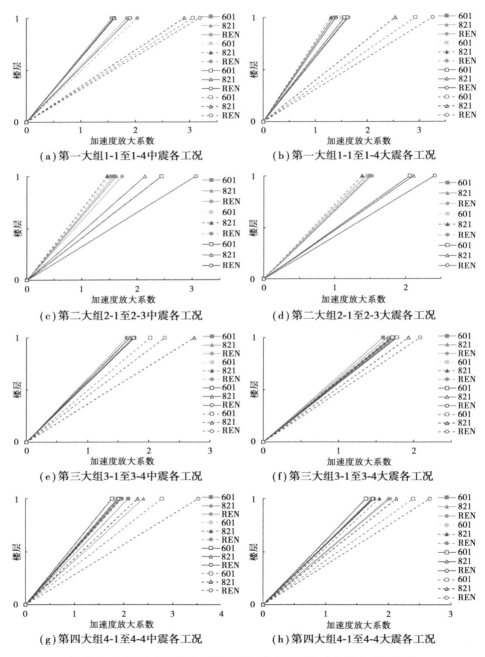

图 6-12　不同分组不同地震工况下结构加速度放大系数包络图对比

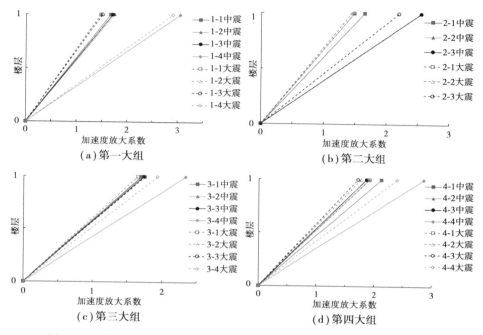

图 6-13　不同分组下结构加速度放大系数包络图对比(三条地震波平均值)

对比图 6-12 和图 6-13 各组加速度放大系数的结果可得:

①从第一大组和第三大组试验结果可知,当支撑刚度系数 N 相同时,总体趋势是阻尼器布置位置越靠近梁跨中时加速度放大系数越小,即减震效果越好;但当支撑刚度系数 N 越大时,阻尼器布置位置越靠近梁跨中的优势便越不明显;

②当支撑刚度系数 N 不同时,支撑刚度系数越大(上下柱宽度越大)结构楼层加速度放大系数越小,即减震效果越好,见第二大组至第四大组的试验结果;

③减震结构的加速度放大系数比抗震结构(1-4 小组和 4-4 小组)明显小许多,仅为抗震结构的 50% ~70% ,参见第一大组和第四大组的试验结果对比。

如前所述,结构体系在各正弦工况下的响应,采用位移放大系数(楼面位移幅值与振动台台面位移幅值之比)来表示。由于采集系统采用的是"DHDAS 动态信号采集分析系统",对于结构基本频率的分析存在一定的误差(5% ~10%),因为采用不同谱线数时具有不同的分辨率,而在分辨率精度下前后两个频率值之间是采用一定的方式连接的(常用的是"线性平均")。因此,更准确地说,每个工况均对应一定的频率比范围,但与频率比真值误差不大。图 6-14 分别给出了各大组试验在不同正弦工况下结构体系的位移放大系数。

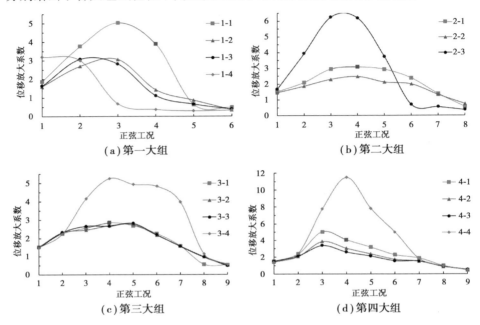

图 6-14　各大组在不同正弦工况下的位移放大系数

注:图中横坐标为试验加载的正弦工况,与 6.2.6 节各小组工况表中的正弦工况相对应。

从图 6-14 中各组位移放大系数的结果可知:

①不同正弦工况对应的位移放大系数相差较大,靠近频率比为"1"的工况响应大,而远离频率比为"1"的工况响应小,尤其是大于"1"后体系的响应迅速减小;

②当支撑刚度系数 N 相同时,阻尼器布置位置对位移放大系数的影响不是很明显,可对比第三大组的"3-1""3-2"及"3-3"各小组的情况;

③当支撑刚度系数 N 不同时,支撑刚度系数越小则体系的位移放大系数越大,可以参见"2-3"和"3-4"两组试验结果;

④减震结构的位移放大系数比抗震结构小得多,参见第四大组试验结果,"4-4"小组即为抗震结构;另外,当支撑刚度系数较小时,位移放大系数也比较

大,即减震效果有限,甚至与抗震结构相差无几,如"2-3"小组试验结果所示。

6.3.3　阻尼器滞回曲线

阻尼器滞回曲线是减震结构中阻尼器耗散能量的重要体现。由于本次试验组数众多,篇幅限制不能将所有组试验各地震水平下阻尼器的滞回曲线均列出。为了研究的方便,特列出阻尼器在典型小组大震人工波作用下的滞回曲线,如图 6-15 所示,包含 1-1 组、2-4 组、3-1 组、3-2 组、3-3 组和 4-1 组(上下柱宽度及阻尼器布置位置分别为:350 mm,1/2;150 mm,1/2;500 mm,1/2;500 mm,1/3;500 mm,1/6;250 mm,1/2)的滞回曲线。

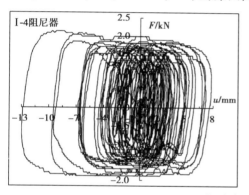
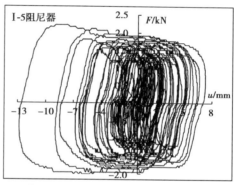

(a) 1-1组试验阻尼器滞回曲线

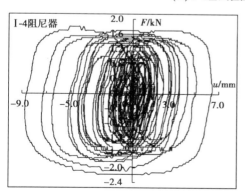
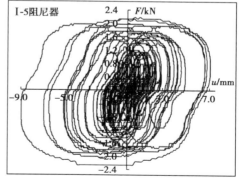

(b) 2-3组试验阻尼器滞回曲线

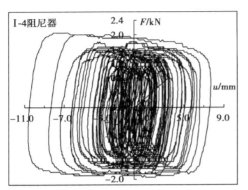
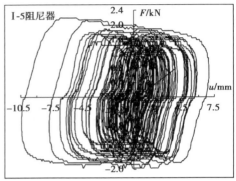

（c）3-1组试验阻尼器滞回曲线

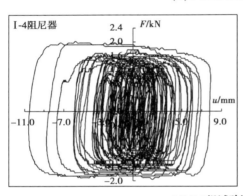
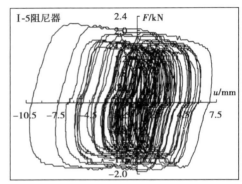

（d）3-2组试验阻尼器滞回曲线

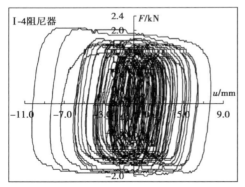
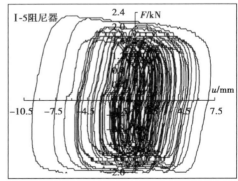

（e）3-3组试验阻尼器滞回曲线

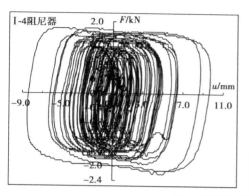

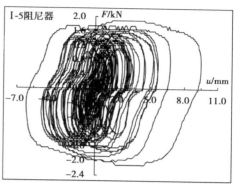

（f）4-1 组试验阻尼器滞回曲线

图 6-15 阻尼器在典型小组大震人工波作用下的滞回曲线

图 6-16 给出与图 6-15 对应小组正弦工况下频率比接近"1"的滞回曲线，以作比较。

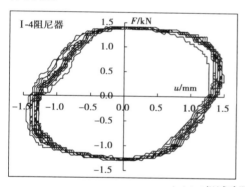

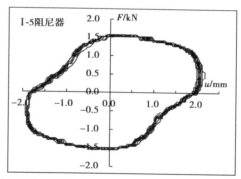

（a）1-1 组试验阻尼器滞回曲线

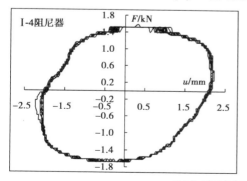

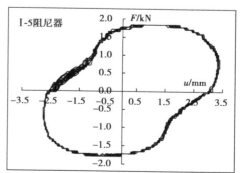

（b）2-3 组试验阻尼器滞回曲线

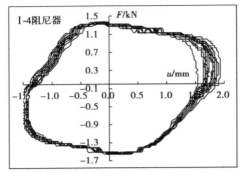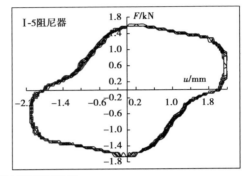

（c）3-1组试验阻尼器滞回曲线

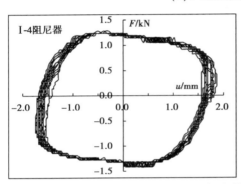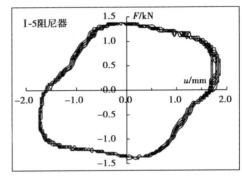

（d）3-2组试验阻尼器滞回曲线

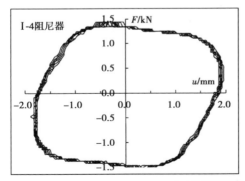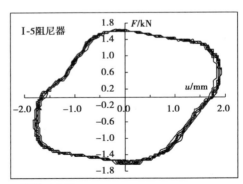

（e）3-3组试验阻尼器滞回曲线

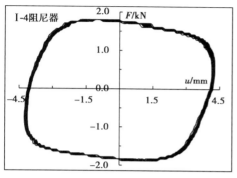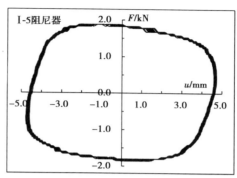

(f) 4-1 组试验阻尼器滞回曲线

图 6-16　阻尼器在典型小组正弦波作用下的滞回曲线

注:①第 1-1 组正弦工况对应频率为 4.64 Hz,与更为准确的 4.395 Hz 有一定差别,故该组

曲线不能准确反映实际情况;

②第 4-1 组正弦工况幅值为 2.0 mm,其他组均为 1.0 mm,故该组阻尼器位移明显成倍

增大。

从图 6-15 和图 6-16 中各组试验工况下阻尼器的滞回曲线可知:

①当支撑刚度系数 N 相同时,阻尼器布置位置对阻尼器耗能也有一定的影响,阻尼器靠近梁跨中布置时的耗能效果稍好于靠近梁跨边布置,详见“3-1”组至“3-3”组;

②当支撑刚度系数 N 不同时,支撑刚度系数越小则阻尼器的出力和位移也越小,耗能也越小,如“2-3”小组试验结果所示;

③随着支撑刚度系数 N 的增大,阻尼器的耗能效果先明显增加,往后便不是十分显著;

④各组试验中阻尼器的滞回曲线均匀饱满,耗能能力强,体现了黏滞阻尼器的耗能优势。

6.3.4　结构附加阻尼比计算

在振动台试验中,常常采用白噪声工况对安置于结构上各处的加速度传感器采集到的信号做频响分析(传递函数),得到模型结构加速度响应的幅频特性图和相频特性图,幅频特性图上各峰值点所对应的频率即为模型结构的各阶自振频率。在结构动力学经典论著[12,13]中指出整个频率-反应曲线(幅频图和相频图)被体系的阻尼比所控制,半功率带宽法就是通过该曲线的相应特性来求出体系的阻尼比:阻尼比由反应减小到共振幅值 $1/\sqrt{2}$ 时的频率来确定,在此频率下输入功率为共振功率的一半。其计算方法如下所示

$$\zeta = \frac{\omega_b - \omega_a}{2\omega_n} \text{ 或 } \zeta = \frac{f_b - f_a}{2f_n} \tag{6-4}$$

式中,ζ 为自振频率 f_n 下的阻尼比;ω_n 为体系自振圆频率;f_b、f_a 和 ω_b、ω_a 分别为共振频率 $f_n(\omega_n)$ 两侧 $1/\sqrt{2}$ 幅值对应的扰动频率。上述半功率带宽法计算试验模型阻尼比的方法是最为常见的。半功率带宽法求阻尼比原理示意图如图6-17所示。

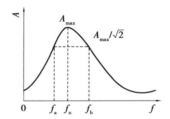

图6-17　半功率带宽法求阻尼比原理示意图

本试验模型附加了黏滞阻尼器,属于典型的消能减震结构,且黏滞阻尼器属于速度相关型阻尼器;故依据我国《建筑抗震设计规范》(GB 50011—2010)[5]和《建筑消能减震技术规程》(JGJ 297—2013)[6]的规定,阻尼器附加给结构体系的有效阻尼比可按下式计算

$$\xi_d = \frac{\sum_j W_{cj}}{4\pi W_s} \tag{6-5}$$

式中,ξ_d 为消能减震结构的附加有效阻尼比;W_{cj} 为第 j 个消能部件在结构预期层间位移 Δu_j 时往复循环一周所消耗的能量;W_s 为消能减震结构在预期位移下的总应变能;W_{cj} 和 W_s 的详细计算方法参见第3章和第5章相关内容。

接下来计算并详细列出各小组试验模型的阻尼比,表6-20为各小组模型对

应自振频率及其阻尼比,表 6-21 和表 6-22 则分别详细地计算了地震工况和正弦工况下各小组模型结构的附加阻尼比。为了直观地看出各小组结构的阻尼比情况,绘制了相应的直方图,表 6-20 绘制于图 6-18 中,表 6-21 绘制于图 6-19 中,表 6-22 绘制于图 6-20 中。

表 6-20　单层模型各小组自振频率及阻尼比 ζ/%

分组	1-1	1-2	1-3	1-4	2-1	2-2	2-3	3-1	3-2	3-3	3-4	4-1	4-2	4-3	4-4
频率 f/Hz	4.88	4.39	4.39	3.05	4.88	4.88	3.66	4.88	4.88	4.88	4.39	4.39	4.88	4.88	3.66
阻尼比 ζ/%	14.3	16.4	13.6	1.6	21.7	26.3	4.1	23.0	22.4	22.9	11.7	13.0	17.6	19.8	1.6

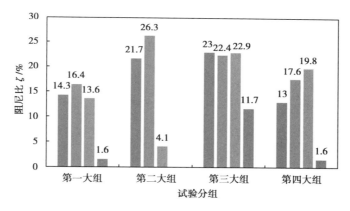

图 6-18　半功率带宽法求得的各小组阻尼比

表 6-21　单层模型各小组附加阻尼比 ζ/%（地震工况）

试验小组		1-1	1-2	1-3	2-1	2-2	2-3	3-1	3-2	3-3	3-4	4-1	4-2	4-3
中震	601	18.1	14.8	15.0	19.5	23.2	3.3	20.1	19.0	15.2	10.2	8.5	15.8	20.4
	821	18.8	18.3	15.4	17.6	22.5	2.8	18.6	16.5	16.6	12.8	9.4	14.6	17.5
	REN	15.4	13.5	13.5	16.9	20.7	3.1	17.8	15.1	15.4	11.5	10.3	12.4	16.7
大震	601	13.5	12.8	11.7	15.3	16.6	5.0	13.1	12.6	11.0	7.0	9.8	12.0	13.8
	821	15.1	15.5	13.5	15.2	16.7	4.7	12.8	11.7	11.3	10.0	8.6	10.8	10.7
	REN	13.0	10.1	10.6	13.2	14.4	4.8	10.1	10.8	11.2	10.5	9.4	10.2	12.4

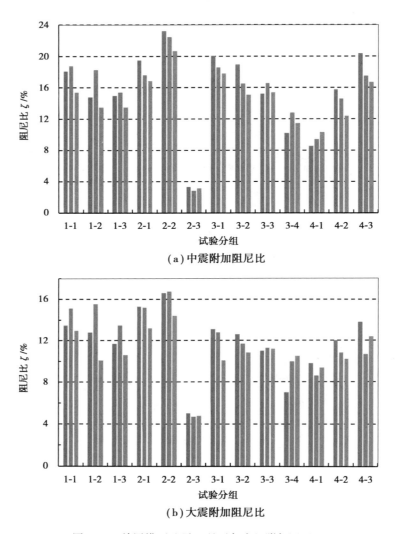

（a）中震附加阻尼比

（b）大震附加阻尼比

图 6-19　单层模型地震工况下各小组附加阻尼比

注:①本次试验模型采用钢结构,并设计其在 8 度(0.20g)大震作用下仍处于弹性状态下完成相应试验工况加载,故图中及表 6-22 中的中震和大震结构的附加阻尼比均为结构弹性时的附加阻尼比,可以采用式(6-5)计算;

②图中三条直方图分别对应地震波601、821 和 REN 在中震或大震水平下结构的附加阻尼比。

表6-22　单层模型各小组附加阻尼比 ζ/%（正弦工况）

分组	1-1	1-2	1-3	2-1	2-2	2-3	3-1	3-2	3-3	3-4	4-1	4-2	4-3	1-4	4-4
阻尼比 ζ/%	16.4	15.7	13.8	19.8	26.6	1.5	24.1	21.3	20.0	11.7	10.6	15.1	19.6	1.59	1.39

注：为了表达的完整性，表中1-4组和4-4组列出通过自由振动衰减法求得的抗震结构阻尼比，以便与其
　　他小组进行对比，并非结构的附加阻尼比。

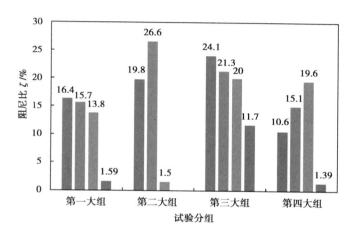

图6-20　单层模型正弦工况下各小组附加阻尼比

图6-18至图6-20及表6-20至表6-22中各组试验模型计算得到的阻尼比，采用了三种方法计算体系的阻尼比或附加阻尼比：①半功率带宽法计算体系的总阻尼比（即结构自身阻尼比与附加阻尼比之和）；②地震工况下各工况对应的附加阻尼比；③频率比接近于"1"的正弦工况对应的附加阻尼比。综合以上图表的内容，可得如下结论：

①各种方法计算得到的阻尼比相差不大，表现出各组试验阻尼比的规律基本一致；其中，在地震工况中大震下结构的附加阻尼比小于中震。

②对比 1-1 组至 1-3 组、3-1 组至 3-3 组可知，随着阻尼器布置位置越靠近梁跨边位置，结构的阻尼比呈减小趋势，降低率可达 10% ～25%。

③阻尼器支撑刚度系数对体系阻尼比影响巨大。当支撑刚度系数很小时

（如2-3组），附加给结构的阻尼比也很小，甚至可以忽略；当支撑刚度系数较小时（如3-4组和4-1组），附加给结构的阻尼比也相对较小；当支撑刚度系数较大时（如3-1组至3-3组），可以附加给结构较高的阻尼比值。总而言之，随着支撑刚度系数的增加，体系的附加阻尼比也在明显增加。

④阻尼器支撑刚度系数达到一定值后，减震结构在地震和正弦等各种激励下均具有较大的附加阻尼比，结构体系的响应均明显减小，即减震效果明显，体现了减震结构相比于传统抗震结构的优越性。

6.3.5 层间位移利用率计算

层间位移利用率是本试验研究的重点内容，其定义为：在任何激励下，阻尼器的位移与其所在楼层位移之比。也可以理解为阻尼器位移相对于楼层位移的放大系数，当然该放大系数可大于"1.0"，也可小于"1.0"。事实上，层间位移利用率与结构附加阻尼比是衡量黏滞阻尼消能减震结构减震效率的两个重要指标，但核心还是集中在层间位移利用率上，因为层间位移利用率的大小将直接影响到附加阻尼比的大小。

本书第5.4节的表5-4的模拟结果表明：在较大梁柱线刚度比范围内，不同阻尼器布置位置时的层间位移利用率相差还是比较大的，对梁柱线刚度的比值还是比较敏感的。值得注意的是：表5-4的结果是基于支撑刚度系数足够大，其对层间位移利用率的影响可以忽略的前提下完成的；而本次试验设计了支撑刚度系数较小的情况，以求更全面地研究影响减震效率的因素（阻尼器支撑刚度系数和层间位移利用率）。因此，表6-23列出了单层模型各小组试验对应的层间位移利用率（以正弦工况为代表，单层模型楼层侧移刚度大周期小，故层间位移利用率在地震波作用下差异不大，规律不直观），第一大组和第三大组主要研究不同梁柱线刚度比下不同阻尼器布置位置（阻尼器在梁跨中的位置分别为1/2、1/2、1/6）时的层间位移利用率，第二大组和第四大组（包括3-4小组）主要研究不同梁柱线刚度比下不同支撑刚度系数时对应的层间位移利用率。图6-21中是对各小组层间位移利用率大小的更直观表示。

表 6-23 单层模型各小组层间位移利用率汇总表

分组	1-1	1-2	1-3	2-1	2-2	2-3	3-1	3-2	3-3	3-4	4-1	4-2	4-3
位置	1/2	1/3	1/6	1/2	1/2	1/2	1/2	1/3	1/6	1/2	1/2	1/2	1/2
ρ	0.21	0.21	0.21	0.50	0.50	0.50	1.05	1.05	1.05	1.05	2.16	2.16	2.16
w/mm	350	350	350	350	500	150	500	500	500	250	250	350	500
N	5.84	5.84	5.84	4.7	13.07	0.38	11.96	11.96	11.96	1.6	1.53	4.1	11.39
u_{d}/mm	2.06	1.91	1.76	2.18	1.79	0.90	2.09	2.18	1.88	2.90	6.42	6.04	6.42
u/mm	2.40	2.37	2.58	2.61	1.94	4.29	2.06	2.21	2.30	3.78	7.27	6.10	5.82
利用率 η	0.86	0.81	0.68	0.84	0.92	0.21	1.02	0.99	0.82	0.77	0.88	0.99	1.10

注:表中"位置"表示阻尼器布置在梁跨上的位置,ρ 表示梁柱线刚度比,w 表示支撑阻尼器的中间柱的
　　上下柱柱宽,N 表示支撑刚度系数,u_{d} 表示阻尼器最大位移,u 表示楼层最大位移,η 表示层间位移
　　利用率。

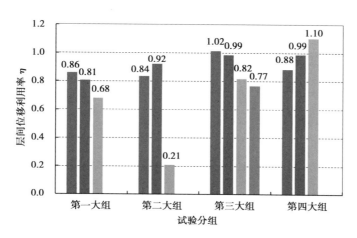

图 6-21 单层模型各小组层间位移利用率对比图

从表 6-23 和图 6-21 可知:

①在梁柱线刚度比 ρ 和支撑刚度系数相同 N 时,阻尼器居中布置时层间位
移利用率最大,越靠近梁跨边上布置,层间位移利用率越小(即减震效果越差),
参见 1-1 组至 1-3 组(层间位移利用率从 0.86 减小至 0.68)和 3-1 组至 3-3 组

（层间位移利用率从 1. 02 减小至 0. 82）；

②在梁柱线刚度比 ρ 和阻尼器布置位置相同时，支撑刚度系数 N 越大，减震结构的层间位移利用率越大（即减震效果越好），参见 2-1 组至 2-3 组（层间位移利用率从 2-3 组的 0. 21 增加至 2-2 组的 0. 92）和 4-1 组至 4-3 组（层间位移利用率从 0. 88 增加至 1. 10）；

③在梁柱线刚度比 ρ 和阻尼器布置位置相同时，支撑刚度系数 N 过小时，层间位移利用率是很小的，参见 2-3 组（其支撑刚度系数为 0. 38，其层间位移利用率仅为 0. 21，远小于"1. 0"）；

④在阻尼器布置位置相同，支撑刚度系数相当时，梁柱线刚度比 ρ 越大（楼层侧移刚度越大），其层间位移利用率越大，参见 2-1 组（$N=4.7, \rho=0.50, \eta=0.84$）和 4-2 组（$N=4.1, \rho=2.16, \eta=0.99$），以及 3-4 组（$N=1.6, \rho=1.05, \eta=0.77$）和 4-1 组（$N=1.53, \rho=2.16, \eta=0.88$）；

⑤综上所述，阻尼器布置位置越靠近梁跨的中部，阻尼器支撑刚度系数越大，梁柱线刚度比越大，或者说支撑刚度系数与梁柱线刚度比相匹配时，减震结构体系的层间位移利用率越大，即布置相同的阻尼器后体系减震效果越好。

6.4 多自由度体系振动台试验结果

6.4.1 层间位移角

本小节详细对比了多自由度体系中各小组在不同地震工况下的楼层侧移响应及三条地震波平均值的楼层侧移响应，对三层结构还绘制了结构的层间位移角曲线。二层和三层结构均主要对比了支撑刚度系数较大时阻尼器居中布置（1/2 位置）、靠边布置（1/6 位置）以及支撑刚度系数较小时阻尼器居中布置和结构抗震四组试验结果，如图 6-22 至图 6-24 所示。

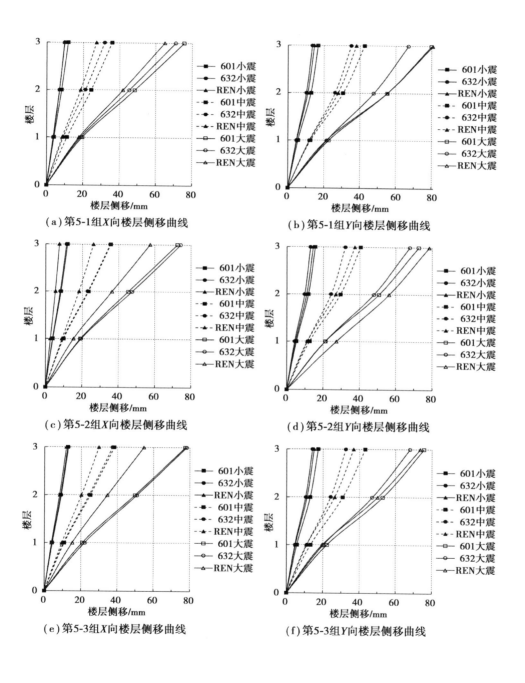

（a）第5-1组X向楼层侧移曲线

（b）第5-1组Y向楼层侧移曲线

（c）第5-2组X向楼层侧移曲线

（d）第5-2组Y向楼层侧移曲线

（e）第5-3组X向楼层侧移曲线

（f）第5-3组Y向楼层侧移曲线

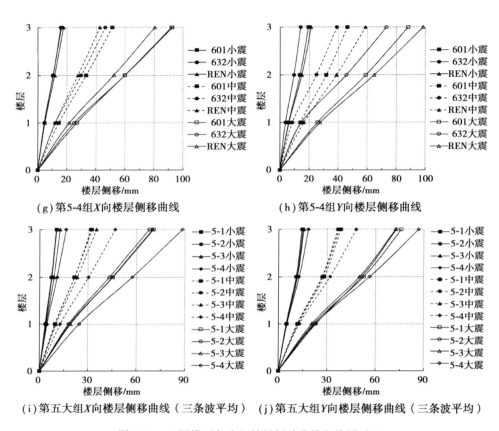

（g）第5-4组X向楼层侧移曲线　　　　（h）第5-4组Y向楼层侧移曲线

（i）第五大组X向楼层侧移曲线（三条波平均）　（j）第五大组Y向楼层侧移曲线（三条波平均）

图6-22　三层模型各小组楼层侧移曲线包络图对比

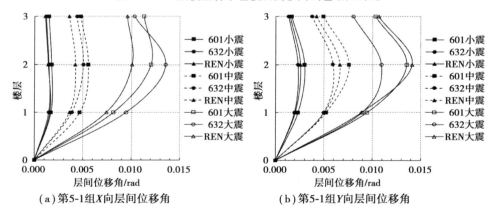

（a）第5-1组X向层间位移角　　　　（b）第5-1组Y向层间位移角

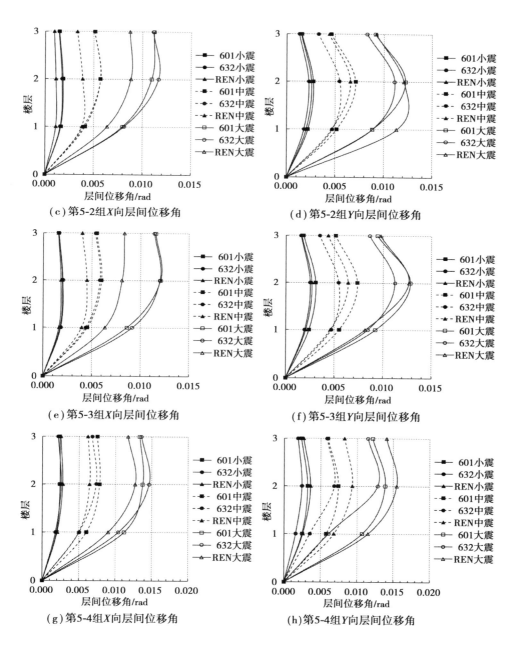

（c）第5-2组X向层间位移角

（d）第5-2组Y向层间位移角

（e）第5-3组X向层间位移角

（f）第5-3组Y向层间位移角

（g）第5-4组X向层间位移角

（h）第5-4组Y向层间位移角

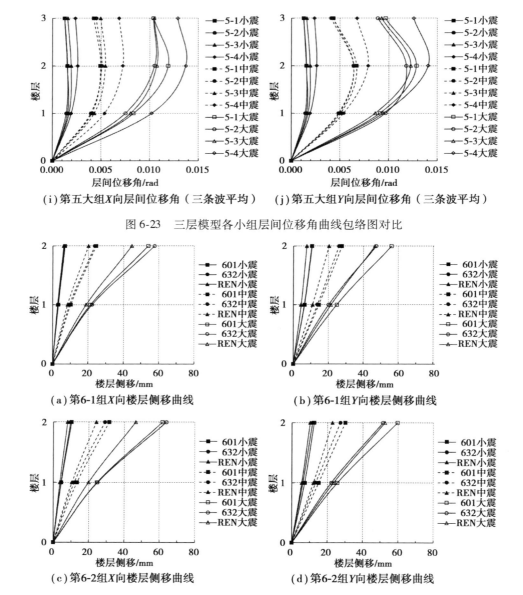

（i）第五大组X向层间位移角（三条波平均）　（j）第五大组Y向层间位移角（三条波平均）

图6-23　三层模型各小组层间位移角曲线包络图对比

（a）第6-1组X向楼层侧移曲线　　　　（b）第6-1组Y向楼层侧移曲线

（c）第6-2组X向楼层侧移曲线　　　　（d）第6-2组Y向楼层侧移曲线

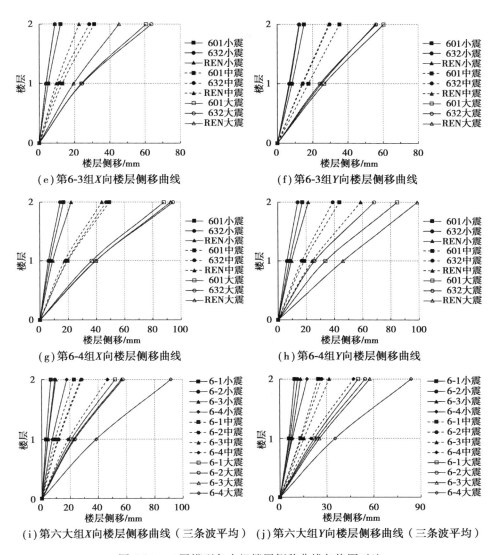

（e）第6-3组X向楼层侧移曲线　　　　（f）第6-3组Y向楼层侧移曲线

（g）第6-4组X向楼层侧移曲线　　　　（h）第6-4组Y向楼层侧移曲线

（i）第六大组X向楼层侧移曲线（三条波平均）　（j）第六大组Y向楼层侧移曲线（三条波平均）

图 6-24　二层模型各小组楼层侧移曲线包络图对比

从图 6-22 至图 6-24 中各组楼层侧移或层间位移角曲线可知：①当支撑刚度系数 N 相同时，阻尼器居中布置比靠边布置时楼层侧移及层间位移角偏小，即减震效果偏好，可从第五大组、第六大组的前两小组试验结果可得；②当支撑刚度系数 N 不同时，阻尼器均居中布置时，支撑刚度系数大时的结构楼层侧移小，即减震效果好；支撑刚度系数小时阻尼器居中布置的结构楼层侧移与支撑刚度系数大时阻尼器靠边布置效果相当,甚至稍差,可见支撑刚度系数对结构减震效果的影响;③减震结构的楼层侧移比抗震结构(前三小组为减震结构,第四小组为抗震结构)明显小许多,仅为抗震结构的 55% ~ 80% 。

6.4.2 楼层剪力

模型结构的楼层最大剪力可按式(6-6)计算

$$V_{i,\max} = \sum_{j=i}^{3} m_j a_{j,\max} \tag{6-6}$$

式中,$V_{i,\max}$ 为第 i 层最大楼层剪力;m_j 为结构对应第 j 层的楼层质量;$a_{j,\max}$ 为对应第 j 层的楼层最大加速度。图 6-25 和图 6-26 分别为三层和二层模型各小组在各地震水平下的楼层剪力曲线及小震、中震、大震下三条地震波响应的平均楼层剪力。

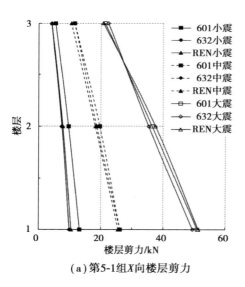

(a)第5-1组X向楼层剪力

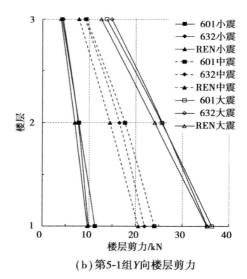

(b)第5-1组Y向楼层剪力

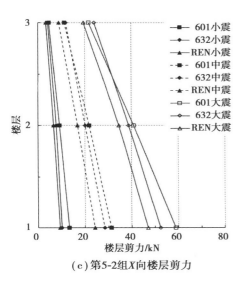

（c）第5-2组X向楼层剪力

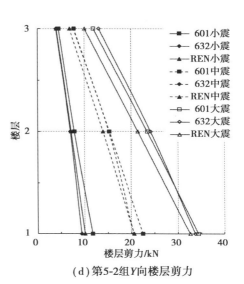

（d）第5-2组Y向楼层剪力

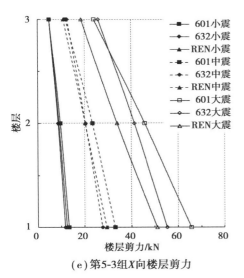

（e）第5-3组X向楼层剪力

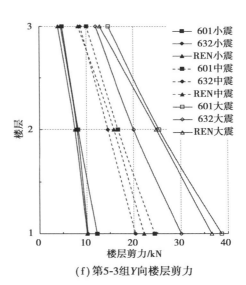

（f）第5-3组Y向楼层剪力

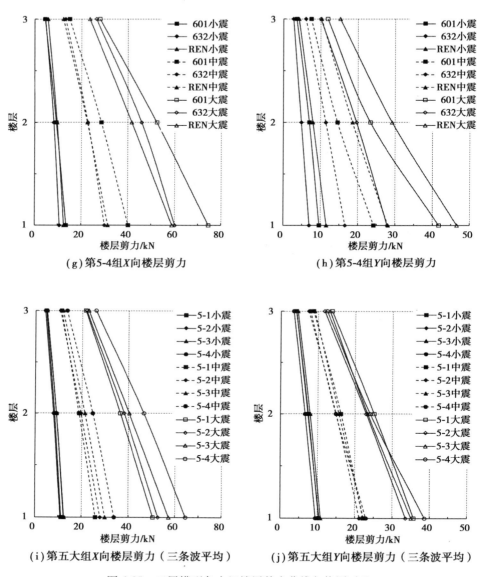

（g）第5-4组X向楼层剪力

（h）第5-4组Y向楼层剪力

（i）第五大组X向楼层剪力（三条波平均）

（j）第五大组Y向楼层剪力（三条波平均）

图6-25　三层模型各小组楼层剪力曲线包络图对比

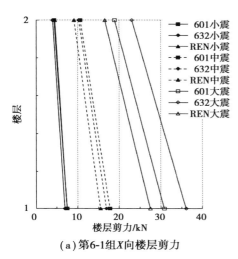

（a）第6-1组 X 向楼层剪力

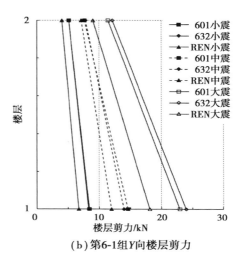

（b）第6-1组 Y 向楼层剪力

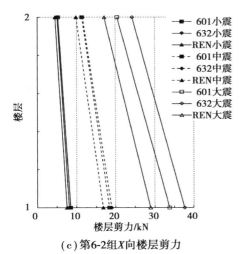

（c）第6-2组 X 向楼层剪力

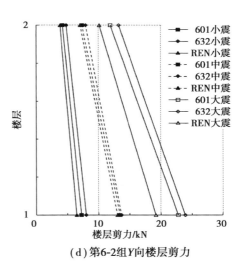

（d）第6-2组 Y 向楼层剪力

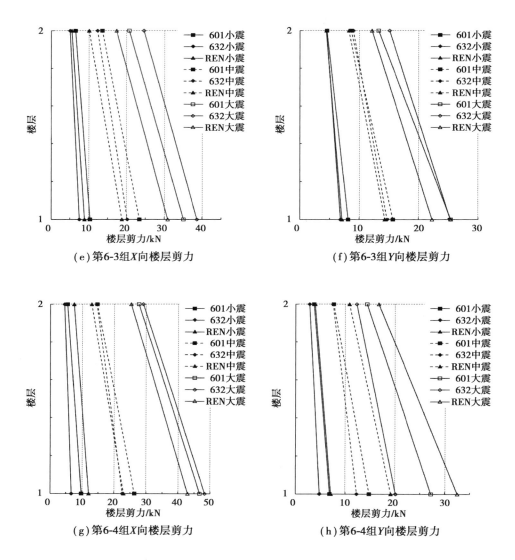

（e）第6-3组X向楼层剪力

（f）第6-3组Y向楼层剪力

（g）第6-4组X向楼层剪力

（h）第6-4组Y向楼层剪力

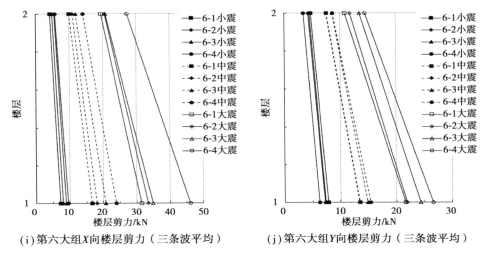

（i）第六大组X向楼层剪力（三条波平均）　　（j）第六大组Y向楼层剪力（三条波平均）

图 6-26　二层模型各小组楼层剪力曲线包络图对比

从图 6-25 和图 6-26 可知，各小组试验在不同地震工况下的楼层剪力响应存在一定的离散性；地震作用较小时（小震），各组试验的楼层剪力相差不大，当地震作用较大时（中震、大震），各大组的前三小组减震结构的楼层剪力明显小于第 4 小组抗震结构的楼层剪力；当地震作用较大时，支撑刚度系数越大，阻尼器布置位置越靠近梁跨中部，则该组试验的楼层剪力越小，即减震效果越好，减震效果由较好到较差再到无减震的顺序为：5-1 组→5-2 组→5-3 组→5-4 组及6-1 组→6-2 组→6-3 组→6-4 组。

6.4.3　加速度（位移）放大系数

本小节仍然对地震工况给出试验小组各楼层的加速度放大系数，对正弦工况给出试验小组各楼层的位移放大系数；地震工况模拟 8 度（0.20g）的小震、中震和大震水平，对应的峰值加速度分别为 0.7 m/s²、2.0 m/s² 和 4.0 m/s²，正弦工况采用幅值为 2.0 mm 的正弦波进行试验加载。

表 6-24、表 6-25 分别列出了试验中各楼层的楼面加速度峰值，以此为依据计算各楼层的加速度放大系数及各楼层剪力。图 6-27、图 6-28 分别绘制了三层和两层各小组试验在小震、中震、大震工况小三条地震波对应的加速度放大系

数的平均值。

表 6-24 三层结构楼面加速度峰值/(m·s⁻²)

分组	方向	楼层	小震				中震				大震			
			601	632	REN	均值	601	632	REN	均值	601	632	REN	均值
5-1	X 向	3	1.81	1.38	1.42	1.54	3.86	3.86	3.52	3.75	7.12	7.47	6.92	7.17
		2	1.40	1.12	1.19	1.23	2.69	2.36	2.56	2.54	5.05	4.31	5.61	4.99
		1	1.19	0.79	0.90	0.96	2.17	2.50	2.44	2.37	4.84	4.69	4.58	4.70
	Y 向	3	1.40	1.48	1.30	1.40	3.13	3.05	2.59	2.92	4.59	4.96	4.20	4.58
		2	1.20	1.08	1.00	1.09	2.77	2.46	2.23	2.48	3.93	3.62	3.82	3.79
		1	1.18	0.74	0.92	0.95	2.11	1.80	2.03	1.98	3.59	3.23	3.76	3.53
5-2	X 向	3	1.57	1.43	1.18	1.39	3.79	3.97	2.98	3.58	7.25	8.03	6.53	7.27
		2	1.48	1.17	1.05	1.23	3.49	2.73	2.65	2.95	6.39	4.91	5.00	5.44
		1	1.33	0.78	0.87	0.99	3.13	2.77	2.46	2.79	5.97	4.49	4.13	4.86
	Y 向	3	1.49	1.32	1.35	1.39	2.59	2.58	2.28	2.48	3.99	4.37	3.35	3.90
		2	1.12	1.01	1.05	1.06	2.53	2.50	2.38	2.47	3.83	3.68	3.79	3.76
		1	1.30	0.78	0.96	1.01	2.37	1.76	2.19	2.11	3.64	3.17	3.71	3.51
5-3	X 向	3	1.64	1.61	1.65	1.64	3.98	4.17	3.65	3.94	8.01	8.64	6.19	7.61
		2	1.58	1.29	1.38	1.42	3.82	2.61	3.10	3.18	7.23	5.13	5.11	5.82
		1	1.20	1.01	1.14	1.11	3.21	2.42	3.04	2.89	6.65	4.64	5.70	5.67
	Y 向	3	1.61	1.54	1.34	1.50	3.37	2.92	2.76	3.02	4.89	4.01	4.29	4.40
		2	1.12	1.13	1.17	1.14	2.20	1.92	2.51	2.21	3.58	2.65	3.98	3.40
		1	1.33	0.74	0.84	0.97	2.56	1.94	2.11	2.20	4.42	3.36	3.90	3.90
5-4	X 向	3	1.47	1.50	1.88	1.62	4.99	4.41	4.07	4.49	9.33	8.78	7.83	8.65
		2	1.65	1.24	1.34	1.41	4.53	3.20	3.46	3.73	8.14	6.52	6.04	6.90
		1	1.41	0.83	0.98	1.07	3.87	2.39	2.97	3.08	7.42	4.77	5.75	5.98
	Y 向	3	1.18	0.88	1.37	1.14	2.51	1.99	3.42	2.64	3.97	3.33	5.07	4.12
		2	1.14	0.73	1.26	1.04	2.34	1.80	2.77	2.30	3.81	3.21	4.67	3.90
		1	0.90	0.74	1.24	0.96	3.23	1.74	3.18	2.72	6.12	2.76	5.78	4.89

表 6-25　二层结构楼面加速度峰值/(m·s⁻²)

分组	方向	楼层	小震				中震				大震			
			601	632	REN	均值	601	632	REN	均值	601	632	REN	均值
6-1	X向	2	1.46	1.33	1.52	1.44	3.53	3.42	3.02	3.33	6.30	7.68	5.52	6.50
		1	1.01	0.96	0.97	0.98	2.37	2.21	2.14	2.24	3.96	4.37	3.64	3.99
	Y向	2	1.71	1.71	1.33	1.59	2.55	2.62	2.37	2.51	3.81	4.05	3.00	3.62
		1	1.09	1.06	0.91	1.02	2.32	2.03	1.62	1.99	3.83	3.93	3.04	3.60
6-2	X向	2	1.75	1.70	1.50	1.65	3.78	3.85	3.29	3.64	6.78	8.08	5.71	6.86
		1	1.07	0.98	1.01	1.02	2.36	2.48	2.33	2.39	4.50	4.47	3.94	4.30
	Y向	2	1.41	1.61	1.28	1.43	2.45	2.66	2.37	2.49	3.96	4.42	3.38	3.92
		1	1.01	1.05	0.89	0.98	2.02	1.91	1.98	1.97	3.64	3.54	3.01	3.40
6-3	X向	2	2.13	1.66	1.82	1.87	4.50	4.07	3.34	3.97	6.90	8.20	5.78	6.96
		1	1.31	0.86	1.12	1.10	3.29	2.65	2.91	2.95	4.78	4.68	4.53	4.66
	Y向	2	1.52	1.51	1.48	1.51	2.87	3.00	2.76	2.88	4.41	5.03	4.05	4.50
		1	1.20	0.77	0.88	0.95	2.35	1.88	2.00	2.08	4.06	3.41	3.36	3.61
6-4	X向	2	1.80	1.51	2.49	1.93	4.90	4.86	4.33	4.70	9.23	9.69	8.43	9.12
		1	1.45	0.71	1.52	1.23	3.88	2.68	3.30	3.29	6.36	6.44	5.90	6.23
	Y向	2	1.23	0.93	1.30	1.15	2.56	2.50	3.60	2.89	4.79	4.10	5.57	4.82
		1	1.05	0.68	1.05	0.92	2.36	1.59	2.77	2.24	4.28	2.58	5.26	4.04

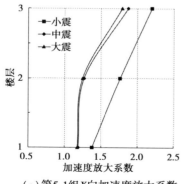

（a）第5-1组X向加速度放大系数

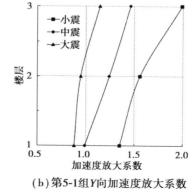

（b）第5-1组Y向加速度放大系数

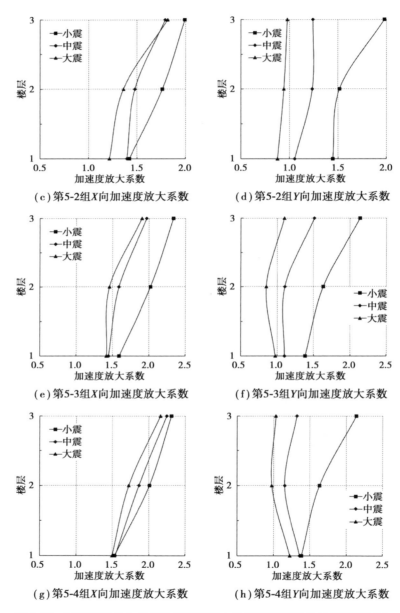

图 6-27　三层模型各小组楼层加速度放大系数包络图对比（三条波平均）

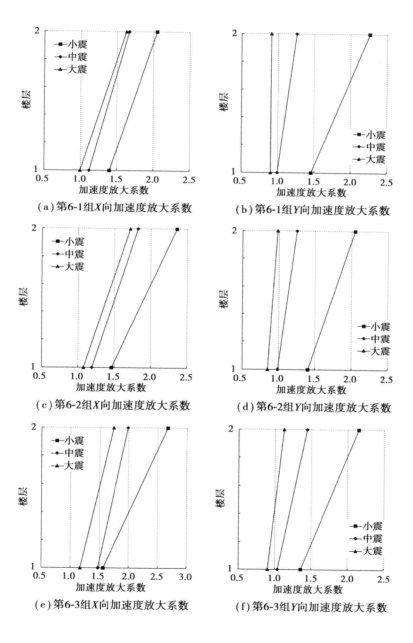

（a）第6-1组X向加速度放大系数　　　　（b）第6-1组Y向加速度放大系数

（c）第6-2组X向加速度放大系数　　　　（d）第6-2组Y向加速度放大系数

（e）第6-3组X向加速度放大系数　　　　（f）第6-3组Y向加速度放大系数

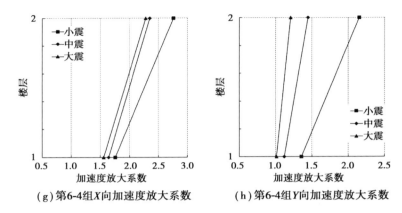

（g）第6-4组*X*向加速度放大系数　　　**（h）第6-4组*Y*向加速度放大系数**

图 6-28　二层模型各小组楼层加速度放大系数包络图对比（三条波平均）

对比图 6-27 和图 6-28 各试验小组加速度放大系数均值可知，二层、三层模型的加速度放大系数均反映出如下规律：地震水平越小，加速度放大系数越大，小震的速度放大系数明显大于中震和大震的加速度放大系数，中震加速度放大系数又比大震加速度放大系数大；为了较好地测试阻尼器出力及位移，本次试验模型设计得较柔（本身也采用了较柔的钢结构体系，方便重复多次试验），故结构体系的加速度放大系数均不是太大，均未超过 3.0，且减震结构相比于抗震结构在加速度放大系数减小方面的减震效果并不明显。

结构体系在各正弦工况下的响应，仍然采用位移放大系数来表示。图 6-29 分别给出了各三层和二层各小组试验在不同正弦工况下结构体系的位移放大系数。图中的频率分别对应结构 *X* 向和 *Y* 向基本频率的 0.8 倍、1.0 倍、1.2 倍，故 *X* 向正弦工况对应的频率分别为 1.6 Hz、2.0 Hz、2.4 Hz，*Y* 向分别为 1.2 Hz、1.5 Hz、1.8 Hz。需要注意的是：前面已经指出，三层和二层结构两个方向的频率均比较相近，*X* 向和 *Y* 向分别接近 2.0 Hz 和 1.5 Hz。

从图 6-29 可知，无论是三层模型，还是两层模型，按照 5-1 组→5-2 组→5-3 组及 6-1 组→6-2 组→6-3 组的顺序，顶层位移放大系数均越来越大，说明相同支撑刚度时，阻尼器居中布置的减震效果好于靠边布置；不同支撑刚度系数时，支撑刚度系数越大，减震效果越好，5-3 组和 6-3 组中的支撑刚度系数相比于各自的前两组小,即便阻尼器居中布置,其减震效果明显比 5-1 组和 6-1 组效果差,甚至还差于靠边布置的 5-2 组和 6-2 组;抗震结构的位移放大系数明显大于减震结构。结构体系在频率比接近"1.0"时的位移放大系数(结构响应)明显大于其他频率比的值,而两大组的抗震小组均为 0.8 倍减震结构频率时位移放大系数最大。结构顶层的位移放大系数明显大于下面楼层,故减震设计的目的除减小各层响应外,顶层响应的控制将会是减震设计的一项重要指标。

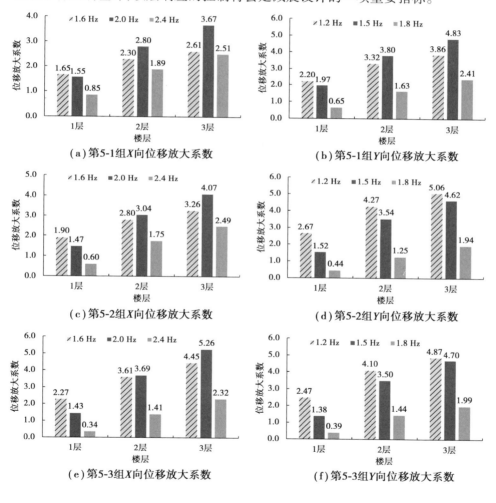

（a）第5-1组X向位移放大系数　　　　　（b）第5-1组Y向位移放大系数

（c）第5-2组X向位移放大系数　　　　　（d）第5-2组Y向位移放大系数

（e）第5-3组X向位移放大系数　　　　　（f）第5-3组Y向位移放大系数

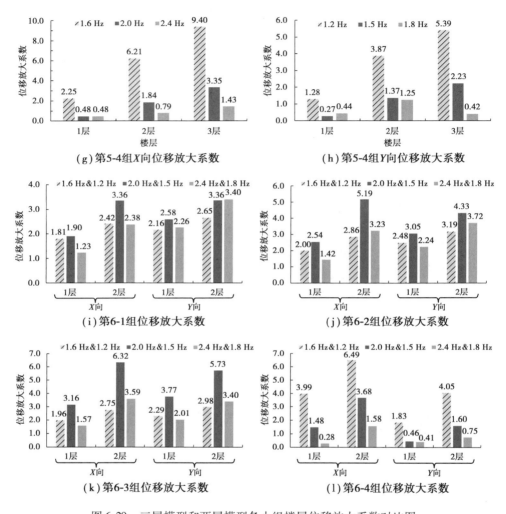

图 6-29　三层模型和两层模型各小组楼层位移放大系数对比图

6.4.4　阻尼器滞回曲线

第五大组和第六大组试验均在 X 向和 Y 向各安装了 4 套阻尼器,合计 8 套阻尼器,加之试验工况众多(包括地震工况的小震、中震、大震以正弦工况),故不能一一列出所有工况下相应阻尼器的滞回曲线,以下仅列出各小组试验在大震工况和频率比为"1.0"的正弦工况下部分阻尼器的滞回曲线图。从图 6-30—

图 6-33 可知,各组试验中阻尼器的滞回曲线均匀饱满,耗能能力强;与第 2 章各阻尼器测试时的性能曲线相比,其饱满程度略差,滞回曲线有一定的倾斜(尤其是正弦工况下的滞回曲线),体现出阻尼器具有一定的刚度这一特性;事实上,阻尼器即便有足够大的自身刚度和动刚度,但当阻尼器支撑刚度较小时,便会出现相应的刚度特性,这时阻尼器滞回曲线将会倾斜,耗能效果也会减小。

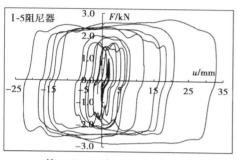
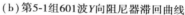

（a）第5-1组601波X向阻尼器滞回曲线　　　（b）第5-1组601波Y向阻尼器滞回曲线

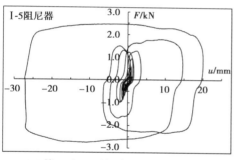
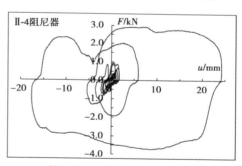

（c）第5-2组632波X向阻尼器滞回曲线　　　（d）第5-2组632波Y向阻尼器滞回曲线

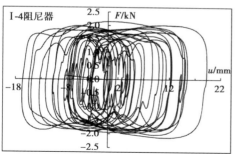
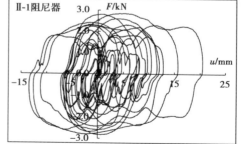

（e）第5-3组REN波X向阻尼器滞回曲线　　　（f）第5-3组REN波Y向阻尼器滞回曲线

图 6-30　三层模型各小组大震下部分阻尼器滞回曲线图

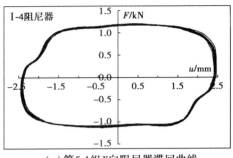

（a）第5-1组X向阻尼器滞回曲线

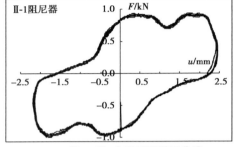

（b）第5-1组Y向阻尼器滞回曲线

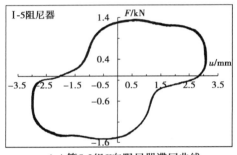

（c）第5-2组X向阻尼器滞回曲线

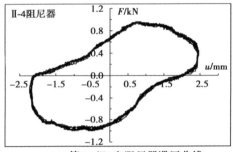

（d）第5-3组Y向阻尼器滞回曲线

图 6-31　三层模型各小组正弦波下部分阻尼器滞回曲线图

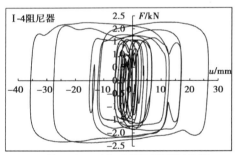

（a）第6-1组601波X向阻尼器滞回曲线

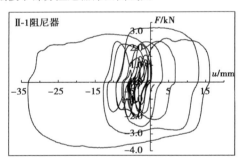

（b）第6-1组601波Y向阻尼器滞回曲线

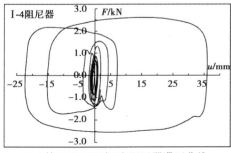

（c）第6-2组632波X向阻尼器滞回曲线

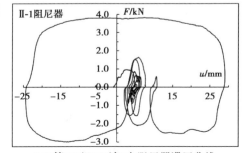

（d）第6-2组632波Y向阻尼器滞回曲线

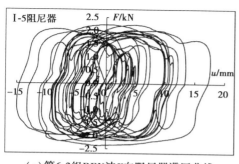

（e）第6-3组REN波X向阻尼器滞回曲线

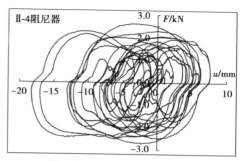

（f）第6-3组REN波Y向阻尼器滞回曲线

图 6-32　二层模型各小组大震下部分阻尼器滞回曲线图

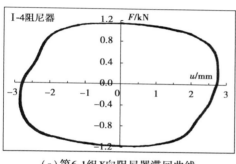

（a）第6-1组X向阻尼器滞回曲线

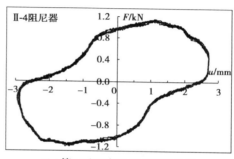

（b）第6-2组Y向阻尼器滞回曲线

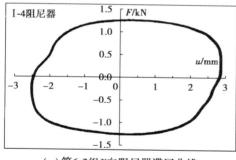

（c）第6-3组X向阻尼器滞回曲线

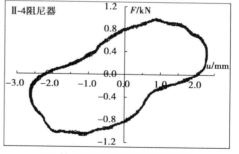

（d）第6-3组Y向阻尼器滞回曲线

图 6-33　二层模型各小组正弦波下部分阻尼器滞回曲线图

6.4.5　结构附加阻尼比计算

　　同 6.3.4 节一样,采用半功率带宽法和规范给出的能量法分别计算各试验小组的阻尼比或附加阻尼比。图 6-34 按照半功率带宽法计算各试验小组结构体系的阻尼比,包含 5-4 组和 6-4 组两个小组抗震结构的阻尼比。图 6-35 为 2.0 mm 时频率比为"1.0"对应正弦工况下结构体系的附加阻尼比,采用规范中的能量法进行计算。表 6-26 和表 6-27 分别列出了三层、二层模型各小组在不同地震水平下各地震工况对应的结构体系的附加阻尼比,仍然采用规范中的能量法进行计算;为了更直观地对比各试验小组附加阻尼比的大小,图 6-36 绘制了各试验小组在不同地震工况下结构体系附加阻尼比大小的直方图。

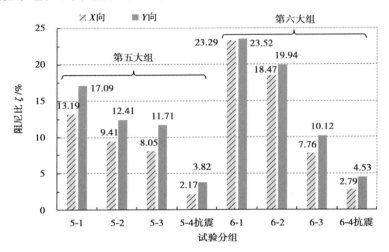

图 6-34　半功率带宽法计算各试验小组结构体系的阻尼比

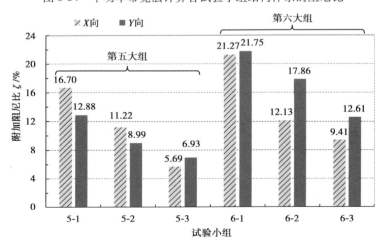

图 6-35　各试验小组在正弦工况下结构体系的附加阻尼比

表 6-26　三层模型各小组地震工况下结构体系的附加阻尼比计算表

试验分组			5-1组			5-2组			5-3组		
地震波			601	632	REN	601	632	REN	601	632	REN
结构应变能/(kN·mm)	小震	X向	56.45	36.17	38.56	54.09	42.61	25.13	59.51	55.48	53.50
		Y向	67.87	51.52	51.57	64.30	45.06	53.02	74.82	55.80	56.11
	中震	X向	343.71	294.68	247.48	372.72	344.57	222.43	425.45	368.76	300.60
		Y向	366.17	289.14	278.48	312.77	245.52	260.55	370.35	245.26	287.16
	大震	X向	1 315.69	1 218.62	1 149.58	1 393.48	1 375.26	929.02	1 675.47	1 557.73	902.80
		Y向	998.22	862.36	944.74	840.58	808.99	864.43	985.50	698.49	885.69
阻尼器耗能/(kN·mm)	小震	X向	102.81	67.48	75.65	73.04	62.69	31.85	40.28	42.40	38.02
		Y向	104.38	81.69	89.22	79.68	55.26	64.07	68.54	48.88	42.72
	中震	X向	474.36	391.88	371.05	406.68	377.74	231.06	366.76	344.37	241.42
		Y向	618.35	446.73	458.22	497.25	332.46	392.59	426.78	274.88	282.29
	大震	X向	1 255.98	1 161.59	1 042.46	1 011.75	992.17	688.14	941.59	1 030.75	628.69
		Y向	1 462.14	1 232.93	1 431.00	1 143.40	1 138.20	1 014.26	1 114.61	961.45	972.74
结构附加阻尼比/%	小震	X向	14.50	14.86	15.62	10.75	11.71	10.09	5.39	6.08	5.66
		Y向	12.25	12.62	13.77	9.87	9.77	9.62	7.29	6.97	6.06
	中震	X向	10.99	10.59	11.94	8.69	8.73	8.27	6.86	7.44	6.39
		Y向	13.45	12.30	13.10	12.66	10.78	12.00	9.17	8.92	7.83
	大震	X向	7.60	7.59	7.22	5.78	5.74	5.90	4.47	5.27	5.54
		Y向	11.66	11.38	12.06	10.83	11.20	9.34	9.00	10.96	8.74

表6-27 二层模型各小组地震工况下结构体系的附加阻尼比计算表

试验分组		地震波		6-1组			6-2组			6-3组		
				601	632	REN	601	632	REN	601	632	REN
结构应变能/(kN·mm)	小震		X向	19.85	17.36	18.09	34.25	31.08	23.79	48.40	27.38	30.99
			Y向	37.44	36.52	20.86	37.21	37.65	26.89	49.03	35.70	37.03
	中震		X向	166.57	153.04	118.52	226.17	212.56	156.21	275.10	218.20	155.90
			Y向	156.06	142.85	98.59	156.34	147.01	117.05	214.13	174.74	163.49
	大震		X向	637.36	808.14	472.81	794.33	942.40	516.79	797.58	952.48	523.86
			Y向	463.06	405.73	307.09	494.24	459.40	371.94	560.92	546.80	464.32
阻尼器耗能/(kN·mm)	小震		X向	52.65	47.46	43.18	51.73	49.78	33.81	51.78	29.51	24.91
			Y向	99.86	94.29	54.27	99.04	79.70	65.89	86.91	52.74	56.13
	中震		X向	356.81	331.96	296.64	345.93	331.88	263.14	393.95	321.42	239.30
			Y向	503.72	487.22	315.72	510.82	457.17	317.14	518.11	386.16	377.00
	大震		X向	1 037.42	1 074.87	799.45	937.77	1 087.05	685.30	1 048.57	1 142.85	759.31
			Y向	1 515.57	1 219.30	1 002.64	1 521.03	1 261.96	1 097.26	1 335.52	1 300.80	997.96
结构附加阻尼比/%	小震		X向	21.12	21.77	19.01	12.02	12.75	11.32	8.52	8.58	6.40
			Y向	21.24	20.56	20.71	21.19	16.86	19.51	14.11	11.76	12.07
	中震		X向	17.06	17.27	19.93	12.18	12.43	13.41	11.40	11.73	12.22
			Y向	25.70	27.16	25.50	26.01	24.76	21.57	19.26	17.59	18.36
	大震		X向	12.96	10.59	13.46	9.40	9.18	10.56	10.47	9.55	11.54
			Y向	26.06	23.93	26.00	24.50	21.87	23.49	18.96	18.94	17.11

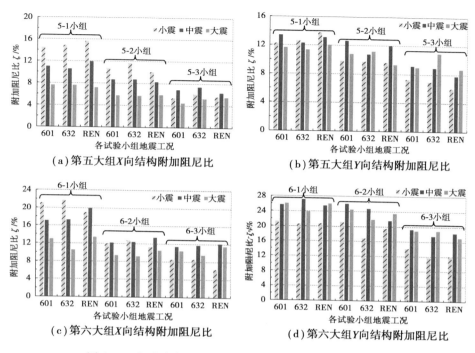

图 6-36　各试验小组在地震工况下结构体系的附加阻尼比

综上图表所示,通过带宽法和能量法计算得到的阻尼比存在一定的差异,但相差不是太大,且各组试验计算得到的阻尼比规律一致:按照 5-1 组→5-2 组→5-3 组及 6-1 组→6-2 组→6-3 组的顺序,各种方法、各地震水平下的阻尼比均在减小;结构 X 向 5-1 组和 6-1 组的阻尼比明显大于 5-2 组和 6-2 组的阻尼比,后面两小组(5-2 组、6-2 组和 5-3 组、6-3 组)的阻尼比相差不大, Y 向前两个小组之间的阻尼比相差没有 X 向明显,但规律是一致的。对比附加阻尼比的大小可知,相同支撑刚度时,阻尼器居中布置的附加阻尼比明显大于靠边布置(每大组的前两个试验小组),靠边布置时的附加阻尼比会比居中布置时小 20% ~40%;不同支撑刚度系数时,支撑刚度系数越大附加阻尼比越大,5-3 组和 6-3 组中的支撑刚度系数相比于各自的前两组小,即便阻尼器居中布置,其附加阻尼比也明显比阻尼器居中布置的 5-1 组和 6-1 组小,仅为 5-1 组和 6-1 组附加阻尼比的40% ~60%,甚至还小于阻尼器靠边布置的 5-2 组和 6-2 组。

6.4.6 层间位移利用率计算

前面 6.3.5 节是单自由度体系层间位移利用率的试验结果,本小节是多自由度体系层间位移利用率的试验结果。在单自由度体系中,结构侧移刚度较大周期较小,只要阻尼器的支撑刚度匹配得上,在地震工况下层间位移利用率差异不大,故主要研究的是频率比接近"1.0"时(在共振区域内)正弦工况所对应层间位移利用率,其结果几乎都能达到一个较理想的值(0.88 ~ 1.10)。而在多自由度体系中,结构侧移刚度较小周期较大,不同支撑刚度系数所对应的层间位移利用率差别较大,且相同支撑刚度系数但阻尼器布置位置不同时层间位移利用率也差别明显。这其实间接地说明了刚度较大结构的减震效果要好于刚度较小的结构,但出于抗震设计安全性以及工程经济性考虑,结构体系又不可能建造得像刚体或堡垒一样,因而具有适宜侧向刚度的柔性结构体系是实际建设工程的归属,这就使得考虑阻尼器支撑刚度和层间位移利用率在减震结构的设计中具有十分重要的意义。

多自由度体系的三层和二层模型均设计了三小组试验:阻尼器支撑刚度系数较大时的居中布置和靠边布置(即阻尼器在梁跨中的位置为 1/2 和 1/6),阻尼器支撑刚度系数较小时的居中布置。与此同时,还完成了各自对应的未布置阻尼器情况的抗震试验(即第 4 小组试验),以便与前三小组试验进行对比。表6-28 列出了三层和二层模型在频率比接近"1.0"时正弦工况下的层间位移利用率;表 6-29 和表 6-30 分别给出了三层和二层模型各小组试验在不同地震水平下各地震工况的层间位移利用率。以上三个表中均列出了计算层间位移利用率的两个基本参数:阻尼器在相应激励下的最大位移及安置该阻尼器楼层的最大位移。图 6-37 和图 6-38 将各表中的层间位移利用率分别绘于图中,以便更直观地研究各小组层间位移利用率的规律。

表 6-28　多层模型各小组层间位移利用率汇总表（正弦工况）

试验分组	方向	楼层	楼层位移/mm	阻尼器位移/mm	层间位移利用率
5-1	X 向	3	2.58	2.47	0.96
		2	3.19	2.95	0.92
	Y 向	3	2.51	2.46	0.98
		2	4.56	3.28	0.72
5-2	X 向	3	3.10	2.55	0.82
		2	3.66	3.10	0.85
	Y 向	3	2.57	2.14	0.83
		2	4.49	2.56	0.57
5-3	X 向	3	3.91	1.85	0.47
		2	4.87	2.56	0.53
	Y 向	3	2.84	1.60	0.57
		2	4.52	2.46	0.54
6-1	X 向	2	3.73	2.87	0.77
		1	2.95	2.22	0.75
	Y 向	2	2.15	1.84	0.85
		1	3.48	2.33	0.67
6-2	X 向	2	5.70	2.91	0.51
		1	4.47	2.10	0.47
	Y 向	2	3.27	2.11	0.64
		1	4.52	2.95	0.65
6-3	X 向	2	6.66	2.90	0.44
		1	5.18	2.38	0.46
	Y 向	2	4.70	2.84	0.60
		1	6.58	2.64	0.40

注：表中"楼层位移"指安置阻尼器楼层的最大位移；"阻尼器位移"指在激励下阻尼器的最大位移。

表6-29 三层模型各小组层间位移利用率汇总表（地震工况）

地震水平	试验分组	方向	楼层	601 X向 3	601 X向 2	601 Y向 3	601 Y向 2	632 X向 3	632 X向 2	632 Y向 3	632 Y向 2	REN X向 3	REN X向 2	REN Y向 3	REN Y向 2
小震	5-1		楼层位移/mm	3.52	4.18	3.94	7.17	2.82	3.50	3.22	5.52	2.62	3.36	3.57	6.13
			阻尼器位移/mm	3.59	4.33	3.73	5.34	2.97	3.59	3.07	3.62	2.78	3.53	3.47	4.91
			层间位移利用率	1.02	1.04	0.95	0.75	1.05	1.03	0.95	0.66	1.06	1.05	0.97	0.80
	5-2		楼层位移/mm	3.52	4.42	3.66	6.51	3.40	4.17	3.07	5.45	2.21	2.67	3.53	6.06
			阻尼器位移/mm	3.07	3.83	3.14	4.38	2.94	3.54	2.56	3.21	1.74	2.15	2.85	4.03
			层间位移利用率	0.87	0.87	0.86	0.67	0.87	0.85	0.83	0.59	0.79	0.81	0.81	0.67
	5-3		楼层位移/mm	3.78	4.68	4.30	7.29	3.81	4.82	3.66	5.93	3.70	4.37	3.81	6.34
			阻尼器位移/mm	1.96	2.66	2.90	4.73	2.09	2.69	2.01	3.47	1.95	2.63	2.31	3.70
			层间位移利用率	0.52	0.57	0.67	0.65	0.55	0.56	0.55	0.58	0.53	0.60	0.61	0.58
中震	5-1		楼层位移/mm	11.40	13.31	11.79	18.20	10.48	12.11	8.99	14.21	8.58	10.11	10.12	15.91
			阻尼器位移/mm	13.12	14.78	11.85	16.51	12.04	13.54	9.24	12.19	9.66	11.42	10.08	14.08
			层间位移利用率	1.15	1.11	1.00	0.91	1.15	1.12	1.03	0.86	1.13	1.13	1.00	0.88
	5-2		楼层位移/mm	12.23	13.64	11.04	17.03	12.18	13.64	7.79	13.11	7.90	9.20	10.48	15.77
			阻尼器位移/mm	12.29	13.54	10.03	14.66	12.28	13.01	7.04	9.99	7.65	9.20	9.51	13.73
			层间位移利用率	1.00	0.99	0.91	0.86	1.01	0.95	0.90	0.76	0.97	1.00	0.91	0.87
	5-3		楼层位移/mm	13.11	14.32	12.23	17.69	12.88	14.01	8.29	13.04	9.57	10.74	10.38	15.41
			阻尼器位移/mm	11.65	12.86	10.32	14.13	11.74	12.34	6.09	9.90	7.71	8.86	8.14	11.97
			层间位移利用率	0.89	0.90	0.84	0.80	0.91	0.88	0.73	0.76	0.80	0.82	0.78	0.78

地震水平	试验分组													
大震	5-1	楼层位移/mm	27.10	28.86	24.76	32.52	25.40	26.80	19.24	26.25	22.93	24.15	25.57	33.82
		阻尼器位移/mm	31.51	32.96	25.33	31.22	29.62	31.12	19.66	24.88	26.44	28.39	25.90	31.20
		层间位移利用率	1.16	1.14	1.02	0.96	1.17	1.16	1.02	0.95	1.15	1.18	1.01	0.92
	5-2	楼层位移/mm	26.93	27.96	21.95	29.41	26.72	28.00	19.89	26.68	20.92	21.16	22.09	29.01
		阻尼器位移/mm	26.92	28.69	21.13	27.68	26.40	27.15	19.01	24.25	20.83	20.71	21.55	26.60
		层间位移利用率	1.00	1.03	0.96	0.94	0.99	0.97	0.96	0.91	1.00	0.98	0.98	0.92
	5-3	楼层位移/mm	27.77	28.98	22.61	30.84	27.41	28.79	20.70	26.97	20.00	19.46	23.37	30.44
		阻尼器位移/mm	28.08	29.93	20.83	28.06	28.19	29.06	18.05	22.78	19.33	19.80	20.51	26.45
		层间位移利用率	1.01	1.03	0.92	0.91	1.03	1.01	0.87	0.84	0.97	1.02	0.88	0.87

表6-30　二层模型各小组层间位移利用率汇总表（地震工况）

地震水平	试验分组	地震波	601				632				REN			
		方向	X向		Y向		X向		Y向		X向		Y向	
		楼层	2	1	2	1	2	1	2	1	2	1	2	1
小震	6-1	楼层位移/mm	3.72	3.17	4.21	6.33	3.55	3.00	4.14	6.23	3.41	2.76	3.04	4.39
		阻尼器位移/mm	3.07	2.38	3.79	4.79	2.96	2.28	3.51	4.62	2.68	2.09	2.31	3.28
		层间位移利用率	0.83	0.75	0.90	0.76	0.83	0.76	0.85	0.74	0.79	0.76	0.76	0.75
	6-2	楼层位移/mm	5.80	4.50	5.26	7.18	5.35	4.32	5.37	6.16	4.32	3.72	4.65	5.54
		阻尼器位移/mm	3.33	2.14	3.62	4.97	3.01	2.32	3.57	4.11	2.10	1.87	2.95	3.72
		层间位移利用率	0.57	0.48	0.69	0.69	0.56	0.54	0.67	0.67	0.49	0.50	0.63	0.67
	6-3	楼层位移/mm	6.91	5.12	6.82	8.20	5.01	3.96	5.72	6.63	5.01	3.91	5.55	6.96
		阻尼器位移/mm	2.77	2.37	4.31	3.80	1.93	1.84	3.45	2.70	1.53	1.66	3.23	3.14
		层间位移利用率	0.40	0.46	0.63	0.46	0.39	0.46	0.60	0.41	0.31	0.43	0.58	0.45

续表

地震水平	试验分组	方向 楼层	601 X向 2	601 X向 1	601 Y向 2	601 Y向 1	632 X向 2	632 X向 1	632 Y向 2	632 Y向 1	REN X向 2	REN X向 1	REN Y向 2	REN Y向 1
中震	6-1	楼层位移/mm	14.31	10.25	13.16	14.50	14.21	9.50	12.20	13.62	11.78	8.41	9.35	10.91
		阻尼器位移/mm	14.62	9.78	13.55	12.72	14.70	9.22	12.72	12.04	11.60	8.26	9.37	9.53
		层间位移利用率	1.02	0.95	1.03	0.88	1.03	0.97	1.04	0.88	0.98	0.98	1.00	0.87
	6-2	楼层位移/mm	18.19	13.33	14.99	15.06	17.41	11.81	13.88	13.39	13.79	10.47	10.68	12.14
		阻尼器位移/mm	15.00	9.69	14.31	12.59	14.39	9.24	12.68	10.95	10.51	7.72	9.38	9.50
		层间位移利用率	0.82	0.73	0.95	0.84	0.83	0.78	0.91	0.82	0.76	0.74	0.88	0.78
	6-3	楼层位移/mm	18.21	13.03	17.85	17.52	17.14	11.26	15.26	14.47	12.91	9.72	15.18	14.07
		阻尼器位移/mm	14.54	10.11	15.81	11.56	13.52	8.61	13.07	7.94	9.69	7.34	13.07	9.45
		层间位移利用率	0.80	0.78	0.89	0.66	0.79	0.76	0.86	0.55	0.75	0.76	0.86	0.67
大震	6-1	楼层位移/mm	32.66	21.34	31.37	24.73	35.35	22.21	27.29	20.04	25.76	18.90	25.09	21.39
		阻尼器位移/mm	35.84	22.68	33.20	23.91	36.41	24.53	28.97	18.54	27.20	19.78	26.23	19.89
		层间位移利用率	1.10	1.06	1.06	0.97	1.03	1.10	1.06	0.93	1.06	1.05	1.05	0.93
	6-2	楼层位移/mm	36.95	24.72	34.01	25.63	38.93	25.01	29.32	22.17	26.72	19.90	29.02	23.43
		阻尼器位移/mm	32.96	22.55	34.10	23.81	36.02	23.05	28.99	19.39	23.11	17.25	28.09	19.85
		层间位移利用率	0.89	0.91	1.00	0.93	0.93	0.92	0.99	0.87	0.86	0.87	0.97	0.85
	6-3	楼层位移/mm	36.66	23.84	33.64	26.61	39.38	24.25	31.91	24.17	25.70	19.48	30.56	25.06
		阻尼器位移/mm	34.39	22.34	31.99	21.28	36.03	22.71	30.87	17.63	23.92	17.57	28.83	18.25
		层间位移利用率	0.94	0.94	0.95	0.80	0.92	0.94	0.97	0.73	0.93	0.90	0.94	0.73

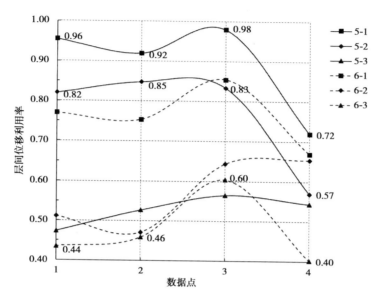

图 6-37　各试验小组层间位移利用率对比曲线图（正弦工况）

注：图中横坐标数据点"1"和"2"表示 X 方向安装阻尼器楼层的上层和下层对应的层间
　位移利用率；数据点"3"和"4"表示 Y 方向安装阻尼器楼层的上层和下层对应的层间
　位移利用率。

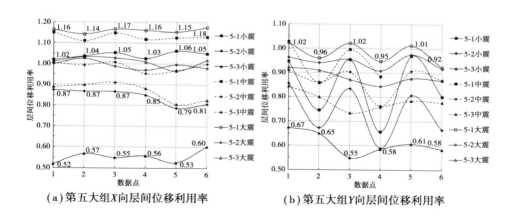

（a）第五大组 X 向层间位移利用率　　　　　（b）第五大组 Y 向层间位移利用率

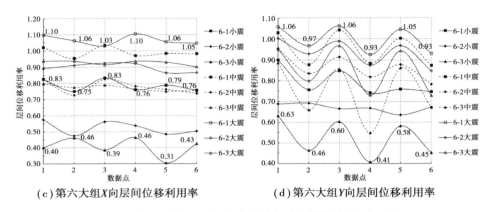

（c）第六大组X向层间位移利用率　　　　（d）第六大组Y向层间位移利用率

图 6-38　各试验小组层间位移利用率对比曲线图（地震工况）

注：图中横坐标数据点"1"和"2"分别表示在 601 波激励下布置阻尼器楼层的上层和下层对
应的层间位移利用率；数据点"3"和"4"分别表示在 632 波激励下布置阻尼器楼层的上
层和下层对应的层间位移利用率；数据点"5"和"6"分别表示在 REN 波激励下布置阻尼
器楼层的上层和下层对应的层间位移利用率。

从图 6-37、图 6-38 和表 6-28 至表 6-30 可知，多自由度体系层间位移利用率
在不同情况下差异较大，掌握其规律并应用于实际工程中具有重要意义，主要
有以下几个方面的结论：三层和二层模型各小组试验中层间位移利用率的规律
一致，当支撑刚度系数相同时，阻尼器靠边布置（5-2 组、6-2 组）时的层间位移
利用率仅为居中布置（5-1 组、6-1 组）的 70% ~80%，甚至更小，减小幅度较大；
当支撑刚度系数不同时，支撑刚度系数较小（5-3 组、6-3 组）时，即便仍然为阻
尼器居中布置，其层间位移利用率明显小于支撑刚度系数较大（5-1 组、6-1 组）
的试验小组，仅为支撑刚度系数较大试验小组的 50% ~60%，甚至与支撑刚度
系数较大阻尼器靠边布置时的层间位移利用率相当或更小。随着地震激励的
增大（小震→中震→大震），层间位移利用率的值在增加，即当结构体系较柔时，
较大的外荷载激励将会使得体系具有更大的层间位移利用率，但结构体系的附
加阻尼比通常是有所降低的（参见前一节计算出的附加阻尼比）。三层模型各
试验小组的层间位移利用率均大于二层模型各小组对应加载工况的层间位移
利用率，即本试验中侧向刚度较大的三层结构其减震效果要好于侧向刚度较小

的二层结构,表明刚度较大结构的减震效果要好于刚度较小结构的减震效果。

6.5 黏滞阻尼结构减震效率分析与研究

本书研究附设黏滞阻尼器消能减震结构的减震效率,核心问题集中在阻尼器支撑刚度和层间位移利用率上。通过上述两节单自由度体系和多自由度体系振动台试验研究的结果表明:阻尼器支撑刚度的大小将会直接影响阻尼器在结构中的耗能能力,体现为支撑刚度越小,阻尼器耗能越小,附加给结构的阻尼比越小,结构的楼层位移、加速度放大系数等响应越大,相应的层间位移利用率也越小。在阻尼器支撑刚度足够大时,可以忽略支撑刚度对阻尼器耗能效果的影响,此时影响层间位移利用率的主要因素为阻尼器布置位置、梁柱线刚度比及结构的侧移刚度,体现为阻尼器布置位置越接近梁跨中部层间位移利用率越大,结构的抗侧移刚度越大则层间位移利用率也越大,梁柱线刚度比越大则阻尼器靠边布置与居中布置时层间位移利用率相差越小,相反梁柱线刚度比越小则对应的层间位移利用率相差越大[可详见第 5 章模拟中不同阻尼系数和阻尼指数对应的层间位移利用率曲线图——图 5-21—图 5-35 中的(a)图];而层间位移利用率越大,则表明阻尼器的耗能效果越好,附加给结构的阻尼比越大,结构的各种响应就会越小。从上面的分析可知,阻尼器的支撑刚度系数事实上也是影响层间位移利用率的重要因素之一。

然而,这些在减震结构设计中有着重要指导意义的发现,不能仅仅停留在现象的反应和描述上,要能够真正指导设计,就得结合理论与试验的研究给出一套合理的且能够应用于实际工程的设计方法或设计流程。为此,本小节通过前面的理论分析与试验研究,首先提出在实际工程应用中相应指标的合理取值范围,主要包含阻尼器支撑刚度系数和层间位移利用率两个重要指标。

6.5.1 层间位移利用率取值

层间位移利用率是指阻尼器位移与其所在楼层位移之比。从本次众多试验小组的研究结果中发现,当阻尼器支撑刚度相当时,结构体系的侧向刚度越大层间位移利用率也会越大,即在较刚的结构体系中阻尼器更能发挥其耗能减震的效果。在阻尼器支撑刚度系数足够大,对结构体系的层间位移利用率的影响可以忽略时,层间位移利用率的模拟计算结果见第 5 章 5.4 节表 5-4 和表 5-8;各试验小组中对应阻尼器支撑刚度系数 N、梁柱线刚度比及结构侧移刚度时,实测获得的层间位移利用率(比模拟计算的理论值稍微偏小,但规律完全一致)详细结果参见 6.3.5 节和 6.4.6 节,现作如下归纳与总结:

①在单自由度体系中,阻尼器居中布置,当支撑刚度较大时,梁柱线刚度比较小的 1-1 组、2-1 组和 2-2 组的层间位移利用率分别为 0.86、0.84 和 0.92,梁柱线刚度比较大的 3-1 组、4-2 组和 4-3 组的层间位移利用率分别为 1.02、0.99、1.10;当支撑刚度稍小但梁柱线刚度比较大时的 3-4 组和 4-1 组的层间位移利用率分别为 0.77 和 0.88;当支撑刚度很小时的 2-3 组其层间位移利用率也很小,仅为 0.21。

②在单自由度体系中,阻尼器不是居中布置时,梁柱线刚度比较小的 1-2 组和 1-3 组的层间位移利用率分别为 0.81 和 0.68;梁柱线刚度比较大的 3-2 组和 3-3 组的层间位移利用率分别为 0.99 和 0.82。

③在多自由度体系中,楼层侧移刚度较大的三层模型各小组的层间位移利用率比楼层侧移刚度较小的二层模型对应小组的层间位移利用率大。正弦激励作用下,5-1 组、5-2 组和 5-3 组的最大层间位移利用率分别为 0.98、0.85 和 0.57,6-1 组、6-2 组和 6-3 组的最大层间位移利用率分别为 0.85、0.65 和 0.60,试验表明:当支撑刚度系数相同时,阻尼器靠边布置(5-2 组、6-2 组)时的层间位移利用率比居中布置(5-1 组、6-1 组)小,且减小幅度较大(第五大组的 0.98→0.85,第六大组的 0.85→0.65);当支撑刚度系数不同时,支撑刚度系数较小(5-3 组、

6-3 组)时,即便仍然将阻尼器居中布置,其层间位移利用率明显小于支撑刚度系数较大(5-1 组、6-1 组)的试验小组,甚至比支撑刚度系数较大阻尼器靠边布置时的层间位移利用率更小。

④对本次试验进行整体结果的分析可知,阻尼器布置位置越靠近梁跨的中部,阻尼器支撑刚度系数越大,梁柱线刚度比越大,结构体系侧移刚度越大,则减震结构体系的层间位移利用率越大,附加阻尼比也越大,结构体系的楼层侧移、加速度放大系数等响应越小,阻尼器的耗能减震效果越好。

综上所述,为了充分发挥黏滞阻尼器耗能能力强的特点,本书建议在进行消能减震设计时层间位移利用率的取值不宜小于[0.80,0.90]:当结构侧移刚度较大,或梁柱线刚度比较大,或支撑刚度系数较大,或阻尼器居中布置时,阻尼器的耗能效果较好,层间位移利用率的值较大,建议其取值不宜小于该范围的上限值 0.90;相反,当结构侧移刚度较小,或梁柱线刚度比较小,或支撑刚度系数稍微偏小,或阻尼器不是布置在梁跨中部时,层间位移利用率的取值建议不宜小于该范围的下限值 0.80。当然,以上建议的值仅仅是减震设计时层间位移利用率取值的下限,当实际工程中的结构侧移刚度、梁柱线刚度比、阻尼器居中布置以及支撑刚度系数足够这些条件足够充分时,层间位移利用率是会达到比"1.0"还大的较为理想的状况,甚至像计算中表 5-4 或表 5-8 中达到 1.25 或更大值,如梁柱线刚度比和支撑刚度系数均较大的 3-1 组、4-3 组,其层间位移利用率分别达到 1.02、1.10。

6.5.2 支撑刚度系数取值

试验结果验证了支撑刚度系数越大,阻尼器的耗能减震效果越好,但带来的矛盾是实际工程中不可能将阻尼器支撑做得无穷大,只能在建筑和结构允许的条件下将阻尼器支撑做得尽量大。那么,究竟多大的支撑刚度系数是建筑和结构上允许,而且减震设计上也能接受的呢?为此,针对减震设计方面的要求先给出支撑刚度系数的下限值,但在实际工程中应再考虑建筑和结构的要求,并在支撑刚度系数下限值的基础上对其进行相应的调整,这样便可设计出建筑、结构和减震各方面都较为满意的消能减震结构体系。

结合试验中各组的支撑刚度系数,将表 3-1 中支撑刚度系数 N 小于"1.0"时的取值范围增加 0.2 和 0.8 两小组,见表 6-31,表中最优阻尼比 ζ_{opt} 及其对应的频响曲线最低峰值 T_{opt} 的计算依据分别为式(3-65)和式(3-66),均为对应支撑刚度系数下结构体系能够达到的最优值。表中的最优阻尼比比值及最低峰值比值均为后一个支撑刚度系数 N_{i+1} 与前一个支撑刚度系数 N_i 所对应的理论最优值之比。

表 6-31　不同支撑刚度系数 N 所对应的最优参数

支撑刚度系数 N	0.2	0.5	0.8	1.0	2.0	3.0	4.0	5.0	6.0	7.0	8.0
最优阻尼比 ζ_{opt}	0.09	0.19	0.26	0.31	0.47	0.59	0.69	0.78	0.86	0.93	0.99
最低峰值 T_{opt}	11.0	5.0	3.5	3.0	2.0	1.67	1.50	1.40	1.33	1.29	1.25
最优阻尼比比值	1.00	2.13	1.41	1.16	1.52	1.26	1.17	1.13	1.10	1.08	1.06
最低峰值比值	1.00	0.45	0.70	0.86	0.67	0.84	0.90	0.93	0.95	0.97	0.97

从表 6-31 可知,随着支撑刚度系数的增加,单自由度体系的理论最优阻尼比也在明显增加,但前后两个 N 值对应的阻尼比的比值在减小,即最优阻尼比增加得越来越缓慢。当 $N=0.2$ 时,支撑刚度系数较小,则意味着无论阻尼器的参数多大结构体系的理论上能够达到的最优阻尼比也仅为 9%,且最低峰值为 11.0,意味着体系的响应将会比输入放大 11.0 倍;当 $N=1.0$ 时,体系的最优阻尼比能达到 31%;当 N 值继续增加时,单自由度体系的最优阻尼比仍在不断增加,但需要注意的是:按照现有抗震规范及消能减震技术规程的要求,多自由度结构体系的总阻尼比不宜大于 30%。以上分析表明:对于单自由度体系而言,支撑刚度系数 N 的取值范围应尽可能取大值,当 $N=6.0$ 时其最优阻尼比达到 0.86;当 $N=8.0$ 时其最优阻尼比达到 0.99,非常接近临界阻尼比 1.0。结合表 6-31 中最优阻尼比的比值可知,支撑刚度系数 N 的取值能够接受的情况如下:

当支撑刚度系数的取值 $N>3$ 时,最优阻尼比的增加幅度和最低峰值的降低幅度分别在 26% 和 16% 以内;当支撑刚度系数的取值 $N>4$ 时,最优阻尼比的增加幅度和最低峰值的降低幅度分别在 17% 和 10% 以内;而当支撑刚度系数的取值为 $N>6$ 时,最优阻尼比的增加幅度和最低峰值的降低幅度都是比较有限的,分别控制在 10% 和 5% 以内。

参照 6.5.1 节层间位移利用率取值下限的建议,试验中最需要提高层间位移利用率的试验小组是 2-3 组,其层间位移利用率仅为 0.21,对比 2-1 组、2-2 组可知主要原因在于阻尼器支撑刚度系数太小。需要适当提高层间位移利用率的试验小组是 1-3 组、3-4 组,它们的层间位移利用率值小于 0.80,对比 1-1 组可知 1-3 组首先是因为阻尼器布置位置不在梁跨中间所致,其次值得考虑方案的是提高 1-3 组的支撑刚度系数。对比 3-1 组可知 3-4 组层间位移利用率偏小的主要原因是支撑刚度系数偏小。相比于 5-1 组和 5-2 组而言,6-1 组和 6-2 组的层间位移利用率需要提高,主要原因是 6-1 组和 6-2 组的结构侧移刚度较小,而 5-3 组和 6-3 组则表示阻尼器的支撑刚度系数较小(注意:6-3 组仍然有不少原因是结构侧移刚度较小),使得其层间位移利用率仅仅达到 0.5 ~ 0.6。综上所述,在影响层间位移利用率的主要因素中,当其他方面条件均比较合理时(结构侧移刚度较大、梁柱线刚度比较大、阻尼器居中布置),阻尼器支撑刚度系数最佳取值的目标便是层间位移利用率达到预期值时所对应的支撑刚度系数值。

6.6　本章小结

基于前面第 3—5 章的理论分析与研究,本章通过单自由度体系(15 小组)和多自由度体系(8 小组)总共 23 个小组的试验,详细设计了不同梁柱线刚度比、不同支撑刚度系数以及不同阻尼器布置位置时的单自由度体系试验方案、多自由度体系试验方案(包含不同结构侧移刚度方面),验证了层间位移利用率(η)和支撑刚度系数(N)这两个重要因素对消能减震结构减震效率影响的真实

存在性,并进一步研究了 N 和 η 对结构减震效率的影响规律,主要得到以下结论:

①单自由度体系、多自由度体系均在阻尼器数量和参数相同的条件下,不同试验小组得到了不同的 η、不同的附加阻尼比(ζ_d),且差别明显,如单自由度体系在正弦工况下的 η 和 ζ_d 分别在 0.21 ~ 1.10 和 1.5% ~ 26.6% 变化,充分说明了梁柱线刚度比、阻尼器布置位置和支撑刚度系数等对结构减震效率影响的真实存在性。

②当 N 相同时,阻尼器居中布置时楼层侧移及层间位移角小于阻尼器靠边布置或布置于梁跨 1/3 处,即阻尼器居中布置时减震效果最好,参见第一大组、第三大组试验、第五大组和第六大组的前两小组试验结果;当 N 不同时,N 越大结构楼层侧移越小,即减震效果越好,可参见第二大组至第四大组试验、第五大组和第六大组的第一、三小组试验结果;减震结构的楼层侧移比抗震结构明显小许多,单自由度体系仅为抗震结构的 1/3 ~ 1/2,多自由度体系仅为抗震结构的 55% ~ 80%,试验中 1-4 组、4-4 组、5-4 组和 6-4 组为抗震结构,其余组均为减震结构。

③本试验采用钢结构模型,结构体系的侧向刚度较小,其加速度放大系数均不是太大,最大值仅为 3.0 左右;在阻尼器布置越靠近梁跨中部、N 越大时,楼层加速度放大系数越小;在侧向刚度较大的单自由度体系中,减震结构的加速度放大系数比抗震结构明显小许多,仅为抗震结构的 50% ~ 70%;而在侧向刚度较小(结构体系较柔)的多自由度体系中,减震结构相比于抗震结构加速度放大系数的减小幅度并不明显。在位移放大系数方面,阻尼器布置越靠近梁跨中部、N 越大时,楼层位移放大系数越小;减震结构的位移放大系数明显比抗震结构小得多。楼层剪力的变化规律与加速度放大系数的变化规律一致。

④当 N 较大且阻尼器布置越靠近梁跨中部时,单自由度或多自由度体系的阻尼器滞回曲线比较均匀和饱满,耗能能力强,体现了黏滞阻尼器在减震结构中具有明显的耗能优势。

⑤对于结构的 ζ_d，当阻尼器不是居中布置时，ζ_d 明显小于居中布置，单自由度体系小 10% ~25%，多自由度体系小 20% ~40%；N 对 ζ_d 的影响较大，当 N 很小时（如 2-3 组），结构的 ζ_d 也很小，甚至可以忽略，但随着 N 的增加，体系的 ζ_d 也在明显增加。

⑥对于 η 而言，在阻尼器布置位置越靠近梁跨的中部、N 越大时，梁柱线刚度比越大，楼层侧移刚度越大，则结构的 η 越大，即布置相同数量和参数的阻尼器后结构的减震效果越好，ζ_d 越大时，楼层侧移、加速度放大系数等响应越小。在多自由度体系中，当 N 相同时，阻尼器靠边布置时的 η 仅为居中布置的 70% ~80%；当 N 不同且 N 较小时，即便仍然为阻尼器居中布置，其 η 也明显小于 N 较大而阻尼器靠边布置的试验小组，仅为 N 较大试验小组的 50% ~60%；侧向刚度较大的三层结构的 η 要大于侧向刚度较小的二层结构，表明刚度较大的刚性结构的减震效果要好于刚度较小的柔性结构。

⑦结合第 5 章的理论分析与本章的实验研究，为充分发挥黏滞阻尼器的耗能能力，建议在进行消能减震设计时 η 的取值不宜小于 [0.80,0.90]；当实际工程中的结构侧移刚度较大、梁柱线刚度比较大、阻尼器居中布置及支撑刚度系数较大时，η 会达到大于"1.0"的理想情况。支撑刚度系数可根据结构体系的实际情况取 $N>3$、$N>4$ 或 $N>6$，当取 $N>6$ 时，体系最优阻尼比的增加幅度和最低峰值的降低幅度都有限，可分别控制在 10% 和 5% 以内；需要注意的是，支撑刚度系数的最佳取值目标即为层间位移利用率达到预期值时所对应的支撑刚度系数值。

第 7 章　黏滞阻尼结构减震效率的应用

7.1　引言

在前面章节中,第 2 章分析了阻尼器自身刚度和动态刚度对其耗能效率的影响;第 3、4 章基于支撑刚度系数建立了单自由度体系力学模型并推导减震结构最优阻尼参数与支撑刚度系数的关系;第 5 章推导了层间位移利用率的计算表达式并通过工程实例验证了层间位移利用率对结构减震效率的影响;第 6 章通过单自由度和多自由度体系的试验研究验证了支撑刚度系数、层间位移利用率对结构减震效率的影响。减震效率的大小主要通过消能减震结构中阻尼器耗能能力的大小来体现,也是减震结构减震效果的体现。因此,除了前面章节中对减震效率影响因素的理论研究和试验验证,接下来便是将其应用于工程实践,并且希望形成一套关于减震效率的完整的减震设计方法与流程,以便为减震设计提供重要指导。本章主要针对支撑刚度系数和层间位移利用率两个影响结构减震效率的重要因素在实际工程中的应用来展开,对试验结果、理论分析以及与规范要求的相关取值进行了对比和研究,通过具体工程实例演示了支撑刚度系数和层间位移利用率在实际工程中的应用过程,并提炼出一套关于减震效率的设计方法流程图。

7.2　关于阻尼器支撑刚度系数的应用

7.2.1　阻尼系数与支撑刚度的关系

为了方便研究简化减震体系(第 3 章力学模型)阻尼比的变化规律,现作如下假定[161]:①设主体结构保持弹性;②假定该结构体系的固有阻尼比为 0;③在单自由度体系中附加黏滞阻尼器;④采用自由振动衰减法计算结构体系的阻尼比。则此时自由振动衰减法计算出的阻尼比即为体系的附加阻尼比,其理论计算依据如下所示

$$\zeta = \frac{\delta_j}{2\pi j\left(\dfrac{\omega}{\omega_{\mathrm{D}}}\right)} \approx \frac{\delta_j}{2\pi j} \qquad (7\text{-}1)$$

式中,ζ 为结构体系的阻尼比;δ_j 为对数衰减率,即 $\delta_j = \ln(s_i/s_{i+j})$,$s_i$ 和 s_{i+j} 分别为单自由度体系第 i 周期和第 $i+j$ 周期幅频响应的振幅幅值;j 为两振幅的间隔周期数;ω 和 ω_{D} 分别为无阻尼体系和有阻尼体系的自振频率,当阻尼比不是太大(小于 0.30)时,取 $\omega_{\mathrm{D}} = \omega$。

本节将通过图 7-1 所示的单自由度体系模型来研究阻尼系数 c 与阻尼器支撑刚度 N 之间的关系,该单自由度体系为一梁刚度无穷大,质量为 m,刚度为 k 的结构体系,假定其梁和柱无轴向变形和剪切变形。

选取表 7-1 中所示的 10 组不同的阻尼系数 c 及 7 组不同的支撑刚度系数 $N = 0.2, 0.5, 0.8, 1, 2, 3, 4$ 所组成的 70 个单自由度体系,在一瞬时激励下,采用自由振动衰减法,计算阻尼系数 c 附加给结构的阻尼比 ζ,并研究阻尼比 ζ 随阻尼系数 c 的变化规律。各体系计算结果详见表 7-1,图 7-2 更直观地绘出了不同支撑刚度系数 N 下阻尼比 ζ 随阻尼系数 c 的变化规律曲线。

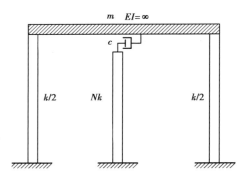

图 7-1　附加黏滞阻尼器单自由度体系

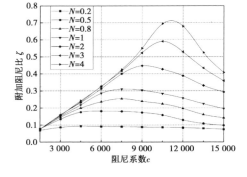

图 7-2　阻尼比 ζ 随阻尼系数 c 的变化
规律曲线

表 7-1　不同支撑刚度系数 N 下阻尼比 ζ 随阻尼系数 c 的变化

c	$N=0.2$	$N=0.5$	$N=0.8$	$N=1$	$N=2$	$N=3$	$N=4$
1 500	0.069	0.078	0.077	0.077	0.076	0.076	0.076
3 000	0.086	0.134	0.145	0.152	0.159	0.159	0.156
4 500	0.093	0.175	0.199	0.218	0.232	0.236	0.242
6 000	0.091	0.181	0.236	0.285	0.313	0.327	0.325
7 500	0.090	0.180	0.254	0.310	0.399	0.416	0.425
9 000	0.088	0.174	0.239	0.304	0.447	0.524	0.550
10 500	0.087	0.158	0.224	0.284	0.427	0.590	0.694
12 000	0.084	0.129	0.197	0.257	0.388	0.529	0.679
13 500	0.080	0.108	0.161	0.224	0.331	0.433	0.525
15 000	0.075	0.098	0.142	0.196	0.293	0.359	0.407

　　不同支撑刚度系数分别依据式(3-65)和式(3-66)计算的最优阻尼比 ζ_{opt} 及其对应的最低峰值 T_{opt} 见表 6-31,其值均为对应支撑刚度系数下结构体系能够达到的最优值。比较表 6-31 和表 7-1 可知,表 7-1 中计算的阻尼比的最大值与表 6-31 中的理论最优阻尼比 ζ_{opt} 能够较好地对应,如当 $N=0.5$ 时按照式(3-65)计算出的 $\zeta_{opt}=0.186$,当 $N=1.0$ 时 $\zeta_{opt}=0.306$,当 $N=2.0$ 时 $\zeta_{opt}=0.471$,与表 7-1

对应支撑刚度系数下单自由度体系计算的阻尼比误差在 10% 以内（分别为 2.87%、1.25% 和 5.18%），验证了对应支撑刚度系数下理论最优阻尼比在单自由度体系中的存在性。从图 7-2 可知：

①当阻尼系数 c 较小时，阻尼比 ζ 随阻尼系数 c 的增加而增大，直至达到最优阻尼比 ζ_{opt} 后则随阻尼系数 c 的增加反而减小；

②同一结构体系中，当阻尼系数 c 相同时，随着支撑刚度系数 N 增大，其附加给结构的阻尼比增大，故支撑刚度系数 N 应选择合适的取值范围；

③支撑刚度系数 N 越小，最优阻尼比对应的阻尼系数 c 范围越大，故需要合理选择阻尼系数 c 的值来实现最优阻尼比，以达到经济性目的；

④当支撑刚度系数越来越大时，与之对应的最优阻尼比 ζ_{opt} 所需的阻尼系数 c 在逐渐增大，如 $N=0.5$ 时对应最优阻尼比时的阻尼系数 c 为 6 000 kN/（m·s^{-1}），$N=1$ 时对应的阻尼系数 c 为 7 500 kN/（m·s^{-1}），$N=2$ 时对应的阻尼系数 c 为 9 000 kN/（m·s^{-1}），故较大的阻尼系数 c 需要匹配较大的支撑刚度系数 N 才能充分发挥阻尼器的耗能减震效果，达到 ζ_{opt}。

7.2.2　规范规定刚度与试验对比

在 1997 年，欧进萍、吴斌等人[56]利用试验的方法研究了黏滞阻尼器减震效果的影响参数，取无量纲参数 $k_b/c\omega_0$ 表示，该试验研究的结论如下："①阻尼器的减震效率随支撑刚度 k_b 的增大而增加；②随着参数 $k_b/c\omega_0$ 的增大，阻尼器的减震效果快速趋于最优值（$k_b \to \infty$）；③当结构固有频率 ω_0 较小时，参数 $k_b/c\omega_0$ 的最优值大，反之则小。"基于上述结论，欧进萍、吴斌等建议将实际工程中的参数 $k_b/c\omega_0$ 的最优值范围取为：

$$\frac{k_b}{c\omega_0} = [3,6] \qquad (7-2)$$

式中，k_b 为支撑构件刚度；c 为阻尼器的阻尼系数；ω_0 为结构的固有频率。正如前面结论三所言，对于较小的 ω_0，$k_b/c\omega_0$ 取大值，反之取小值，这体现了支撑构件刚度应与结构体系刚度相匹配的原则。

　　基于上述欧院士等的研究成果,2001 年版的《建筑抗震设计规范》[57]第 12 章首次写入了对速度线性相关型阻尼器支撑构件刚度的规定,2013 年颁布实施的《建筑消能减震技术规程》[6]的第 6.3 节也做出了同样的规定,即规范规定的支撑构件刚度应满足

$$K_b \geqslant \frac{6\pi C_D}{T_1} \tag{7-3}$$

式中,K_b 为支撑构件沿阻尼器消能方向刚度(kN/m);C_D 为阻尼器线性阻尼系数[kN/($m \cdot s^{-1}$)];T_1 为减震结构基本自振周期(s)。而上式中 $6\pi C_D/T_1$ 即 $3\omega_0 C_D$(注意:结构固有频率 $\omega_0 = 2\pi/T_1$),即式(7-3)可表示为 $K_b \geqslant 3\omega_0 C_D$,即式(7-3)为式(7-2)下限值。

　　试验中的单自由度体系和多自由度体系均设计了与规范规定的支撑构件刚度相当的试验小组,分别为 3-4 组、4-1 组以及 5-3 组、6-3 组。在应用式(7-3)计算支撑构件刚度 K_b 之前,需按照式(3-132)的能量等效原则将非线性阻尼系数 C_α 为等效线性黏滞阻尼系数 C_{eq},该转换式如下所示

$$C_{eq} = \frac{\lambda}{\pi(\omega u_0)^{1-\alpha}} C_\alpha \tag{7-4}$$

式中,C_{eq} 为等效线性黏滞阻尼系数;C_α 为阻尼指数 α 为对应的阻尼系数;λ 为式(3-127)中的折减系数;ω 为结构体系的自振频率(Hz),3-4 组和 4-1 组均为 4.40 Hz,5-3 组、6-3 组的 X 向和 Y 向相同,分别为 1.95 Hz 和 1.47 Hz;u_0 为假定阻尼器在正弦荷载 $u = u_0 \sin(\omega t)$ 作用下的位移幅值,取阻尼器可能遭受的最大位移幅值(参照各试验小组最大激励下阻尼器的位移),3-4 组和 4-1 组取 0.01 m,5-3 组和 6-3 组取 0.03 m。关于等效线性黏滞阻尼系数 C_{eq} 和按照式(7-3)右侧计算的支撑构件刚度 K_b 结果列于表 7-2 中。

表 7-2 等效线性黏滞阻尼系数 C_{eq} 与支撑构件刚度 K_b 计算

试验小组	3-4 组	4-1 组	5-3 组 X 向	5-3 组 Y 向	6-3 组 X 向	6-3 组 Y 向
C_{eq} kN · (m · s⁻¹)⁻¹	33.14	33.14	27.10	42.20	27.10	42.20
K_b /(kN · m⁻¹)	2 744	2 744	997	1 165	997	1 165

表 7-3 为根据支撑构件刚度 K_b 计算与之相应的支撑刚度系数 N 的情况,试验中相关各小组便是以此 N 值为依据,将上下柱宽度就近往上取整后得到 3-4 组和 4-1 组的上下柱宽度为 150 mm,5-3 组、6-3 组的上下柱宽度分别为 150 mm 和 230 mm,则按照实际上下柱宽度计算的各试验小组的支撑刚度系数 N 列在表 7-3 最后两列。为了充分说明规范规定刚度下阻尼器的耗能减震效果,图 7-3 中列出了各小组对应的层间位移利用率,能直观地体现支撑构件刚度对阻尼器耗能效果的影响。

表 7-3 根据支撑构件刚度 K_b 计算支撑刚度系数 N

分组	楼层	K_b/(kN · m⁻¹)		楼层侧移刚度/(kN · m⁻¹)		支撑刚度系数 N		各试验小组 N	
		X 向	Y 向	X 向	Y 向	X 向	Y 向	X 向	Y 向
单层	3-4 组	2 744	—	1 784	—	1.54	—	1.60	—
	4-1 组	2 744	—	1 873	—	1.46	—	1.53	—
两层 (6-3 组)	1	997	1 165	1 151	645	0.87	1.81	1.09	1.95
	2			587	410	1.70	2.84	2.14	3.07
三层 (5-3 组)	1	997	1 165	2 659	1 567	0.37	0.74	0.48	0.82
	2			1 462	1 015	0.68	1.15	0.88	1.27
	3			997	826	1.00	1.41	1.29	1.56

通过图 7-3,并结合图 6-21、图 6-37 的其他试验小组的层间位移利用率可知:对于结构侧向刚度较大的单自由度体系,其层间位移利用率基本达到本书

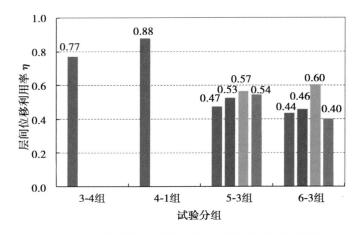

图 7-3　与规范刚度相关的各试验小组层间位移利用率

注：图中 5-3 组和 6-3 组的四组层间位移利用率值所对应的位置依次是 X 向上层、X 向下层、Y 向上层、Y 向下层。

建议的最低取值[0.80,0.90]，3-4 组和 4-1 组阻尼器均居中布置且楼层侧移刚度较大，故事实上阻尼器支撑刚度系数 N 是有点偏小的。对于结构侧向刚度较小的多自由度体系，其层间位移利用率很小，仅为 40% ~ 60%，比建议取值小了许多，而 5-3 组和 6-3 组阻尼器均为居中布置，故多自由度体系中的支撑刚度系数 N 显得更小。综上所述，当结构体系的侧向刚度较大时，达到期望层间位移利用率时的阻尼器支撑刚度系数可以取偏小值；当结构体系的侧向刚度较小时，则达到期望层间位移利用率时的阻尼器支撑刚度系数必须取偏大一点的值。也就是说，规范规定的刚度只有在楼层侧移刚度较大时适用，当楼层侧移刚度较小时规范规定的支撑构件刚度明显偏小。这也是因为式(7-3)取的是式(7-2)下限值，而式(7-2)则要求：对较小的 ω_0，$k_b/c\omega_0$ 取大值；对较大的 ω_0 取小值。以上分析充分说明规范规定的支撑构件刚度仅仅是下限值，当楼层侧移刚度较小时则应取比规范计算出的支撑刚度更大的值才能达到较好的减震效果。需要说明的是，编制相应规范[6,57]时，行业内说的支撑刚度构件多为斜向支撑在梁柱节点上的直接支撑构件，并未过多涉及像中间柱的上柱、下柱这类水平或竖直的支撑在梁上的间接支撑构件，此时的支撑构件刚度需要与梁相应的刚度串联从而削弱了阻尼器的耗能效率,故采用水平或竖直等间接支撑构件时需要更大的支撑刚度方能达到与直接支撑构件相同的效果。

7.2.3　支撑刚度系数工程实例

在不同支撑刚度系数 N 下,结构体系能够达到的最优阻尼比与支撑刚度系数密切相关,如简化减震体系中的式(3-65),如下所示

$$\zeta_{\text{opt}} = \frac{N\sqrt{2(N+2)}}{4(1+N)} \tag{7-5}$$

从上式可知,随着支撑刚度系数 N 的增大,结构体系能够达到的最优阻尼比 ζ_{opt} 也迅速增加,其增长趋势见表 7-1 单自由度体系的模拟结果。通过上式可知,当支撑刚度系数分别取 $N=0.5$、$N=1.0$、$N=3.0$ 时,结构体系能够达到的最优阻尼比 ζ_{opt} 分别为 0.186、0.306、0.593。由此可知,理论上支撑刚度系数对应的最优阻尼比是很大的,如 $N=1.0$ 便达到 30.6%,显然这么大的阻尼比需要为结构提供足够大的附加阻尼系数方可达到,在实际工程中仅考虑经济性就很难实现。而且规范[5,6]中明确规定,消能部件附加给结构的有效阻尼比超过 25% 时宜按 25% 计算;即便混凝土结构体系常采用 5% 作为其自身阻尼比,结构的总阻尼比也仅仅为 30% 便是上限,何况钢结构自身的阻尼比仅为 2% ~4%。

从图 7-2 可知,在达到最优阻尼比之前,当附加阻尼系数不变时,随着支撑刚度系数的增大,结构的附加阻尼比在明显增加。第 6.5.2 节中分析了支撑刚度系数 $N>3$、$N>4$ 和 $N>6$ 的情形,虽然最终目的是得到层间位移利用率达到预计值时所对应的支撑刚度系数值,但也几乎表达了 $N>3$ 是支撑刚度系数的下限这一愿望。同时,试验研究也表明,当楼层侧移刚度较大时,支撑刚度系数 $N>3$ 时,层间位移利用率能够达到预计取值,阻尼器的耗能减震效果有保障;当楼层侧移刚度较小时,则需要采用更大的支撑刚度系数方可使得减震结构中的阻尼器耗能良好。也就是说,在多自由度体系中,考虑减震设计方案的可行性以及工程建设的经济性,不能希望像单自由度体系一样达到与支撑刚度系数对应的

最优阻尼比,但一定要在相同的附加阻尼系数下,通过选取合适的支撑刚度系数使得结构的附加阻尼比尽可能大,将阻尼器在结构中的耗能效果尽可能地发挥出来。为了将图7-2中单自由度体系的现象作进一步推广,本书以某工程实例在较低阻尼比(相比于最优阻尼比)情况下考虑多自由度体系中支撑构件刚度对消能减震结构减震效率的影响,具体分析如下[161]。

(1)工程概况

某钢筋混凝土框架结构,如图7-4(a)所示,该结构地上7层(不含屋顶层),无地下室,首层层高4.2 m,屋顶层层高3.3 m,标准层层高为3.6 m,结构总高度25.8 m。抗震设防烈度为8度(0.20g),场地类别为Ⅱ类,设计地震分组为第三组,场地特征周期为$T_g = 0.45$ s。柱截面主要截面尺寸为700 mm×700 mm、600 mm×600 mm,梁截面尺寸主要为300 mm×600 mm、400 mm×600 mm;与阻尼器相连的消能子结构梁柱截面分别为400 mm×600 mm 和700 mm×700 mm;跨度沿X方向为7 500 mm,Y方向为6 600 mm。结构总质量5 562 t,自振周期1.06 s,周期折减系数0.80。

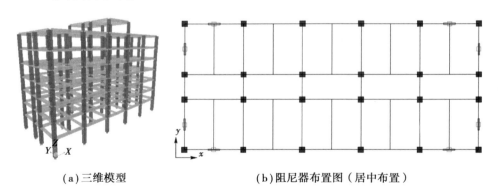

(a)三维模型　　　　　　(b)阻尼器布置图(居中布置)

图7-4　框架结构模型及阻尼器布置图

按照第5章考虑层间位移利用率对结构附加阻尼的修正方法,取结构的期望附加阻尼比5%(即总阻尼比为10%),估算出结构在X向、Y向分别需要的附加阻尼系数c的取值分别为38.30 kN/(mm·s⁻¹)和36.26 kN/(mm·s⁻¹);阻尼器布置方案为每层X向、Y向均为4个,如图7-4(b)所示,布置层间位移角最大的

三、四两层,单个阻尼器的阻尼系数 X 向、Y 向分别为 4 800 kN/(m·s⁻¹) 和 4 500 kN/(m·s⁻¹)。

（2）支撑刚度系数的选取及时程分析

通过 YJK1.8.2 的计算分析可知,结构三四层 X 向、Y 向的刚度最大值分别为 584 kN/mm 和 596 kN/mm,均归并为 600 kN/mm;中间柱上、下柱采用的厚度均为 200 mm,面内宽度分别为 750 mm、1 000 mm、1 250 mm、1 400 mm、1 900 mm、2 400 mm、2 800 mm 和 3 200 mm,按照 5.3.4 节将上下柱的弯曲刚度与剪切刚度串联后计算上下柱刚度,则对应的支撑刚度系数分别为 $N=0.2$、$N=0.5$、$N=0.8$、$N=1$、$N=2$、$N=3$、$N=4$ 及 $N=5$。

然后,按《建筑抗震设计规范》第 5.1.2 条[5] 的要求选取 5 条天然波和 2 条人工波进行时程分析,时程分析的基底剪力与反应谱分析的基底剪力与之比满足规范要求,所得结果见表 5-11,7 条地震波的归一化时程曲线如图 5-37 所示。

（3）支撑刚度系数对结构减震效果的影响

在图 7-2 中,当支撑刚度一定时,随着阻尼系数 c 的增加,减震体系的附加阻尼比先增大随后又减小。为此,考虑以 c [X 向、Y 向分别为 4 800 kN/(m·s⁻¹)、4 500 kN/(m·s⁻¹)] 为基准,研究阻尼系数分别为 $2c$、$3c$、$4c$ 和 $5c$ 时支撑刚度系数对结构附加阻尼比的影响。

采用专业的建筑有限元分析软件 ETABS 9.7.4 对结构体系进行时程分析,求得 7 条地震波对应不同支撑刚度系数时结构的附加阻尼比,取平均值作代表值。因此,对不同支撑刚度系数 N(8 组)和阻尼系数 c(5 组)下总共 40 组结构模型进行分析,每组模型包含 X 向、Y 向共计 14 个时程工况,得到各种情形下结构的附加阻尼比及不同支撑刚度系数下结构附加阻尼比的变化规律,见表 7-4,并将表 7-4 表示为类似图 7-2 中不同支撑刚度下多自由度结构体系附加阻尼比随阻尼系数和支撑刚度系数的变化规律,如图 7-5 所示。

表 7-4　不同支撑刚度系数 N 及阻尼系数 c 下结构的附加阻尼比 ζ_d（时程平均）

方向		X 向					Y 向				
阻尼系数		c	$2c$	$3c$	$4c$	$5c$	c	$2c$	$3c$	$4c$	$5c$
支撑刚度系数	$N=0.2$	3.31	2.85	2.24	1.81	1.52	3.40	2.91	2.30	1.87	1.58
	$N=0.5$	4.51	4.35	3.63	3.02	2.58	4.63	4.85	4.18	3.53	3.04
	$N=0.8$	4.99	5.27	4.61	3.98	3.45	5.16	6.05	5.56	4.93	4.35
	$N=1$	5.25	5.78	5.16	4.50	3.94	5.42	6.66	6.29	5.69	5.09
	$N=2$	5.71	6.90	6.50	5.92	5.33	5.80	7.95	8.00	7.56	6.93
	$N=3$	5.91	7.77	7.64	7.15	6.53	5.91	8.72	9.28	9.02	8.48
	$N=4$	5.97	8.29	8.45	8.06	7.49	5.88	9.10	10.07	10.04	9.58
	$N=5$	5.96	8.68	9.20	8.94	8.45	5.78	9.30	10.70	10.96	10.62
不同 N 对应的 ζ_d 之比	0.5/0.2	1.36	1.53	1.62	1.67	1.70	1.36	1.67	1.82	1.89	1.92
	0.8/0.5	1.11	1.21	1.27	1.32	1.34	1.11	1.25	1.33	1.40	1.43
	1/0.8	1.05	1.10	1.12	1.13	1.14	1.05	1.10	1.13	1.15	1.17
	2/1	1.09	1.19	1.26	1.32	1.35	1.07	1.19	1.27	1.33	1.36
	3/2	1.04	1.13	1.17	1.21	1.22	1.02	1.10	1.16	1.19	1.22
	4/3	1.01	1.07	1.11	1.13	1.15	1.00	1.04	1.09	1.11	1.13
	5/4	1.00	1.05	1.09	1.11	1.13	0.98	1.02	1.06	1.09	1.11

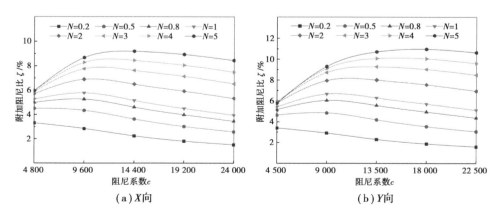

（a）X 向　　　　　　　　　　（b）Y 向

图 7-5　附加阻尼比 ζ 随阻尼系数 c 和支撑刚度系数 N 的变化规律曲线

通过表 7-4 和图 7-5 多自由度体系在不同支撑刚度系数和不同阻尼系数下结构的附加阻尼比变化规律,可得以下结论:

①当阻尼系数为初始计算值 c 时,结构的附加阻尼比与期望值 5% 较为一致;当阻尼系数增大为 $2c$、$3c$、$4c$ 和 $5c$ 时,较大支撑刚度情况下结构的附加阻尼比在增加,但较小支撑刚度情况下结构附加阻尼比在减小;说明当采用较大的阻尼系数时,与之匹配的支撑刚度系数也应该随之增加方能更好地发挥阻尼器的耗能效果。

②当阻尼系数相同时,随着支撑刚度系数 N 的增加,结构的附加阻尼比逐渐增大;当支撑刚度系数较大时随阻尼系数的增加结构的阻尼比增加并不显著。

③图 7-5 实际上主要呈现了多自由度体系在较低阻尼比下与图 7-2 相对应的后半部分下降的现象,即在多自由度体系中,当结构在相应阻尼系数与支撑刚度系数下达到一个合理的最优阻尼比后,其阻尼比将会随着阻尼系数的增加反而减小。

④当阻尼系数为 c 时,随着支撑刚度系数 N 从 0.2 增加至 5,结构 X 向的附加阻尼比从 3.31% 增加至 5.97%,Y 向的附加阻尼比从 3.40% 增加至 5.91%;当阻尼系数为 $5c$ 时,结构的附加阻尼比更是从 1.58% ~ 10.62% 大范围变化;说明在多自由度体系中,随着支撑刚度系数增大至一定值,相同数量和参数的阻尼器附加给结构的附加阻尼比会达到最大,而再往后附加阻尼比便会减小,体现了支撑刚度系数在消能减震结构设计中的重要性。

接下来针对该结构体系,结合规范规定刚度对支撑刚度系数的选取作一些讨论。按照式(7-3)计算出规范规定刚度的值如下

$$K_b \geqslant \frac{6\pi \times 4\,800}{1.06 \text{ kN/m}} = 85.3 \text{ kN/mm} \tag{7-6}$$

参照上式,若支撑构件刚度按规范取值可取为 85.3 kN/mm,若按照支撑刚度系数 $N=0.2$ 取值则为 0.2×600 kN/mm = 120 kN/mm>85.3 kN/mm。但从表

7-4 和图 7-5 可知,结构要达到期望为 5% 的附加阻尼比,支撑刚度系数过小可是不行的,如 $N=0.2$ 时 X、Y 两个方向的附加阻尼比仅为 3.31% 和 3.40%,比期望的 5% 小了不少;当 $N=1$ 时 X、Y 两个方向的附加阻尼比分别为 5.25% 和 5.42%,达到期望附加阻尼比,且从图 7-5 可以看出,当 $N \geqslant 2$ 时 X、Y 两个方向在对应阻尼系数 c 下的附加阻尼比差别不大。也就是说,本结构中的支撑构件刚度若采用规范公式计算的值时,仅与 $N=0.2$ 的效果相当,但 0.2 的支撑刚度系数对本结构来说明显偏小,合理的取值是支撑刚度系数为 $N=1$ 甚至为 $N \geqslant 2$。

7.3　关于层间位移利用率的应用

7.3.1　层间位移利用率理论与试验对比

在对层间位移利用率进行理论分析时,5.3.1 节列出了主要影响层间位移利用率的 4 个方面的因数,在其后的分析中主要研究了除梁柱轴向变形外的三个影响因数:结构剪切变形,梁柱节点转角,中间柱上下柱自身变形。而在层间位移利用率计算式研究时,假定中间柱上下柱刚度较大(即支撑刚度系数较大),其自身变形对层间位移利用率的影响可忽略不计的前提下,通过修正前两部分影响因数来考虑上下柱自身变形以及阻尼器动刚度对层间位移利用率的影响;修正后的层间位移利用率计算式为式(5-46),其中的修正函数按照式(5.47)或式(5-48)采用。表 7-5 列出了支撑刚度系数较大的若干试验小组的层间位移利用率值(试验值),按照式(5-47)修正后的层间位移利用率(计算值),以及两者之间的误差。从表中误差可知,当支撑刚度系数较大时,试验小组层间位移利用率的计算值和试验值相差较小,如 3-1 组、4-2 组、4-3 组的误差分别为 6.0%、4.6%、6.0%。图 7-6 则是通过各试验小组的层间位移利用率累计百分比图和层间位移利用率直方图直观地对各试验小组层间位移利用率的计算值和试验值进行了对比。从图 7-6(a)可知,累计百分比图中计算值和试验值的分界点都在 50% 附近,表明各试验小组的计算值和试验值相差不大。

表 7-5　层间位移利用率计算值与试验值及其误差

试验分组	1-1	1-2	1-3	3-1	3-2	3-3	4-2	4-3	5-1		5-2		6-1		6-2	
									X	Y	X	Y	X	Y	X	Y
计算值	1.19	0.92	0.65	1.08	0.87	0.67	1.04	1.04	1.05	1.17	0.68	0.65	1.13	1.14	0.66	0.66
试验值	0.86	0.81	0.68	1.02	0.99	0.82	0.99	1.10	0.96	0.98	0.85	0.83	0.77	0.85	0.51	0.65
误差/%	28.0	11.8	4.6	**6.0**	14.0	22.6	**4.6**	**6.0**	8.2	16.5	24.7	26.9	31.7	25.6	23.2	1.5

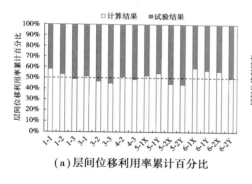

(a)层间位移利用率累计百分比

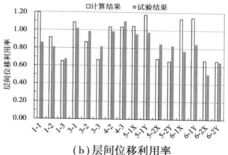

(b)层间位移利用率

图 7-6　层间位移利用率计算值与试验值对比

7.3.2　层间位移利用率工程实例

针对层间位移利用率在实际工程中的应用,以第 5 章 5.4.4 节的八层钢筋混凝土框架结构为例,采用有限元软件 ETABS9.7.4,分别在 X、Y 两个方向各布置 4 个阻尼器,并按照布置两层、三层、四层且考虑阻尼器均在梁跨的中部、0.25 处、靠边三个位置处的 9 组减震模型及一组抗震模型(共计 10 组模型)进行分析,以求尽量全面地考虑层间位移利用率对消能减震结构减震效率的影响。具体布置阻尼器的楼层数和阻尼器参数按照表 5-10 取用,见表 7-6,分为两层(3～4 层)、三层(2～4 层)、四层(2～5 层)布置阻尼器,且均有居中、0.25 处、靠边布置三种情况。关于阻尼器居中、0.25 处、靠边布置三个位置的相关参数参见 5.4.4 节,选取的地震波的过程与 5.4.4 节表 5-11 和图 5-37 相同,即选取的 7 条地震波相同。居中、0.25 处、靠边布置时对应的层间位移利用率见表 5-10。

表 7-6　各楼层附设阻尼器的阻尼系数 $c(\mathrm{kN}/(\mathrm{mm}\cdot\mathrm{s}^{-1})^{0.15})$ 的取值

方向	布置楼层	c	单个阻尼器 C_j	实际附加阻尼 c
X	2~5	1 245	78	78×16=1 248
Y	2~5	1 147	72	72×16=1 152
X	2~4	931	77	77×12=924
Y	2~4	926	77	77×12=924
X	3~4	617	77	77×8=616
Y	3~4	593	74	74×8=592

（1）各模型附加阻尼比

按照第 5 章中式(5-55)(即规范能量法)计算 9 组模型在不同地震波激励下对应 8 度(0.20g)多遇地震下结构的附加阻尼比,计算结果见表 7-7,图 7-7 为平均值结果。

表 7-7　各模型在不同地震波下的附加阻尼比及其平均值/%

位置	方向	T1	T2	T3	T4	T5	R1	R2	平均值
2 层靠边	X	2.29	2.67	2.42	2.13	2.65	2.12	2.45	2.39
	Y	2.60	2.89	2.75	2.34	2.92	2.31	2.74	2.65
2 层 0.25 处	X	3.57	4.16	3.67	3.25	4.16	3.24	3.79	3.69
	Y	3.47	3.88	3.65	3.07	3.94	3.07	3.64	3.53
2 层居中	X	5.21	6.03	5.35	4.63	6.06	4.80	5.48	5.37
	Y	5.02	5.58	5.21	4.36	5.76	4.52	5.25	5.10
3 层靠边	X	3.91	4.40	3.88	3.57	4.32	3.61	3.93	3.94
	Y	4.54	4.98	4.56	4.06	4.94	4.23	4.52	4.55

续表

位置	方向	T1	T2	T3	T4	T5	R1	R2	平均值
3 层 0.25 处	X	6.26	7.35	6.22	5.72	7.16	6.02	6.38	6.44
	Y	6.21	7.02	6.24	5.55	6.90	5.93	6.24	6.30
3 层居中	X	9.18	11.11	9.37	8.31	10.32	8.76	9.51	9.51
	Y	8.93	10.57	9.24	8.00	10.01	8.63	9.27	9.24
4 层靠边	X	5.45	6.01	5.30	4.73	5.99	4.90	5.09	5.35
	Y	5.89	6.27	5.86	5.00	6.40	5.22	5.46	5.73
4 层 0.25 处	X	8.87	10.20	8.74	7.48	9.55	7.70	8.29	8.69
	Y	7.99	9.00	7.99	6.70	8.73	6.98	7.46	7.84
4 层居中	X	13.38	15.63	13.75	11.40	13.53	11.09	12.81	13.09
	Y	11.97	13.69	12.12	10.13	12.22	10.12	11.34	11.65

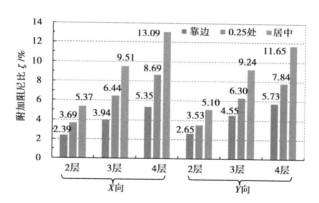

图 7-7　各组模型 X 向、Y 向对应的附加阻尼比(平均值)

注:表 7-7 和图 7-7 中的 2 层是指在结构的第三、第四两层布置阻尼器,3 层是指在结构的第二至第四三层布置阻尼器,4 层是指在结构的第二至第五四层布置阻尼器,见表 7-6;阻尼器的布置位置均有"靠边、0.25 处、居中"3 种位置。

从表 7-7 和图 7-7 可知,在同一结构模型中不同地震波下的附加阻尼比存在一定的差异,但相差不大;无论两层、三层或四层布置阻尼器,均为阻尼器布置越靠近梁跨中部,附加给结构的附加阻尼比越大,即从靠边→0.25 处→居中的附加阻尼比越来越大;两层、三层、四层布置的阻尼器在 X 向或 Y 向分别为 8 个、12 个、16 个,故对应靠边、0.25 处、居中位置的附加阻尼比也在越来越大,即两层布置阻尼器对应位置的附加阻尼比最小,四层布置阻尼器对应位置的附加阻尼比最大;两层阻尼器居中布置、三层阻尼器布置在 0.25 处、四层阻尼器靠边布置时的附加阻尼比接近,X 向依次为 5.37%、6.44%、5.35%,Y 向依次为 5.10%、6.30%、5.73%。

以上结果充分反映了层间位移利用率在减震结构设计中的重要性:阻尼器布置越靠近梁跨中部,则层间位移利用率越大,附加给结构的阻尼比也越大;将阻尼器安置在层间位移利用率较大的梁跨中部位置,则所需阻尼器数量较少(如两层阻尼器居中布置每个方向 8 个),而将阻尼器安置在层间位移利用率较小的梁跨靠边位置,则所需阻尼器数量较多(如四层阻尼器靠边布置每个方向 16 个,而 0.25 处布置三层每个方向为 12 个),但计算得到的附加阻尼比相当,即减震效果相当,相应的结构响应如图 5-38—图 5-43 所示。

(2)各模型层间位移角及楼层侧移曲线

图 7-8 至图 7-10 分别绘制了两层、三层、四层布置阻尼器时,分别布置在梁跨靠边、0.25 处、居中位置时所对应的层间位移角曲线和楼层侧移曲线。从图 7-8—图 7-10 可知,层间位移角和楼层侧移的规律相同:减震结构的层间位移角和楼层侧移均明显小于抗震结构;图中阻尼器布置位置不同时的减震效果差别明显;阻尼器数量相同时,居中布置效果最好,靠边布置效果最差,即阻尼器布置越靠近梁跨中部,层间位移利用率越大,层间位移角和楼层侧移均越小,减震效果越明显;阻尼器布置楼层越多,即阻尼器数量越多,在靠边、0.25 处、居中对应位置的减震效果越好,即层间位移角和楼层侧移响应越小。

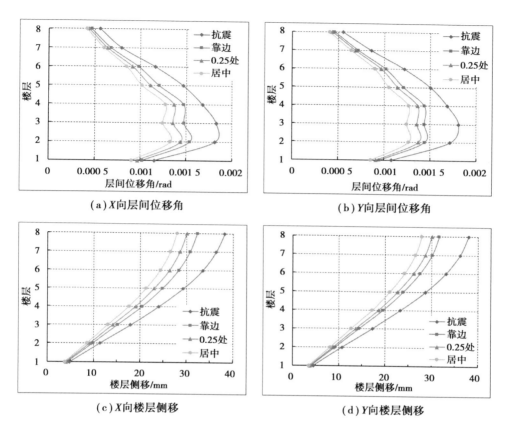

(a) X 向层间位移角　　　　　　　(b) Y 向层间位移角

(c) X 向楼层侧移　　　　　　　(d) Y 向楼层侧移

图 7-8　第 3～4 层两层布置阻尼器对应的层间位移角及楼层侧移(平均值)

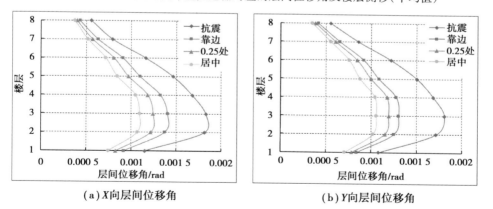

(a) X 向层间位移角　　　　　　　(b) Y 向层间位移角

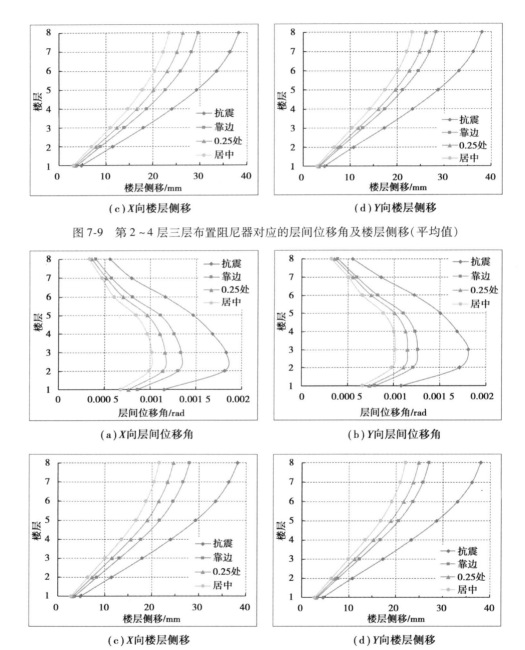

（c）X向楼层侧移　　　　　　　　（d）Y向楼层侧移

图 7-9　第 2～4 层三层布置阻尼器对应的层间位移角及楼层侧移（平均值）

（a）X向层间位移角　　　　　　　（b）Y向层间位移角

（c）X向楼层侧移　　　　　　　　（d）Y向楼层侧移

图 7-10　第 2～5 层四层布置阻尼器对应的层间位移角及楼层侧移（平均值）

（3）各模型楼层剪力曲线

图 7-11 至图 7-13 分别绘制了两层、三层、四层布置阻尼器时，分别布置在梁跨靠边、0.25 处、居中位置时所对应的楼侧剪力曲线。从图 7-11 至图 7-13 可知，减震结构的楼层剪力明显小于抗震结构；阻尼器布置位置按靠边、0.25 处、居中不同时的楼层剪力差别明显，靠边布置时楼层剪力最大（但明显小于抗震结构），0.25 处布置时楼层剪力次之，居中布置时楼层剪力最小。阻尼器数量相同时，居中布置楼层剪力减少最多，靠边布置楼层剪力减少最少，0.25 处布置楼层剪力减少在前两者之间，即阻尼器布置越靠近梁跨中部，层间位移利用率越大，结构的楼层剪力越小，减震效果越明显；阻尼器布置楼层越多，即阻尼器数量越多，在靠边、0.25 处、居中对应位置的减震效果越好，即楼层剪力越小。

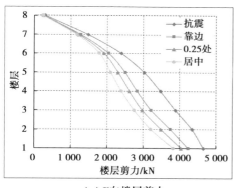

（a）X 向楼层剪力

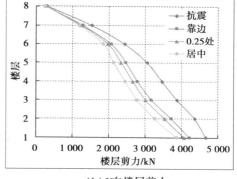

（b）Y 向楼层剪力

图 7-11　第 3～4 层两层布置阻尼器对应的楼层剪力曲线（平均值）

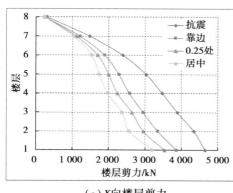

（a）X 向楼层剪力

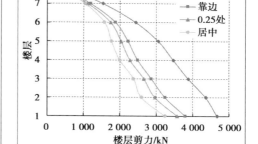

（b）Y 向楼层剪力

图 7-12　第 2～4 层三层布置阻尼器对应的楼层剪力曲线（平均值）

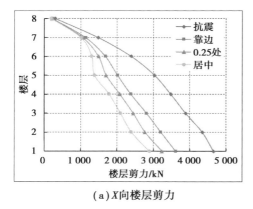
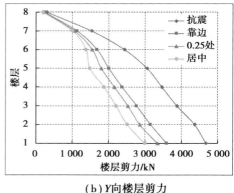

(a) X向楼层剪力　　　　　　　　　(b) Y向楼层剪力

图 7-13　第 2 ~ 5 层四层布置阻尼器对应的楼层剪力曲线(平均值)

(4)各模型顶层位移、速度、加速度时程曲线

图 7-14 至图 7-16 分别绘制了两层、三层、四层布置阻尼器时,分别布置在梁跨靠边、0.25 处、居中位置时所对应的人工波 $R1$ 下结构 X 向的顶层位移、速度、加速度时程曲线。

从图 7-14 至图 7-16 可知,减震结构的顶层位移、速度、加速度等响应明显小于抗震结构;阻尼器布置按靠边、0.25 处、居中不同时顶层位移差别明显,靠边布置最大,0.25 处次之,居中最小,顶层速度、加速度差别稍微偏小。从顶层位移时程曲线可知,阻尼器数量相同时,其布置越靠近梁跨中部,层间位移利用率越大,结构顶层位移越小,减震效果越明显;阻尼器布置楼层越多,在靠边、0.25 处、居中对应位置的减震效果也越好。

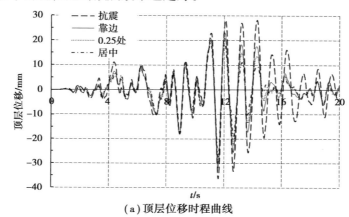

(a)顶层位移时程曲线

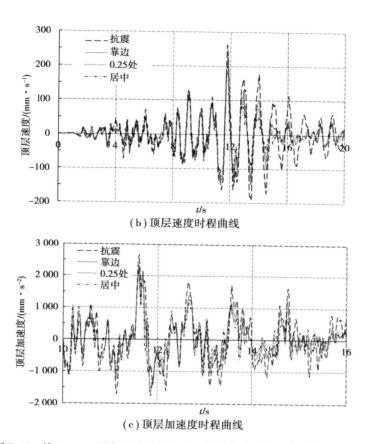

（b）顶层速度时程曲线

（c）顶层加速度时程曲线

图 7-14　第 3～4 二层布置阻尼器对应的顶层位移、速度、加速度时程曲线

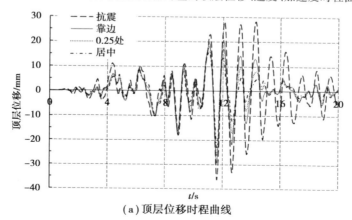

（a）顶层位移时程曲线

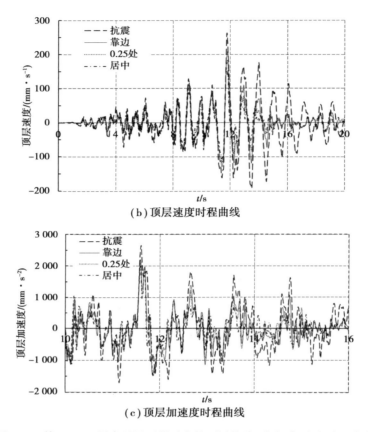

（b）顶层速度时程曲线

（c）顶层加速度时程曲线

图 7-15　第 2 ~ 4 三层布置阻尼器对应的顶层位移、速度、加速度时程曲线

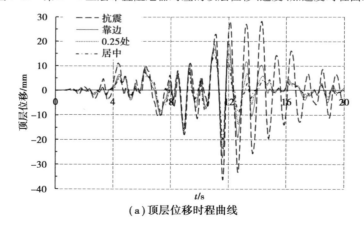

（a）顶层位移时程曲线

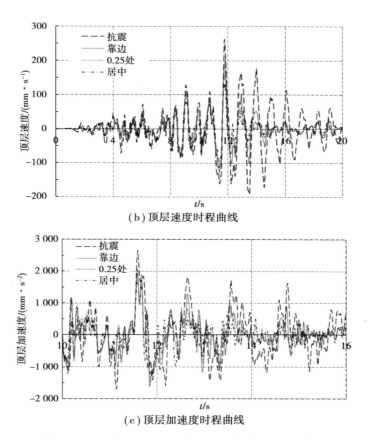

（b）顶层速度时程曲线

（c）顶层加速度时程曲线

图 7-16　第 2～5 四层布置阻尼器对应的顶层位移、速度、加速度时程曲线

7.4　基于减震效率的减震结构设计方法流程

　　现将分别考虑减震效率各影响因素及其相互影响后，消能减震结构的减震设计方法归纳为如下的"基于减震效率的减震结构设计方法流程图"，如图 7-17 所示。

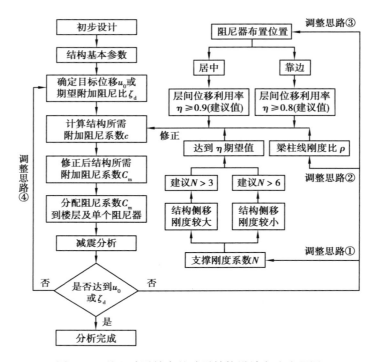

图 7-17　基于减震效率的减震结构设计方法流程图

7.5　本章小结

本章主要讨论减震效率在实际工程中的应用问题,针对支撑刚度系数(N)和层间位移利用率(η)两个影响结构减震效率的重要因素来展开,对试验结果、理论分析以及与规范要求的相关取值进行了对比研究,通过具体工程实例演示了 N 和 η 在实际工程中的应用,并提炼出一套关于减震效率较为完善的设计方法流程图。主要得到以下结论:

①当阻尼系数(c)较小时,阻尼比 ζ 随 c 的增加而增大,直至达到体系最优阻尼比 ζ_{opt} 后则随 c 的增加反而减小;N 越小,ζ_{opt} 对应的 c 值范围越大,随着 N 的增大,结构的 ζ_{opt} 也在增大,故减震设计中需要合理匹配 c 和 N 的值。

②当结构体系的侧向刚度较大时,达到期望 η 时的 N 可以取偏小值;当结

构体系的侧向刚度较小时,则达到期望 η 时的 N 需要取偏大值。间接地说明,规范规定的支撑构件刚度仅为下限值,当楼层侧移刚度较小时则应取比规范支撑刚度更大的值才能达到较好的减震效果,也说明了采用水平或竖直等间接支撑构件时需要更大的刚度方能达到与直接支撑构件相同的减震效果。

③当 c 相同时,随着 N 的增加,结构的附加阻尼比(ζ_d)逐渐增大;当 N 较大时,随着 c 增大,结构的 ζ_d 在增加,但较小支撑刚度情况下结构的 ζ_d 在减小,充分地体现了 N 对结构减震效率的影响。

④通过第 5 章修正后的 η 计算式得到相应试验小组的 η 计算值,而通过第 6 章的试验研究得到相应试验小组的 η 试验值,对比研究发现:当 N 较大时,试验小组 η 的计算值和试验值相差较小;并通过观察各试验小组 η 的累计百分比图和直方图,进一步表明各试验小组的计算值和试验值相差不大。

⑤通过 9 组减震模型和一组抗震模型的对比分析得到:阻尼器布置越靠近梁跨中部,则 η 越大,ζ_d 越大,结构的响应(包括层间位移角、楼层侧移、楼层剪力、顶层位移、速度、加速度等)越小,减震效果越明显;阻尼器布置楼层越多,即阻尼器数量越多,无论在靠边、0.25 处、居中布置的减震效果越好,结构响应越小;阻尼器布置位置按靠边、0.25 处、居中不同时的结构响应差别明显,靠边时响应最大,0.25 处次之,居中时最小;减震结构的结构响应明显小于抗震结构。

⑥考虑影响结构减震效率的 N、η、梁柱线刚度比、楼层侧移刚度等因素后,提出了一套完整的"基于减震效率的减震结构设计方法流程图";先对结构体系所需的附加阻尼系数进行修正,再分配到具体楼层和单个阻尼器并完成减震分析;当分析结果未达到减震目标时,可以采取 4 种调整思路:调整支撑刚度系数 N、调整梁柱线刚度比 ρ、调整阻尼器布置位置 n、调整目标位移 u_0 或期望附加阻尼比 ζ_d。

第 8 章　结论与展望

8.1　主要结论

本书采用理论分析、数值模拟与地震模拟振动台试验、工程实例相结合的方法,研究了附加黏滞阻尼器消能减震结构的减震效率这一重要问题。首先详细分析了支撑构件刚度对阻尼器耗能效率的影响,考虑支撑刚度系数(N)后分别建立线性减震体系在简谐振动和随机振动下的力学模型,推导各减震体系最优阻尼参数与 N 的关系;然后提出用层间位移利用率(η)来评价附加黏滞阻尼器后结构的减震效率,推导了 η 的计算式;最后通过一系列单自由度和多自由度体系试验及工程实例的研究,验证了采用 N 和 η 两个参数对结构减震效率进行评价的合理性。主要得到以下结论:

①提出了支撑刚度系数(N)的概念,并建立了考虑 N 的线性减震体系力学模型,利用拉普拉斯变换推导了减震体系最优阻尼比、频响曲线最低峰值等最优阻尼参数与 N 的关系,得到 N 对减震效率的影响规律,这是本书的创新点之一。

②根据精度要求 N 可取 $N>3$、$N>4$ 或 $N>6$,当取 $N>6$ 时,体系的最优阻尼比增幅和最低峰值降幅有限,分别控制在 10% 和 5% 以内,此时 N 对阻尼器耗能效率的影响几乎可以忽略。减震体系幅频响应曲线中的定点是该曲线峰值能够达到的理论最低点,基于定点理论可推导出各减震体系的理论最优阻尼比

和频响曲线峰值最低点的计算式,用于指导消能减震结构的最优设计意义重大。

③提出了利用层间位移利用率(η)来评价黏滞阻尼器在框架结构中耗能效率的方法,重点研究了影响 η 的主要因素,并推导了 η 关于阻尼器布置位置、梁柱线刚度比等参数的计算式,得到了 η 对减震效率的影响规律,这是本书的创新点之二,并通过对某 8 层钢筋混凝土框架结构的 9 组减震模型和 1 组抗震模型进行分析,验证了基于 η 方法进行减震结构设计的合理性、实用性及经济性。

④振动台试验结果表明:阻尼器布置位置越靠近梁跨的中部、N 越大、梁柱线刚度比越大、楼层侧移刚度越大,则减震结构的 η 越大,ζ_d 越大,楼层侧移、加速度放大系数等响应越小。在多自由度体系中,当 N 相同时,阻尼器靠边布置时的 η 仅为居中布置的 $70\% \sim 80\%$;当 N 不同且较小时,即便仍然为阻尼器居中布置,其 η 也明显小于 N 较大而阻尼器靠边布置的试验小组,仅为 N 较大试验小组的 $50\% \sim 60\%$;随着 N 的增大,单自由度体系在正弦工况下的 η 和 ζ_d 分别在 $0.21 \sim 1.10$ 和 $1.5\% \sim 26.6\%$ 变化;当阻尼器不是居中布置时,ζ_d 明显小于居中布置,单自由度体系小 $10\% \sim 25\%$,多自由度小 $20\% \sim 40\%$。

⑤试验结果还表明:减震结构的楼层侧移、层间位移角、位移放大系数等响应比抗震结构明显小许多。单自由度体系楼层侧移仅为抗震结构的 $1/3 \sim 1/2$,多自由度体系楼层侧移仅为抗震结构的 $55\% \sim 80\%$;加速度放大系数在侧向刚度较大的单自由度体系中减小明显,仅为抗震结构的 $50\% \sim 70\%$,但在侧向刚度较小的多自由度体系中减小并不明显。

⑥给出了影响结构减震效率两个重要参数(N 和 η)的取值建议:η 的取值范围不宜小于 $[0.80, 0.90]$,在阻尼器居中布置等较好条件时取不宜小于 0.90(上限值),在阻尼器靠边布置等较差条件时取不宜小于 0.80(下限值);而 N 的最佳取值目标为在支撑构件尺寸满足建筑功能等条件下,η 达到预期值时所对应的 N 值(一般可取 $N>3$、$N>4$ 或 $N>6$)。

⑦在充分考虑 N、η、梁柱线刚度比、楼层侧移刚度等影响减震结构减震效率的因素后,提出了完整的"基于减震效率的减震结构设计方法流程图";当分析结果未达到减震目标时,可以采取 4 种调整思路:调整支撑刚度系数 N、调整梁柱线刚度比 ρ、调整阻尼器布置位置 n、调整目标位移 u_0 或期望附加阻尼比 ζ_d。

⑧通过理论分析、数值模拟以及设计了一系列支撑刚度系数、阻尼器布置位置和梁柱线刚度比不同的单自由度体系、多自由度体系振动台试验进行研究,得到支撑刚度系数越大、层间位移利用率越高,结构的减震效率越明显这一结论,以期为今后黏滞阻尼减震结构的优化设计及其经济性分析提供指导和建议。

8.2　展望

虽然本书对黏滞阻尼减震结构的减震效率作了大量的研究工作,但仍有研究中未及详细考虑的问题以及研究中发现需要进一步研究的问题,主要有以下几个方面:

①阻尼器的自身刚度和动态刚度会因不同生产厂家、不同型号、不同内部构造等而有所不同,对阻尼器产品在这方面的性能还没有统一的标准,故阻尼器自身刚度和动态刚度对其耗能效率影响的详细问题还需作进一步深入的研究。

②关于随机振动响应,文中仅进行了线性系统平稳随机振动响应的内容,属于对线性系统非平稳随机振动响应的简化考虑,而对于系统的非平稳随机振动响应还需要进行深入的研究。

③关于支撑刚度系数取值问题,虽然指出了其最佳取值目标为层间位移利用率达到预期值时所对应的支撑刚度系数值,但在阻尼器采用直接支撑构件和间接支撑构件时,支撑刚度系数的目标取值将会存在一定差异,故更为详细的

情况则需要考虑与梁刚度串联后作进一步深入的研究。

　　④研究中未及考虑多自由度体系中阻尼器支撑构件上下（或相邻）楼层对支撑构件刚度的影响，可采用 D 值法等近似方法作进一步的研究。

参考文献

［1］胡聿贤. 地震工程学［M］. 2 版. 北京：地震出版社，2006.

［2］周福霖. 工程结构减震控制［M］. 北京：地震出版社，1997.

［3］张志强，李爱群. 建筑结构黏滞阻尼减震设计［M］. 北京：中国建筑工业出版社，2012.

［4］郑久建. 粘滞阻尼减震结构分析方法及设计理论研究［D］. 北京：中国建筑科学研究院，2003.

［5］中华人民共和国住房和城乡建设部，国家质量监督检验检疫总局. 建筑抗震设计规范：GB 50011—2010［S］. 北京：中国建筑工业出版社，2010.

［6］中华人民共和国住房和城乡建设部. 建筑消能减震技术规程：JGJ 297—2013［S］. 北京：中国建筑工业出版社，2013.

［7］YAO J T P. Concept of structural control［J］. Journal of the Structural Division，1972，98（7）：1567-1574.

［8］SOONG T. T.，DARGUSH G F. Passive energy dissipation systems in structural engineering［M］. Chichester：Wiley，1997.

［9］翁大根. 消能减震结构理论分析与试验验证及工程应用［D］. 上海：同济大学，2006.

［10］方鄂华，钱稼茹，叶列平. 高层建筑结构设计［M］. 北京：中国建筑工业出版社，2003.

［11］周云. 粘滞阻尼减震结构设计理论及应用［M］. 武汉：武汉理工大学出版

社, 2013.

[12] R. 克拉夫, J. 彭津. 结构动力学[M]. 2 版. 王光远, 等译校. 北京: 高等教育出版社, 2006.

[13] 乔普拉. 结构动力学:理论及其在地震工程中的应用[M]. 2 版. 谢礼立, 吕大刚, 等译. 北京: 高等教育出版社, 2007.

[14] 龙旭, 吴斌, 欧进萍. 抗震结构的阻尼减振效果分析[J]. 世界地震工程, 2001, 17(1): 40-45.

[15] 林新阳, 周福霖. 消能减震的基本原理和实际应用[J]. 世界地震工程, 2002, 18(3): 48-51.

[16] HANSON R D. Supplemental damping for improved seismic performance[J]. Earthquake Spectra, 1993, 9(3): 319-334.

[17] SYMANS M D, CONSTANTINOU M C. Passive fluid viscous damping systems for seismic energy dissipation[J]. ISET Journal of Earthquake Technology, 1998, 35(4): 185-206.

[18] 吴斌. 滞变型耗能减振体系的试验、分析和设计方法[D]. 哈尔滨: 哈尔滨建筑大学, 1998.

[19] 闫锋. 粘滞阻尼墙耗能减振结构的试验研究和理论分析[D]. 上海: 同济大学, 2004.

[20] 刘文锋. 结构控制技术及最新进展(上)[J]. 世界地震工程, 1997, 13(3): 19-26.

[21] 周福霖. 隔震、消能减震和结构控制技术的发展和应用(上)[J]. 世界地震工程, 1989, 5(4): 16-20.

[22] 叶正强, 李爱群, 徐幼麟. 工程结构粘滞流体阻尼器减振新技术及其应用[J]. 东南大学学报(自然科学版), 2002, 32(3): 466-473.

[23] 叶正强, 李爱群, 程文瀼, 等. 采用粘滞流体阻尼器的工程结构减振设计研究[J]. 建筑结构学报, 2001, 22(4): 61-66.

[24] MAKRIS N, CONSTANTINOU M C, DARGUSH G F. Analytical model of viscoelastic fluid dampers[J]. Journal of Structural Engineering, 1993, 119 (11): 3310-3325.

[25] THOMSON W T. Vibration Theory and Applications[M]. New Jersey : Prentice Hall, 1965.

[26] 叶正强. 粘滞流体阻尼器消能减振技术的理论、试验与应用研究[D]. 南京: 东南大学, 2003.

[27] 黄镇. 非线性粘滞阻尼器理论与试验研究[D]. 南京: 东南大学, 2007.

[28] MAKRIS N, CONSTANTINOU M C. Fractional-derivative maxwell model for viscous dampers [J]. Journal of Structural Engineering, 1991, 117 (9): 2708-2724.

[29] OU J P, WU B, SOONG T T. Recent advances in research on and applications of passive energy dissipation systems [J]. Earthquake Engineering and Engineering Dynamics, 1996, 16(3): 72-96.

[30] CONSTANTINOU M C, SYMANS M D. Seismic response of structures with supplemental damping[J]. The Structural Design of Tall Buildings, 1993, 2 (2): 77-92.

[31] CONSTANTINOU M C, SYMANS M D. Experimental study of seismic response of buildings with supplemental fluid dampers [J]. The Structural Design of Tall Buildings, 1993, 2(2): 93-132.

[32] LEE D, TAYLOR D P. Viscous damper development and future trends[J]. The Structural Design of Tall Buildings, 2001, 10(5): 311-320.

[33] TERENZI G. Dynamics of SDOF systems with nonlinear viscous damping[J]. Journal of Engineering Mechanics, 1999, 125(8): 956-963.

[34] 周云, 商城豪, 张超. 消能减震技术研究与应用进展[J]. 建筑结构, 2019, 49(19): 33-48.

［35］武田寿一. 建筑物隔震防振与控振［M］. 纪晓惠,等译. 北京：中国建筑工业出版社, 1997.

［36］HOUSNER G W, BERGMAN L A, CAUGHEY T K, et al. Structural control: Past, present, and future［J］. Journal of Engineering Mechanics, 1997, 123(9): 897-971.

［37］CONSTANTINOU M C, SYMANS M D. Experimental and Analytical Investigation of Seismic Response of Structures with Supplemental Fluid Viscous Dampers, NCEER Rep-92-0032［R］. Buffalo: State University of New York at Buffalo, 1992.

［38］REINHORN A M, LI C, CONSTANTINOU M C. Experimental and Analytical Investigation of Seismic Retrofit of Structures with Supplemental Damping, Part I Fluid Viscous Damping devices［R］. Technical Report Nceer, 1995.

［39］NIWA N, KOBORI T, TAKAHASHI M, et al. Passive seismic response controlled high-rise building with high damping device［J］. Earthquake Engineering & Structural Dynamics, 1995, 24(5): 655-671.

［40］HÜFFMANN G K. Full base isolation for earthquake protection by helical springs and viscodampers［J］. Nuclear Engineering and Design, 1985, 84(3): 331-338.

［41］DOUGLAS P T. History, design, and applications of fluid dampers in structural engineering［C］//Proceedings of structural engineers world congress, Japan, 2002.

［42］王曙光, 刘伟庆. 宿迁市教育大厦消能减震设计研究［J］. 防灾减灾工程学报, 2005, 25(1): 63-68.

［43］陆伟东, 刘伟庆, 陈瑜. 宿迁市建设大厦消能减震设计［J］. 地震工程与工程振动, 2004, 24(5): 92-96.

［44］董军, 刘伟庆, 王曙光, 等. 宿迁市文体馆基础隔震非线性时程分析研究

[J]. 地震工程与工程振动, 2002, 22(6): 103-108.

[45] 陈永祁. 桥梁工程液体黏滞阻尼器设计与施工[M]. 北京: 中国铁道出版社, 2012.

[46] 焦驰宇, 孙广龙, 陈永祁, 等. 液体粘滞阻尼器在市政桥梁抗震加固中的应用[J]. 工程力学, 2014, 31(S1): 177-181.

[47] 吴国强. 非线性粘滞阻尼器减震结构实用设计方法[D]. 昆明: 昆明理工大学, 2014.

[48] 丁建华. 结构的粘滞流体阻尼减振系统及其理论与试验研究[D]. 哈尔滨: 哈尔滨工业大学, 2001.

[49] 翁大根, 卢著辉, 徐斌, 等. 粘滞阻尼器力学性能试验研究[J]. 世界地震工程, 2002, 18(4): 30-34.

[50] 贺强. 粘滞阻尼器抗震减震试验研究[D]. 上海: 同济大学, 2003.

[51] 黄振兴, 黄尹男, 洪雅惠. 含非线性粘滞阻尼器结构之减震试验与分析[R]. 台湾: 地震工程研究中心, NCREE-02-020, 2002.

[52] 刘伟庆, 葛卫, 陆伟东. 消能支撑:方钢管混凝土框架结构抗震性能的试验研究[J]. 地震工程与工程振动, 2004, 24(4): 106-109.

[53] 卢云祥, 蔡元奇, 娄泽方, 等. 工业振动问题的粘滞阻尼消能控制[J]. 武汉大学学报(工学版), 2011, 44(2): 226-230.

[54] 欧进萍, 丁建华. 油缸间隙式粘滞阻尼器理论与性能试验[J]. 地震工程与工程振动, 1999, 19(4): 82-89.

[55] 叶正强. 工程结构减振粘滞流体阻尼器的动态软科学性能试验研究[D]. 南京: 东南大学, 2000.

[56] 欧进萍, 吴斌, 龙旭. 结构被动耗能减振效果的参数影响[J]. 地震工程与工程振动, 1998, 18(1): 60-70.

[57] 中华人民共和国建设部,国家质量监督检验检疫总局. 建筑抗震设计规范: GB 50011—2001[S]. 北京: 中国建筑工业出版社, 2001.

［58］杜微笑. 考虑支撑刚度及连接间隙对非线性黏滞阻尼器减震效果影响研究［D］. 昆明：昆明理工大学，2017.

［59］蒋通，贺磊. 非线性粘滞阻尼器消能结构减振效果分析［J］. 世界地震工程，2005，21（2）：57-63.

［60］贺磊. 非线性粘滞阻尼器消能结构设计和分析方法研究［D］. 上海：同济大学，2005.

［61］社团法人，日本隔震结构协会. 被动减震结构设计·施工手册［M］. 蒋通，译. 北京：中国建筑工业出版社，2008.

［62］李宝华. 粘滞阻尼器消能支撑结构减震性能分析［D］. 保定：河北农业大学，2006.

［63］狄生奎，赵子斌，李凯峰. 粘滞阻尼框架结构动力可靠度及参数分析［J］. 兰州理工大学学报，2014，40（2）：123-127.

［64］赵子斌. 基于粘滞阻尼器的框架结构加固体系研究［D］. 兰州：兰州理工大学，2013.

［65］FOURNIER J A, CHENG S H. Impact of damper stiffness and damper support stiffness on the efficiency of a linear viscous damper in controlling stay cable vibrations［J］. Journal of Bridge Engineering, 2014, 19（4）：04013022.

［66］JENNIFER A F. Experimental study on the support stiffness effect on the performance of an external linear viscous damper［D］. Windsor：University of Windsor, 2012.

［67］XU Y L, ZHOU H J. Damping cable vibration for a cable-stayed bridge using adjustable fluid dampers［J］. Journal of Sound and Vibration, 2007, 306（1/2）：349-360.

［68］FUJINO Y, HOANG N. Design formulas for damping of a stay cable with a damper［J］. Journal of Structural Engineering, 2008, 134（2）：269-278.

［69］CHEN Y T, CHAI Y H. Effects of brace stiffness on performance of structures with supplemental Maxwell model-based brace-damper systems[J]. Earthquake Engineering & Structural Dynamics, 2011, 40(1): 75-92.

[70] CHEN Y T. Performance of structures with supplemental brace-damper systems[D]. Davis: University of California, 2010.

[71] TAKEWAKI I, YOSHITOMI S. Effects of support stiffnesses on optimal damper placement for a planar building frame[J]. The Structural Design of Tall Buildings, 1998, 7(4): 323-336.

[72] TSUJI M, NAKAMURA T. Optimum viscous dampers for stiffness design of shear buildings[J]. The Structural Design of Tall Buildings, 1996, 5(3): 217-234.

[73] PARK J H, KIM J, MIN K W. Optimal design of added viscoelastic dampers and supporting braces[J]. Earthquake Engineering & Structural Dynamics, 2004, 33(4): 465-484.

[74] HUANG Z H, JONES N P. Damping of taut-cable systems: Effects of linear elastic spring support[J]. Journal of Engineering Mechanics, 2011, 137(7): 512-518.

[75] LU Y X, CAI Y Q, QU Q F, et al. Study on the effect of supporting stiffness on energy dissipation efficiency of viscous dampers[J]. Applied Mechanics and Materials, 2011, 105/106/107: 96-101.

[76] LONDOÑO J, WAGG D, NEILD S. Supporting brace sizing in structures with added linear viscous fluid dampers: A filter design solution[J]. Earthquake Engineering & Structural Dynamics, 2014, 43(13): 1999-2013.

[77] 李中军, 李钢, 李宏男, 等. 消能减振技术在结构薄弱层中的应用[J]. 结构工程师, 2010, 26(3): 110-115.

[78] 何文福, 陈承渊, 刘阳, 等. 黏滞阻尼器结构等效阻尼比计算方法比较研究[J]. 结构工程师, 2016, 32(1): 10-16.

［79］ FEMA356. Prestandard and commentary for the seismic rehabilitation of buildings［S］. Washington, D. C. ：American Society of Civil Engineers for Federal Emergency Management Agency, 2000.

［80］ DIOTALLEVI P P, LANDI L C, DELLAVALLE A. A methodology for the direct assessment of the damping ratio of structures equipped with nonlinear viscous dampers［J］. Journal of Earthquake Engineering, 2012, 16（3）：350-373.

［81］ SELEEMAH A A, CONSTANTINOU M C. Investigation of Seismic Response of Buildings with Linear and Nonlinear Fluid Viscous Dampers［R］. Technical Report Nceer, 1997.

［82］ PEKCAN G, MANDER J B, CHEN S S. Fundamental considerations for the design of non-linear viscous dampers ［J］. Earthquake Engineering & Structural Dynamics, 1999, 28（11）：1405-1425.

［83］ LIN W H, CHOPRA A K. Earthquake response of elastic SDF systems with non-linear fluid viscous dampers［J］. Earthquake Engineering & Structural Dynamics, 2002, 31（9）：1623-1642.

［84］ LIN W H. Earthquake Response of Symmetric and Asymmetric One-Story Elastic Systems with Nonlinear Fluid Viscous Dampers or Nonlinear Viscoelastic Dampers［D］. Berkeley：The PH. D thesis of University of California, 2002.

［85］ PAOLA M D, MENDOLA L L, NAVARRA G. Stochastic seismic analysis of structures with nonlinear viscous dampers ［J］. Journal of Structural Engineering, 2007, 133（10）：1475-1478.

［86］ PAOLA M D, NAVARRA G. Stochastic seismic analysis of MDOF structures with nonlinear viscous dampers［J］. Structural Control and Health Monitoring, 2009, 16（3）：303-318.

［87］ 翁大根, 张超, 吕西林, 等. 附加黏滞阻尼器减震结构实用设计方法研究

[J]. 振动与冲击, 2012, 31(21): 80-88.

[88] 王奇, 干钢. 基于线性化等效方法的消能减震结构有效附加阻尼比计算 [J]. 建筑结构学报, 2012, 33(11): 46-52.

[89] 巫振弘, 薛彦涛, 王翠坤, 等. 多遇地震作用下消能减震结构附加阻尼比计算方法[J]. 建筑结构学报, 2013, 34(12): 19-25.

[90] 胡岫岩, 任晓崧, 翁大根, 等. 附加黏滞阻尼器结构附加等效阻尼比算法研究[J]. 力学季刊, 2013, 34(1): 114-124.

[91] 胡岫岩. 消能减震结构的等效阻尼比计算研究[D]. 上海: 同济大学, 2013.

[92] 陆伟东, 刘伟庆, 汪涛. 消能减震结构附加等效阻尼比计算方法[J]. 南京工业大学学报(自然科学版), 2009, 31(1): 97-100.

[93] 区彤, 徐昕, 谭坚, 等. 消能减震结构消能器附加有效阻尼比的取值方法: 时变法: CN103793567B[P]. 2015-04-22.

[94] 区彤, 徐昕, 谭坚, 等. 消能减震结构消能器附加有效阻尼比的取值方法: 综合法: CN103838918B[P]. 2015-04-22.

[95] 刘文锋, 李建峰. 消能减震结构设计的阻尼比研究[J]. 世界地震工程, 2005, 21(2): 80-84.

[96] 李创第, 李暾, 葛新广, 等. 多自由度Maxwell阻尼器减震结构(Ⅱ): 等效阻尼[J]. 应用力学学报, 2012, 29(5): 617-622.

[97] 杜永峰, 赵国藩. 隔震结构中非经典阻尼影响及最佳阻尼比分析[J]. 地震工程与工程振动, 2000, 20(3): 100-107.

[98] 钟立来, 吴赖云, 黄旭辉, 等. 非线性调谐质量阻尼器之最佳化设计公式 [J]. 结构工程(台湾), 2009, 24(2): 55-90.

[99] 钟立来, 吴赖云, 高培修, 等. 结构隔震系统之最佳黏滞阻尼比[J]. 结构工程(台湾), 2011, 26(3): 21-46.

[100] DOMENICO D D, RICCIARDI G. An enhanced base isolation system equipped with optimal tuned mass damper inerter (TMDI)[J]. Earthquake Engineering

& Structural Dynamics, 2018, 47(5): 1169-1192.

[101] 周云, 徐赵东, 邓雪松. 粘弹性阻尼结构中阻尼器的优化设置[J]. 世界地震工程, 1998, 14(3): 15-20.

[102] 周星德. 建筑结构最优阻尼及最优配置研究[J]. 应用力学学报, 2005, 22(2): 298-301.

[103] 杨志勇, 雷静雅, 徐家云. 结构振动控制力的最优位置研究[J]. 武汉理工大学学报, 2005, 27(4): 44-46.

[104] 韩建平, 俞兆藩. 减震结构黏滞阻尼器优化布置方案的比较[J]. 甘肃科学学报, 2016, 28(6): 52-57.

[105] 俞兆藩. 基于性能的消能减震结构黏滞阻尼器优化布置的研究[D]. 兰州: 兰州理工大学, 2015.

[106] 刘磊. 基于能量法的粘滞阻尼优化分析[D]. 昆明: 昆明理工大学, 2013.

[107] 乌兰, 李爱群, 沈顺高. 基于遗传算法的偏心结构粘滞阻尼器优化布置研究[J]. 工程抗震与加固改造, 2014, 36(2): 1-7.

[108] 李宏男, 曲激婷. 基于遗传算法的位移型与速度型阻尼器位置优化比较研究[J]. 计算力学学报, 2010, 27(2): 252-257.

[109] 彭勇波, 李杰. 高层建筑结构随机振动的最优阻尼器控制策略[J]. 土木工程学报, 2012, 45(S2): 168-171.

[110] 邢丽丽, 周颖. 黏滞阻尼器型伸臂桁架的最优布置形式研究[J]. 地震工程与工程振动, 2016, 36(1): 68-76.

[111] 刘绍峰, 施卫星. 相邻结构连接阻尼器的最优设计参数[J]. 地震工程与工程振动, 2007, 27(5): 166-172.

[112] ZHANG R H, SOONG T T. Seismic design of viscoelastic dampers for structural applications[J]. Journal of Structural Engineering, 1992, 118(5): 1375-1392.

[113] GARCÍA D L, SOONG T T. Efficiency of a simple approach to damper

allocation in MDOF structures[J]. Journal of Structural Control, 2002, 9(1): 19-30.

[114] GARCÍA D L. A simple method for the design of optimal damper configurations in MDOF structures[J]. Earthquake Spectra, 2001, 17(3): 387-398.

[115] WHITTLE J K, WILLIAMS M S, KARAVASILIS T L, et al. A comparison of viscous damper placement methods for improving seismic building design[J]. Journal of Earthquake Engineering, 2012, 16(4): 540-560.

[116] SINGH M P, MORESCHI L M. Optimal placement of dampers for passive response control[J]. Earthquake Engineering & Structural Dynamics, 2002, 31(4): 955-976.

[117] TAKEWAKI I. Optimal damper placement for minimum transfer functions[J]. Earthquake Engineering & Structural Dynamics, 1997, 26(11): 1113-1124.

[118] TAKEWAKI I. Optimal damper placement for planar building frames using transfer functions[J]. Structural and Multidisciplinary Optimization, 2000, 20 (4): 280-287.

[119] AYDIN E. Optimal damper placement based on base moment in steel building frames[J]. Journal of Constructional Steel Research, 2012, 79: 216-225.

[120] LIN J L, BUI M T, TSAI K C. An energy-based approach to the generalized optimal locations of viscous dampers in two-way asymmetrical buildings[J]. Earthquake Spectra, 2014, 30(2): 867-889.

[121] ADACHI F, FUJITA K, TSUJI M, et al. Importance of interstory velocity on optimal along-height allocation of viscous oil dampers in super high-rise buildings[J]. Engineering Structures, 2013, 56: 489-500.

[122] LAVAN O, LEVY R. Optimal design of supplemental viscous dampers for irregular shear-frames in the presence of yielding[J]. Earthquake Engineering & Structural Dynamics, 2005, 34(8): 889-907.

[123] LAVAN O, LEVY R. Optimal design of supplemental viscous dampers for linear framed structures[J]. Earthquake Engineering & Structural Dynamics, 2006, 35(3): 337-356.

[124] LEVY R, LAVAN O. Fully stressed seismic design of dampers in framed structures[M]//Advances in Engineering Structures, Mechanics & Construction. Dordrecht: Springer Netherlands, 2006: 303-315.

[125] LEVY R, LAVAN O. Fully stressed design of passive controllers in framed structures for seismic loadings[J]. Structural and Multidisciplinary Optimization, 2006, 32(6): 485-498.

[126] POLLINI N, LAVAN O, AMIR O. Minimum-cost optimization of nonlinear fluid viscous dampers and their supporting members for seismic retrofitting [J]. Earthquake Engineering & Structural Dynamics, 2017, 46(12): 1941-1961.

[127] LAVAN O. Optimal design of viscous dampers and their supporting members for the seismic retrofitting of 3D irregular frame structures[J]. Journal of Structural Engineering, 2015, 141(11): 04015026.

[128] LAVAN O, AMIR O. Simultaneous topology and sizing optimization of viscous dampers in seismic retrofitting of 3D irregular frame structures[J]. Earthquake Engineering & Structural Dynamics, 2014, 43(9): 1325-1342.

[129] POLLINI N, LAVAN O, AMIR O. Towards realistic minimum-cost optimization of viscous fluid dampers for seismic retrofitting[J]. Bulletin of Earthquake Engineering, 2016, 14(3): 971-998.

[130] 中华人民共和国住房和城乡建设部. 建筑消能阻尼器: JG/T 209—2012 [S]. 北京: 中国标准出版社, 2012.

[131] 陈艳姣. 黏滞阻尼器的内摩擦力测试及其对抗震性能的影响分析[D]. 昆明: 昆明理工大学, 2018.

［132］黄文润. 硅油及二次加工品［M］. 北京：化学工业出版社，2004.

［133］薛定宇，陈阳泉. 高等应用数学问题的 MATLAB 求解［M］. 3 版. 北京：清华大学出版社，2013.

［134］丁文镜. 减振理论［M］. 2 版. 北京：清华大学出版社，2014.

［135］背户一登. 结构振动控制［M］. 马立新，李孜，译. 北京：机械工业出版社，2011.

［136］徐文焕，陈虹. 加权余量法在结构分析中的应用［M］. 北京：中国铁道出版社，1985.

［137］南京工学院数学教研组. 数学物理方程与特殊函数［M］. 2 版. 北京：高等教育出版社，1982.

［138］FEMA273. Prestandard and commentary for the seismic rehabilitation of buildings［S］. Washington, D. C. ：American Society of Civil Engineers for Federal Emergency Management Agency，1997.

［139］DEN HARTOG J P. Forced vibrations with combined coulomb and viscous friction［J］. Journal of Fluids Engineering，1931，53（2）：107-115.

［140］丁文镜. 自激振动［M］. 北京：清华大学出版社，2009.

［141］刘强，丁文镜. 非线性振动中的非高斯矩方法［J］. 力学学报，1986，18（5）：439-447.

［142］赵国辉. 公路桥梁减隔震装置力学参数研究［D］. 西安：长安大学，2013.

［143］赵国辉，刘健新，李宇. 基于随机振动的液体黏滞阻尼器参数优化［J］. 西南交通大学学报，2013，48（6）：1002-1007.

［144］TRIKHA A K，KARNOPP D C. A new criterion for optimizing linear vibration isolator systems subject to random input［J］. Journal of Engineering for Industry，1969，91（4）：1005-1010.

［145］刘强，丁文镜. 单自由度非线性振动系统的一种非参数识别法［J］. 振

动与冲击，1986，5(4)：58-65.

[146] 赖信志. 黏性阻尼器减震框架之非弹性地震反应分析[D]. 台湾：台湾科技大学，2012.

[147] 兰香，潘文，况浩伟，等. 基于层间位移利用率法修正消能减震结构的附加阻尼[J]. 振动与冲击，2017，36(20)：64-71.

[148] 李祖玮. 黏滞阻尼器与框架中间柱式连接的减震效率分析与试验研究[D]. 昆明：昆明理工大学，2018.

[149] 彭志超. 阻尼器中间墙式安装的构造措施研究[D]. 昆明：昆明理工大学，2016.

[150] 丁洁民，王世玉，吴宏磊，等. 高层建筑黏滞阻尼墙变形分解与布置研究[J]. 建筑结构学报，2016，37(6)：60-68.

[151] CHOPRA A K. Dynamics of structures：theory and applications to earthquake engineering[M]. Fifth edition. Upper Saddle River，NJ：Prentice Hall，2001.

[152] TUBALDI E，RAGNI L，DALL'ASTA A. Probabilistic seismic response assessment of linear systems equipped with nonlinear viscous dampers[J]. Earthquake Engineering & Structural Dynamics，2015，44(1)：101-120.

[153] LAVAN O，AVISHUR M. Seismic behavior of viscously damped yielding frames under structural and damping uncertainties [J]. Bulletin of Earthquake Engineering，2013，11(6)：2309-2332.

[154] 国家质量技术监督局. 钢及钢产品 力学性能试验取样位置及试样制备：GB/T 2975—1998[S]. 北京：中国标准出版社，1999.

[155] 国家质量监督检验检疫总局，中国国家标准化管理委员会. 金属材料 拉伸试验 第1部分：室温试验方法：GB/T 228.1—2010[S]. 北京：中国标准出版社，2011.

[156] 蒋文龙. 全栓接H型钢梁柱节点及减震钢框架试验研究[D]. 昆明：昆明理工大学，2018.

［157］吴克川. 端部改进型防屈曲支撑抗震性能及其框架结构耗能减震机理研究［D］. 昆明：昆明理工大学, 2017.

［158］陆伟东. 消能减震结构抗震分析及设计方法试验研究［D］. 南京：东南大学, 2009.

［159］高品贤. 趋势项对时域参数识别的影响及消除［J］. 振动 测试与诊断, 1994, 14(2)：20-26.

［160］大崎顺彦. 地震动的谱分析入门［M］. 吕敏申, 谢礼立, 译. 北京：地震出版社, 1980.

［161］兰香, 潘文, 白羽, 等. 基于支撑刚度的消能减震结构最优阻尼参数研究［J］. 工程力学, 2018, 35(8)：208-217.